日評数学選書

数え上げ組合せ論入門
[改訂版]

成嶋 弘

日本評論社

新版まえがき

　本書の初版が出版されてから6年が経過した．この間に公的にも私的にも当然な事と共に思いがけない事も少なからず起こった．本書の改訂増補版の話も忘れてきた頃にやってきた思いがけない事の一つであろうか．こともあろうに，バブル崩壊と少子化などによる経済的社会的混迷の中で厳しい状況にある短大の学長として，関東をはじめて離れ，九州は福岡県宗像市にある東海大学福岡短期大学に勤め，1年ほど経た時のことである．マーフィーの法則ではないが，"災難"には"災難"が重なるものである．しかし考えてみれば，短大の"復活"を目指し，その職に忙殺されている中で，こっそりと数学の本を書くなどということは，滅多に味わうことのできない"幸せ"この上ないことでもある．

　日本はこの130年ほどの間に，過去に2回の大きな変革，江戸鎖国からの開国すなわち明治維新，第2次世界大戦の敗戦すなわち民主主義，そして現在，新しい社会を求め，混迷の度を深めている"戦いなき戦い"に遭遇し，3番目の大きな変革を迫られているのではないであろうか．このような時に，福岡という空間で様々な人々との交流を通し，"生きること"や"学ぶこと"そのものを考え直す機会が与えられたことに，感謝すると共に大いなる喜びを感じている．

　2002年度から実施されている新しい学習指導要領が目指すべきことは，その要点を示す言葉をあげれば，「ゆとり」，「自ら学び自ら考える力」，「創造力」，「生きる力」，「特色ある教育」，「個性を生かす教育」，「基礎・基本の確実な定着」などとなっている．これが本当ならば，ごく自然な当たり前のことばかりで，これまで行われなかったことが不思議にも思われる．組織や社会は「当たり前」のことをそうでなくしてしまう厄介な習性を宿していることに注意しなければならない．

　数学には，「数学基礎」，「数学Ⅰ」，「数学Ⅱ」，「数学Ⅲ」，「数学A」，「数学

B」,「数学 C」などの科目が置かれている．各項目の配置が適切であるかどうかは兎も角として,『個数の処理』は「数学 A」に組み込まれている．1994 年度から実施されていたカリキュラムにおいては，すべての生徒が履修すべき科目である "数学 I" の主テーマの 1 つに, "個数の処理" が組み込まれていた．扱い方に多少の差はあるにしても，旧版のまえがきにも述べたように, "数え上げ組合せ論" が情報化社会における基礎的数学素養の 1 つとして認知されていると受け取るならば，それ自体喜ばしいことである．しかしながら，高校での教育が大学受験のために大いに左右されている現実を考えると，手放しで喜べないものがあることに変わりはない．新指導要項のねらいが浸透し具現化するかどうか今後を注意深く見守らなければならない．

数学の精神，すなわち一般化，抽象化，理論化の心と手法を養うことは，新指導要項の主なねらいの一つである「自ら学び自ら考える力」を育むことに通じることでもあり，これが受験数学では忘れがちなことである．この点を念頭に置き，新版においては一層，数え上げの具体的な事柄がどのように抽象化され一般的かつ理論的になっていくかを示すことにした．そのため，旧版においては，時代の技術紹介も兼ねて，計算力の飛躍的向上が数理的現象の観察や洞察に少なからず影響を与えることを示す意味で，Mathematica による例や問題の解の確認を付録に示したが，今回新版においてはこれを除き，かわりに新しい章として，第 3 章「置換群による同値類の数え上げ」を書き加えた．Mathematica による計算例については，必要に応じて旧版付録 B を参照して頂きたい．

第 3 章の狙いは，電子情報技術による計算の威力に対して，我々の抽象思考による理論の威力を明確に示すことにある．そのため，連峰からなる数え上げ組合せ論の一つの頂上と思われる,『置換群による同値類の個数計算論』の中心的役割を担う「コーシー-フロベニウスの定理」，その母関数論的展開である「ポーリャ-レッドフィールドの方法」や「ド・ブリュイジンの定理」，およびその応用を述べた．第 2 章において，数え上げ組合せ論の初等的概念を写像 12 相で捉えることができること，そしてその 4 系列は写像の定義域と値域の各置換の在り様によってもたらされることを示した．第 3 章では，この各置換の在り様をさらに進展させ，各置換群の在り様と捉えることによって，第 2

章までのことが，抽象思考の結果である「コーシー-フロベニウスの定理」の掌の上の出来事になること，すなわち置換群論における「コーシー-フロベニウスの定理」が内包している数学的小宇宙を展開することによって，その威力を示すことにした．個々の具体的な図形の面積や体積が「積分」という一般的な方法によって計算できることと同様である．しかしながら，一般的な枠組みでの個々の計算が簡単であるかどうかは，別問題であることを付け加えておく．

　思いがけないことに，この 6 年の間に，筆者の大学院生時代の恩師であられた西村敏男先生，現代組合せ論のリーダーで，組合せ論研究の師であり友でもあった MIT の Gian-Carlo Rota 教授がこの世を去ってしまわれた．ご冥福をお祈りすると共に深甚なる感謝の念を捧げたい．けれども，学生時代以来の恩師であられる野口広先生は日本数学オリンピック財団でご活躍中であり，また，Rota 教授の第一の弟子であり，数え上げ組合せ論の世界の第一人者で，組合せ論研究の師であり友でもある Richard Stanley 教授が著書 *Enumerative Combinatorics* (Vol.I, Vol.II) の完成によって，2001 年にアメリカ数学会のスティール賞を受賞されたことは，ともに筆者にとって，うれしく喜ばしいことであり，心よりお祝い申し上げたい．また，上記 *Enumerative Combinatorics* (Vol.I) の訳本『数え上げ組合せ論 I』や本書初版の出版に際して大変お世話になった，日本評論社の亀井哲治郎氏が「亀書房」を創設された．今後のご活躍を期待したい．最後になりますが，初版に引続き新版の出版に際しても大変お世話になった高橋健一氏に心からお礼を申し上げたい．

2002 年 12 月

著者

旧版まえがき

　本書を執筆しようと考えたのは,『数学セミナー』に"数え上げることそして組合せ論"というタイトルで小論を書いた今から 2 年ほど前の 1993 年 9 月頃である．長年，大学で組合せ論を含む離散数学やアルゴリズムの講義を担当していることもあるが，直接の切っ掛けになったのは，1994 年 (平成 6 年) から実施されている高等学校の新カリキュラムにおいて，すべての生徒が履修すべき科目である "数学 I" の主テーマの 1 つに，"個数の処理" が組み込まれたことである．この今日的現象を "数え上げ組合せ論" が情報化社会における基礎的数学素養の 1 つとして認知された結果であると受け取るならば，それ自体喜ばしいことである．しかしながら，高校での教育が大学受験のために大いに左右されている現実を考えると，手放しで喜べないものがある．

　基本公式の記憶，公式の適用の仕方，そして計算技術の習得，これらも必要なことであるが，何よりも数学の精神，すなわち一般化，抽象化，理論化の心と手法を養うことが大切であり，これが受験数学では忘れがちなことである．この点を念頭に置き，高校から大学への橋渡しを意識し，数え上げの具体的な事柄がどのように抽象化され一般的かつ理論的になっていくかに留意し，筆を進めたつもりである．この意味で，高校で学ぶ数え上げの問題だけでなく，数学オリンピックや情報オリンピックの 2, 3 の問題に対してもより一般的な枠組みの中で捉えぇ考察を加えた．また，抽象化の過程で必要な最小限の基礎概念を付録に述べた．さらに，時代の技術の流れを紹介する意味で，Mathematica による例や問題の解の確認を付録に示した (Mathematica に関する前知識は何もなくてもよい)．これによって，手計算で結果を得るにはとても面倒で根気が必要な順列や組合せに関する計算が，容易にしかもかなり高度なレベルまで，できるようになったことを知って頂けるものと期待している．このような計算力の飛躍的向上が数理的現象の観察や洞察に少なからず影

響を与えることも事実であり，これも若き学徒に認識してほしいことである．

第1章の狙いは，数え上げ組合せ論と言うと描く"順列と組合せ"という狭く特殊なイメージを取り除き，"数学の本質と関わる広く深い分野"であるというイメージを抱いてもらうことであり，高校生や大学1,2年生には厳密に理解することは難しいと思われるので，さらりと読み飛ばしてもらってもよい．その雰囲気を感じてもらうだけで十分である．大学高学年になってもう一度読んでもらいたい．

第2章は，数え上げ組合せ論の初等的話題である場合分けの数，和と積の法則，順列，組合せ，集合の分割とスターリング数，数の分割とヤング図形，包含と排除の原則，二項定理と母関数を扱っている．数学の本の慣例である定義，定理，証明，例，問題という一方向的記述スタイルを採らず，具体例から近代数学の基礎概念である集合と写像を用いた抽象的記述へと進み，逆に，抽象的記述に対しては具体例を揚げ，公式，証明，例，問 (精解付き)，さらに Mathematica による検証などが互いに双方向的ネットワークをなすように，心掛けて記述した．したがって，例，公式，証明，および問がそれぞれの役割を担いながら互いに関連し，全体を構成している．生物に喩えれば，幾つかの単細胞が成長し，有機体となっていくようなイメージである．表層的には何も関連がないと思われた個々の具体的事象が，深層的視点からは互いに関連していることがわかり，その全体像が細部と共に見えてくる．望遠鏡のある山頂に立てば，町全体が細部と共に眺望できることに喩えられる．

付け加えるならば，本書は，連峰からなる数え上げ組合せ論の二つの頂上と思われる，順序集合上のメービウス関数論と個数関数の間の反転公式，および置換群による同値類の個数計算論に対する系統的理論的展開への導入路の役割も担っている．さらに，数え上げ組合せ論の近い未来について触れるならば，それは，DNA に絡む遺伝子解析や分子生物学の分野での，生物情報研究の礎の一つになるものと思われる．

込めた思いが多過ぎる嫌いがあるが，一人でも多くの読者にこの分野に興味を持って頂き，また，諸兄のご教示を頂ければ幸いである．最後に，筆者の学生時代の恩師であられる野口広先生，西村敏男先生，組合せ論研究の師であり友でもある MIT の Gian-Carlo Rota 教授，Richard Stanley 教授に深甚なる

感謝を捧げたい．また，長年私の講義やセミナーに参加してくれた学生諸君，特に，本書の原稿を $\TeX$ で作成するに当たって貴重な技術的支援を頂いた峯崎俊哉講師と荒木修一助手に深く感謝する．さらに，本書の出版に際して大変お世話になった，日本評論社の亀井哲治郎氏，高橋健一氏，永石晶子さんに心からお礼を申し上げる．

1996 年 2 月
著者

目 次

新版まえがき i
旧版まえがき iv

第 1 章　数え上げ組合せ論の今日　　　　　　　　　　　　　　　1
　1.1　今日的現象 1
　1.2　基礎的考察 3
　　1.2.1　一般的枠組み 3
　　1.2.2　問題の設定 5
　　1.2.3　有限集合と無限集合 6
　　1.2.4　解の存在と解法 8
　　1.2.5　数え上げ関数の形 10
　　1.2.6　表現と手法および証明法 15
　参考文献 16

第 2 章　初等的数え上げ　　　　　　　　　　　　　　　　　　　18
　2.1　場合分けの木 18
　2.2　和と積の法則 23
　2.3　順列と組合せ 25
　　2.3.1　順列 26
　　2.3.2　重複順列 28
　　2.3.3　円順列 30
　　2.3.4　じゅず順列 30
　　2.3.5　組合せ 31
　　2.3.6　重複組合せ 37
　　2.3.7　一般順列 40
　　2.3.8　パスカルの三角形・格子路の個数・カタラン数 .. 44
　2.4　母関数による扱い：その 1 57

	2.4.1	組合せ数に関する母関数	58
	2.4.2	順列数に関する母関数	64
2.5		包含と排除の原理	68
	2.5.1	包含と排除の公式の一般形	71
	2.5.2	ふるい分けの公式とその応用	73
2.6		分配・分割・写像 12 相	78
	2.6.1	ボールと箱の 4 つのカテゴリー	78
	2.6.2	集合の分割	81
	2.6.3	数の分割	90
	2.6.4	写像 12 相	100
2.7		母関数による扱い：その 2	106
	2.7.1	数え上げ関数とその母関数上の演算	107
	2.7.2	漸化式の母関数による解法	124
参考文献			137

第 3 章　置換群による同値類の数え上げ　　140

3.1		コーシー-フロベニウスの定理について	140
3.2		写像 12 相をコーシー-フロベニウスの定理からみると ...	150
	3.2.1	第 1 相「写像全体」	153
	3.2.2	第 1 相から第 4 相-第 7 相-第 10 相	154
	3.2.3	第 2 相「単射」から第 5 相-第 8 相-第 11 相	158
	3.2.4	第 3 相「全射」から第 6 相-第 9 相-12 相	160
3.3		一般円順列をコーシー-フロベニウスの定理からみると ...	162
3.4		ポーリャ-レッドフィールドの方法	165
	3.4.1	ポーリャ-レッドフィールドの定理	168
	3.4.2	ド・ブリュイジンの定理	171
参考文献			174

問の解答　　176

付録 A　基礎知識　　238

A.1	論理	238
A.2	集合	241
A.3	関係と関数	243

	A.3.1 関係	243
	A.3.2 関数	245
A.4	グラフと探索	247
参考文献	....	249

索引 **250**

公式の索引 **258**

第1章

数え上げ組合せ論の今日

1.1 今日的現象

現在，広義の組合せ論は大きく2つに分けられる．1つは，整数論の一部，グラフ，マトロイド，コード，ブロックデザイン，有限集合族など研究対象が明確な分野であり，もう1つは，数学はもちろん科学技術の広い範囲にわたって必要な有限構造の数え上げを扱う分野である．後者は最も古くからあり，地味ではあるが各時代の問題を背景に脈々と続いている．ある特定のものが，何個あるのかと数えたり，どのくらい大きいのかと測ったりすることは，人間に本来的に備っている科学技術を拓くための根源的欲求であるからと思われる．

クヌスの本 "The Art of Computer Programming" やエルデスの論文集 "The Art of Counting" の書名に "アート" という言葉が使われている．この "アート" はラテン語では "アルス" であり，"アルス" は本来，組み合わせるということで，そこから技とか技術という意味になってきたという (文献 [1] の p.41)．例えば，ベルヌーイ兄弟の兄ヤコブ (1654～1705) は，死後 1713 年に出版された論文「推測術 (Ars conjectandi)」の中で，確率との関連で "順列と組合せ" を扱っているという (文献 [2] の p.8 と文献 [3] の p.184)．

現代組合せ論の創始者ロータは，クロネッカーの有名な言葉 "God created the integers ; everything else is man-made" に対して，有限・離散の立場からはむしろ "God created infinity, and man, unable to understand infinity, had to invent finite sets" の方がより適切な表現であろうと述べている (文献 [4] の p.62：翻訳書の p.58)．有限と無限，離散と連続にかかわる問題は，古今東西を問わず，哲学，科学，数学の中心テーマであることに変りはない．

数学では，"連続" を，人間の抽象的思考の産物で本質的に離散的である "数"

で把握しようとし，極限や切断の概念が形成され，19 世紀末から今世紀にかけ，数学の基礎についての考察により，"公理主義と存在定理"王位の時代を迎えた．しかし，有限と無限，離散と連続，それぞれの相互作用が明確に認識されるとともに，近来，計算機科学の影響を受け，無限や連続を有限や離散でとらえることの限界，逆に有限や離散を無限や連続でとらえることの限界も認識されることになった．

1982 年に，国際数学者連合が情報科学の賞としてネバンリンナ賞を設置し，第 1 回目の賞を組合せアルゴリズム論で多くの業績をあげたタージャンに授与している．これは現代の科学技術を象徴する出来事の 1 つである．すなわち，情報科学の立場からも，"数"本来の有限性や離散性そのものの性質が重要な位置をしめるようになり，無限でなく有限そのものが，連続でなく離散そのものが研究対象として復活しつつある．簡単に言えば，19 世紀後半から 20 世紀前半にかけて数学における無限の世界は，我々に夢と希望と"幻想"を与えてくれたが，コンピュータの出現により有限という現実の世界に引き戻されたことになる (文献 [5])．

教育の世界も"妖怪"コンピュータの影響を受け，情報化，国際化，多様化，個性化などの旗印のもとに，初等中等教育のカリキュラム改訂が進み，高校では，新カリキュラムが平成 6 年度より学年進行の形で実施されている．その内容は，従来の代数・幾何系，解析系，確率・統計系の各項目の比重を変えると共に，新項目として平面幾何 ((1) 平面図形の性質：三角形の五心，メネラウスの定理，チェバの定理，軌跡，(2) 平面上の変換：合同変換，相似変換) やコンピュータ系 ((1) 計算とコンピュータ，(2) 算法とコンピュータ，(3) 数値計算) を追加し，6 科目 (数学 I, II, III, 数学 A, B, C) に再配置したものになっている．特に注目すべき点は，すべての生徒が履修する科目である "数学 I" の主テーマの 1 つに "個数の処理" が組み込まれたことである．これは "数え上げ組合せ論" が情報化社会における基礎的数学素養の 1 つとして "認知" されたことを意味している (文献 [6])．アメリカの数学教育の動向については，文献 [7] を参照するとよい．

このように，数え上げ組合せ論やコンピュータ系の項目が高校数学に組み込まれたことが，日本数学界から離れていった情報科学や計算機科学の (特に基礎

理論) の研究者が，再び，数学界に戻って来て，"Logic, Combinatorics, and Computing" のような総合分野が新しく形成される契機となれば幸いである．

以上，"数え上げ組合せ論" に絡む研究や教育の今日的事象を講釈を交えながら大雑把に "数え上げて" みたわけである．

1.2　基礎的考察

ロータの弟子で現在，数え上げ組合せ論の第一人者であるスタンレイは "数え上げること" の意味を考察することを避けている．数え上げ組合せ論の初等的話題：場合分けの木 (樹形図), 場合の数，和と積の法則，順列，組合せ，集合の分割とスターリング数，数の分割とヤング図形，包含と排除 (ふるい分け) の原理，2 項定理と母関数などはひとまず置いておくことにし，有限，無限にかかわらず，特定な集合の要素を数え上げることの意味や基礎について少し考察してみよう．

1.2.1　一般的枠組み

ある対象が持っている属性 (性質) は何か，また逆にある属性を持っている対象は存在するか，存在すればどのくらいあるのか，という問は対象の "特徴付け" および "数え上げ" を行うものであり，科学的考察の基本をなすものであろう．例えば，ある対象が生命を持つこと (ここでは生命とは何かは問わない) という属性によって，それは生物という概念となり，それでは生物はどれほどいるのか，ということになる．生物に "運動し，有機物を取って栄養とするもの" という属性が加われば，それは動物という概念になり，動物はどれほどいるのか，ということになる．生物は動物の類概念であり，動物は生物の種概念である．以下，生物の分類が続くことになる．一般に，類概念の属性は種概念の属性より少なく，類概念に含まれる対象の量は種概念に含まれる対象の量より多い．

数についての例を考えよう．自然数全体の集合 (厳密には，ペアノの公理系によって構成される集合) を N で表し，$n \in N$ に対して "n 以下の" N の要素の集合を $[n]$ で表す．"偶数である" N の要素の集合を E で表し，"n 以下

の" E の要素の集合を $E(n)$ で表す．"3 の倍数である" N の要素の集合を T で表し，"n 以下の" T の要素の集合を $T(n)$ で表す．"6 の倍数である" N の要素の集合を S で表し，"n 以下の" S の要素の集合を $S(n)$ で表す．各集合 $N, [n], E, E(n), T, T(n), S, S(n)$ の間の包含関係を平面上に上下の位置関係で表すならば，図 1.1 のようになる（この図式表現をハッセ図と呼ぶ）．

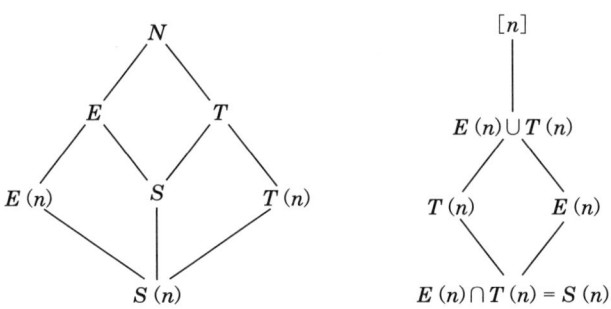

図 **1.1** 包含関係のハッセ図．

このように，概念の属性量と対象量の多少関係は逆になっている．この辺を含め，対象の "特徴付け" と "数え上げ" の関係を現代的にとらえてみよう．対象の集合を Ω で表し，属性の集合を $\boldsymbol{A}$ で表す．Ω と $\boldsymbol{A}$ の間の関係 $\mathscr{C}, x \in \Omega, a \in \boldsymbol{A}$ に対して，

$$x\mathscr{C}a \iff 対象 x は属性 a をもつ$$

によって定める．関係 $\mathscr{C}$ によって誘導される写像 $\mathscr{C} : \Omega \longrightarrow \wp(\boldsymbol{A})$ を

$$\mathscr{C}(x) = \{a \in \boldsymbol{A} \mid x\mathscr{C}a\}$$

によって定め，さらに，写像 $\tilde{\mathscr{C}} : \wp(\Omega) \longrightarrow \wp(\boldsymbol{A})$ を

$$\tilde{\mathscr{C}}(X) = \bigcap_{x \in X} \mathscr{C}(x) \quad (X \subseteq \Omega)$$

によって定める．ただし，$\wp(Z)$ は集合 Z の部分集合全体を表す．$\mathscr{C}$ の逆関係を $\mathscr{E}$ で表す．すなわち，$a \in \boldsymbol{A}, x \in \Omega$ に対して，

$$a\mathscr{E}x \iff x\mathscr{C}a \tag{1.1}$$

である．写像 $\tilde{\mathscr{C}}$ と同様に，写像 $\tilde{\mathscr{E}} : \wp(\boldsymbol{A}) \longrightarrow \wp(\Omega)$ を定める．対応 $(\tilde{\mathscr{C}}, \tilde{\mathscr{E}})$ を関係 $(\mathscr{C}, \mathscr{E})$ によって誘導された**ガロア対応**と呼ぶ．この対応は特徴付け (characterization) と数え上げ (enumeration) の一般的枠組みを与えるものである．図式で表せば図 1.2 となる．

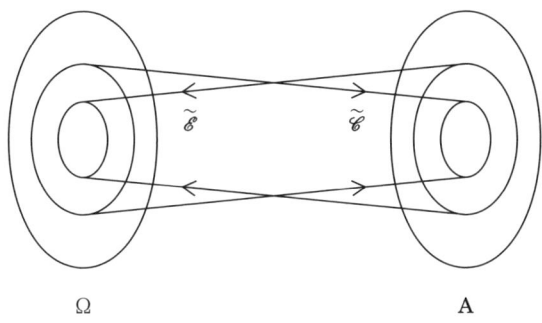

図 **1.2** 数え上げの一般的枠組み．

定義から $\tilde{\mathscr{C}}(X)$ は X のすべての対象が持っている性質の集合であり，$\tilde{\mathscr{E}}(A)$ は A のすべての性質を持っている対象の集合である．例えば，先の例を用いて説明するために，

$$A = \{\text{自然数, 偶数}\}, \quad B = \{\text{自然数, 3 の倍数}\}$$

とし，さらに $C = A \cup B$ とすると，

$$\tilde{\mathscr{C}}(E) = A, \quad \tilde{\mathscr{C}}(T) = B, \quad \tilde{\mathscr{C}}(S) = C,$$
$$\tilde{\mathscr{E}}(A) = E, \quad \tilde{\mathscr{E}}(B) = T, \quad \tilde{\mathscr{E}}(C) = S$$

となり，$A, B \subset C$ で，$E, T \supset S$ である．文献 [9] では，$\boldsymbol{A}$ がより具体的な数学的構造を持つとき，数え上げ組合せ論において，ガロア対応 $(\tilde{\mathscr{C}}, \tilde{\mathscr{E}})$ の枠組みが有効であることが示されている．

1.2.2 問題の設定

$$A = \{10 \text{ 以下の自然数, } 20 \text{ 以上の自然数}\},$$

$$B = \{10 \text{ 以下の偶数 }\},$$
$$C = \{x^3 - 6x^2 + 11x - 6 = 0 \text{ を満たす自然数 } x\}$$

とすれば，
$$\tilde{\mathscr{E}}(A) = \varnothing \quad (\text{空集合}),$$
$$\tilde{\mathscr{E}}(B) = \{2, 4, 6, 8, 10\} = E(10),$$
$$\tilde{\mathscr{E}}(C) = \{1, 2, 3\}$$

などは明らかなことであるが，一般に，次のような問題が設定される．

(1) $A \in \wp(\boldsymbol{A})$ に対して，$\tilde{\mathscr{E}}(A) = \varnothing$ であるかどうか，すなわち，A で与えられる性質を持っている対象が存在するかどうか，

(2) 存在するならば，それらの対象の集合は有限か無限か，

(3) 無限でも，すべて "規則的に" 枚挙し続けることができるかどうか，

(4) 有限ならば，すべて具体的に枚挙する (書き並べる) ことができるかどうか，

(5) 具体的に枚挙するときの手間はどのくらいか，

(6) 有限個ならば，その個数を具体的な式で与えることができるか，

(7) その式は簡明かどうか，

などである．さらに，"超数学的" には，

"与えられた性質を持っている対象が存在するかどうかを決定する手続き (アルゴリズム) があるかないか"

という "決定問題" も起る．

1.2.3　有限集合と無限集合

ここで，問題 (1) から (6) および決定問題に関する例を述べる前に，有限集合や無限集合の概念を少し明確にしておこう．数え上げの基礎は集合の間の 1 対 1 の対応にあり，集合の基数は集合間の 1 対 1 対応による対等関係 "$\sim$" (これは同値関係になる) によって定められる．すなわち，集合 A の属するその同値類を A の**基数**または**濃度**といい，$|A|$ または $\bar{\bar{A}}$ で表す．

N の要素 n が存在して,

$$A \sim [n]$$

である (A が $[n]$ と同じ類に属する) とき, A は**有限集合**であるといい, そうでない集合を**無限集合**という.

次のような定義の仕方もある：自分自身と対等な真部分集合を持つ集合を無限集合 (特に**デデキント無限集合**) といい, 無限集合でない集合を有限集合 (**デデキント有限集合**) という.

先の無限集合とデデキント無限集合の同値性や, 先の意味で無限でかつデデキント有限であるような集合があるかないかなど公理的集合論の世界で選択公理と絡み論じられている. 受験数学や数学オリンピックの若きエリート達は"これは一体何だ"と思うかもしれない. 興味ある読者には文献 [9] を薦めておく.

さて, $|[n]|, |N|$ をそれぞれ $n, \aleph_0$ で表す. $[n]$ と対等な, すなわち

$$|A| = n$$

である集合 A は n 個の要素からなるといい, N と対等な, すなわち

$$|A| = \aleph_0 \quad (アレフ・ゼロ)$$

である集合 A は可算の濃度をもつ (または可算個の要素からなる) といい, **可算集合** (または**可付番集合**) と呼ばれる. さらに, 実数全体の集合 (R で表す) の濃度を $\aleph$ (アレフ) で表し,

$$|A| = \aleph$$

である集合 A を連続または**連続体の濃度**をもつという. 濃度の間の大小関係が定められ,

$$n < \aleph_0 < \aleph$$

が成り立つ. 特に, $\aleph_0 < \aleph$ の証明はカントールの**対角線論法**による. したがって, 実数全体は非可算無限集合の代表例である. 例えば,

$$N(5) = \{1, 2, 3, 4, 5\} \sim \{a, b, c, d, e\} = A.$$

したがって，$|A|=5$, すなわち，A は 5 個の要素からなる．また，$n \longleftrightarrow 2n$ によって $N \sim E$ となり，$|E| = \aleph_0$, すなわち，E は可算個の濃度を持つ．さらに，$R \sim$ 区間 $(0,1)$，すなわち，$|(0,1)| = \aleph$ である．$E \subset N, (0,1) \subset R$ であることに注意せよ．

ところで，

$$\text{``}\aleph_0 \text{ と } \aleph \text{ の間にある濃度は存在しない''}$$

というカントールの**連続体仮説**は，1960 年代の初めに，コーエンによって，集合論の他の公理から独立であることが明らかにされた．実数そのものを公理的集合論でとらえきることができないのか，それとも連続体仮説は幾何学における"平行線公理"と同じような意味を持っているのであろうか．連続や無限の世界の不条理を垣間見ることができる．

最後に，有限集合特有の，**鳩の巣原理**と呼ばれている素朴であるが有用な性質に触れておく．$N \sim E$ となるが明らかに $[n] \sim E(n)$ となることはない．これを一歩進めて考えると，12 羽の鳩を 6 個の巣箱に入れるとき，少なくとも 1 個の巣箱に 2 羽以上の鳩が入ることになるということである．一般に，任意の有限集合 A, B と任意の関数 $f: A \longrightarrow B$ に対し B の要素 b が存在して，

$$|f^{-1}(b)| \geq \left\lceil \frac{|A|}{|B|} \right\rceil \tag{1.2}$$

となる．ただし，$\lceil x \rceil$ は x 以上の最小の整数，すなわち x の小数部分の切り上げである．

1.2.4 解の存在と解法

さて，先の問題に対するより具体的な例を考えることにしよう．方程式の解の存在と解法に関する研究は数学の主流を歩んできたと言える．例をあげれば，連立 1 次方程式の解法は線形代数学を生み，$n\ (\geq 5)$ 次方程式が代数的に可解であるかどうか，すなわち，その解が"四則演算とべき根を求める操作"を有限回用いることによって得られるかどうかの研究はガロア理論 (可解群の概念) を生み，近代代数学への道を開いた．微分方程式についても同様である．また，不定方程式 (ディオファンタス方程式とも呼ばれる：方程式の整数解を求めること) の解法に関する決定問題では，ヒルベルトの**第 10 問題**

"整係数の任意の方程式が与えられたとき，その方程式が整数解をもつか否かを判定するアルゴリズムを求めること"

が有名であり，アルゴリズムとは何かという考察から帰納的関数の理論やチューリング機械の理論が展開され，最終的には，1970 年にマチアセヴィッチによってその問題の非可解性 (アルゴリズムは存在しないこと) が証明された．第 10 問題で要求されるような，きわめて一般的なアルゴリズムが存在しないことはごく自然なことと思われる．関数 $f: N \longrightarrow N$ は非可算個あり，帰納的関数は可算個であるから，帰納的でない関数が存在することがわかる．これは問題 3 とも絡んでいる．このようなことに対しても受験数学や数学オリンピックの若きエリート達は "これは一体何だ" と思うかもしれない．興味をもたれた読者には文献 [10] を薦めておく．さらに，近来，コンピュータの発達により，各種方程式の解 (または近似解) の数値的解法の研究が活発になり，新局面が開かれつつある．

これまでの例は，伝統的な近代数学の主流のなかで，諸概念の論理的明確化，公理化および形式化とともに高度な理論構築によって (なかには 4 色問題のようにコンピュータの力を借りて)，決着を見るに至った難問中の難問のいくつかである (1993 年 6 月 25 日，"人類 350 年の宿題フェルマーの最終定理が証明された" と報道されたが，その後，証明の不備が見つかり，現在その不備をうめる努力が続けられている (文献 [11])．再び 1994 年 10 月 28 日，"先の証明の不備を解決し，ついに証明か" と報じられた (文献 [12]))．

しかしながら，近来，有限・離散の立場からの問題 5 に関する新たな難問も提出されている．$\boldsymbol{A} \supset A$ に対して，A のなかから何らかのパラメータ $n \in N$ を定め，$\tilde{\mathcal{E}}(A(n))$ を考えると，各 n に対して有限集合となるけれども，その要素で，ある条件に適したものを求めるためには，その集合の要素をひとつひとつ (いわゆる "しらみつぶし式" に) 調べなければ得られない，しかも，n に関する多項式回の "手間" では調べきれない (その要素の個数が n に関して指数的に増大し，いわゆる "組合せ論的爆発" を起こし，超高速のコンピュータでも手におえない) と思われる問題 (**NP 完全問題**と呼ばれている) が多数発見されている．巡回セールスマン問題 (各都市を回りもとの都市にもどる回り方で最短のものを求める問題) がその代表的なものである．これらの問題に

対して，n に関する多項式回の "手間" で，求めるものが得られるような "うまい" 解法があるか否かという問題が提出されている．これが "NP = P か否か" であり，多くの研究者が挑戦しているが，まだ未解決の難問である．NP, P はそれぞれ Nondeterministic Polynomial, Polynomial のイニシャルである．この辺については文献 [13]~[15] を参照するとよい．

1.2.5 数え上げ関数の形

最後に，数え上げ組合せ論本来の問題である問題 6 と 7 について考察しよう．先のように，$n \in N$ (一般には $\boldsymbol{n} \in N^k$) でパラメータ化された $A \,(\subset \boldsymbol{A})$ を $A(n)$ で表すとき，$|\tilde{\mathscr{E}}(A(n))|$ を n の関数 $f : N \longrightarrow N$ で表すことを考える．この関数 f を**数え上げ関数**または**個数関数**と呼ぶことにする．A がどのような性質，より具体的に，どのような数学的構造を持っているとき，個数関数 f はどのような式によって表されるであろうか．この問題に対する (帰納的関数論よりも) より具体的な一般理論はまだ構築されていない．スタンレイも文献 [8] で，この問題に対しては一般論がないため，個々の問題に対して "経験とセンス" がものを言うと述べている．いくつかの具体例をあげることによってこの辺の状況を観察することにしよう．

例 1.1 $A(n)$ を $[n]$ の部分集合とするとき，その個数関数 f は

$$f(n) = 2^n,$$

または漸化式で

$$f(n) = \begin{cases} 1 & (n = 0) \\ 2f(n-1) & (n \geq 1) \end{cases}$$

となる．$A(n)$ を n 個の文字からなる順列全体とするとき，

$$f(n) = n!,$$

または漸化式で

$$f(n) = \begin{cases} 1 & (n = 0) \\ nf(n-1) & (n \geq 1) \end{cases}$$

となる.

例 1.2 先の集合 $E(n), T(n), S(n)$ に対して
$$|E(n)| = \left\lfloor \frac{n}{2} \right\rfloor, \quad |T(n)| = \left\lfloor \frac{n}{3} \right\rfloor, \quad |S(n)| = \left\lfloor \frac{n}{6} \right\rfloor.$$
ただし, $\lfloor x \rfloor$ は x の整数部分を示す.

例 1.3 n 以下の 2 または 3 の倍数の個数は
$$|E(n) \cup T(n)| = |E(n)| + |T(n)| - |E(n) \cap T(n)|$$
$$= \left\lfloor \frac{n}{2} \right\rfloor + \left\lfloor \frac{n}{3} \right\rfloor - \left\lfloor \frac{n}{6} \right\rfloor$$
となる.この求め方の一般形は**包含と排除の原理** (または包除原理,和積原理,ふるい分けの公式,一般の加法定理) と呼ばれている (2.5 節を参照).

例 1.4 n 人の男が彼らの n 個の帽子を預けたとき,どの男も自分のものでない帽子をもどされる場合の数を $D(n)$ で表す.これは数学的には $[n] = \{1, 2, \cdots, n\}$ 上の置換で不動点をもたないもの,すなわち,$\forall i \in [n] \ (i \neq \sigma(i))$ なる置換のことである.例えば,$n = 3$ のとき,
$$\begin{pmatrix} 1 & 2 & 3 \\ 2 & 3 & 1 \end{pmatrix}, \quad \begin{pmatrix} 1 & 2 & 3 \\ 3 & 1 & 2 \end{pmatrix}$$
の 2 通りで,$D(2) = 2$ となる.

この置換は**すれちがい順列**または**攪乱列**と呼ばれている.この個数 $D(n)$ は包含と排除の原理を用いて,次のように求められる (2.5.2 節の例 2.35 を参照).
$$D(n) = n! \left(\sum_{k=0}^{n} (-1)^k \frac{1}{k!} \right) = n! \, e_{(n)}^{-1}.$$
ただし,$e_{(n)}^{-1}$ は e^{-1} のマクローリン展開の最初の $n+1$ 項までの和を表す.さらに,この式をもとにして次の漸化式を得る.
$$D(n) = \begin{cases} 0 & (n = 1) \\ nD(n-1) + (-1)^n & (n \geq 2). \end{cases}$$

この漸化式に基づき，コンピュータによって $D(50), D(100)$ を計算してみると，

$$D(50) = 11188\cdots 36801, \quad D(100) = 34332\cdots 78601$$

となり，それぞれ 65 桁，158 桁の数となる．$D(n)$ に対する整数型高精度計算のための Pascal および C 言語によるプログラムまたは Mathematica による計算結果などについては本書旧版の付録 B.1 を参照するとよい．ところで，n 次のすれちがい順列が起こる確率は

$$\frac{D(n)}{n!} = e_{(n)}^{-1} \longrightarrow \frac{1}{e} \quad (n \longrightarrow \infty)$$

となり，$e = 2.7182\cdots$ であるから，約 3 回に 1 回起こることになる．

例 1.5 $A(n)$ を各行各列に 1 がちょうど 3 個ある 0 と 1 からなる n 次の正方行列とする．その個数関数 f に対する現在知られている最も明示的な式は

$$f(n) = 6^{-n} \sum \frac{(-1)^\beta\, n!^2\, (\beta + 3\gamma)!\, 2^\alpha\, 3^\beta}{\alpha!\, \beta!\, \gamma!^2\, 6^\gamma}$$

で与えられており，その和 $\left(\sum\right)$ は $\alpha + \beta + \gamma = n$ に対する $(n+2)(n+1)/2$ 個の非負整数解すべてにわたる．$f(1) = f(2) = 0, f(3) = 1, f(4) = 24$ であり，4 次の正方行列の場合は

$$\begin{pmatrix} 0 & 1 & 1 & 1 \\ 1 & 0 & 1 & 1 \\ 1 & 1 & 0 & 1 \\ 1 & 1 & 1 & 0 \end{pmatrix}, \begin{pmatrix} 0 & 1 & 1 & 1 \\ 1 & 0 & 1 & 1 \\ 1 & 1 & 1 & 0 \\ 1 & 1 & 0 & 1 \end{pmatrix}, \cdots, \begin{pmatrix} 1 & 1 & 1 & 0 \\ 1 & 1 & 0 & 1 \\ 1 & 0 & 1 & 1 \\ 0 & 1 & 1 & 1 \end{pmatrix}$$

となる．$f(n)$ に対する Pascal 版プログラムまたは Mathematica を用いた計算結果などについては旧版の付録 B.2 を参照するとよい．

例 1.6 $A(n)$ を $[n]$ の部分集合で 2 つの連続した整数を含まないものとする．$\tilde{\mathscr{E}}(A(4))$ は

$$\varnothing, \{1\}, \{2\}, \{3\}, \{4\}, \{1,3\}, \{1,4\}. \{2,4\}$$

となり，f をその個数関数とするとき，$f(4) = 8$ となる．

一般に，次の漸化式で与えられる．

$$f(n) = \begin{cases} 1 & (n = 0) \\ 2 & (n = 1) \\ f(n-1) + f(n-2) & (n \geq 2). \end{cases}$$

この個数関数は通常，**フィボナッチ数列**と呼ばれているものの一種である．母関数の手法を用いれば，$f(n)$ は次の形で与えられる (2.7.2 節の例 2.62 を参照)．

$$f(n) = \frac{1}{\sqrt{5}} \left(\left(\frac{1 + \sqrt{5}}{2} \right)^{n+2} - \left(\frac{1 - \sqrt{5}}{2} \right)^{n+2} \right)$$

(ここに示した漸化式およびその解である一般項の式，それぞれに基づく Mathematica を用いた計算結果およびそれらの計算速度の違いについては旧版の付録 B.3 を参照)．

例 1.7 n 万円あり，毎日 1 個ずつ品物を買う．各 $i \in [n]$ 万円の品物が 1 種類ある．$1, 2, \cdots, k$ $(k < n)$ 万円の品物をそれぞれ少なくとも 1 個ずつは買うとしたとき，お金の使い方の総数を求めよ (この問題は 1990 年に宮野悟氏から学習理論の計算量との絡みで提出されたものである)．

この総数を $f(n, k)$ で表す．言い換えれば，$f(n, k)$ は総和が n であり，k 以下の自然数を少なくとも 1 個含む自然数列の個数である．例えば，$n = 5, k = 2$ のとき，

$$1112, 1121, 1211, 2111, 122, 212, 221$$

となり，$f(5, 2) = 7$ となる．また，$n = 6, k = 2$ のとき，

$$11112, \cdots, 21111, 1122, \cdots, 2211, 123, \cdots, 321$$

となり，$f(6, 2) = 17$ となる．

例 1.1，例 1.2 は和や差を含んでいない簡明な式である．例 1.3 も和や差を含んでいるが，これも簡明な式であると言える．例 1.4 は $\sum$ を含んでいるが，

それはよく知られている e^{-1} のマクローリン展開の最初の $n+1$ 項の和であり，また，漸化式も得られるので許される範囲である．例 1.5 はかなり複雑な式であるが，一応，明示的な式なので，多少不本意ながら受入れられるものと思う．例 1.6 は簡明な漸化式が得られるが，一般項の式は無理数を含んでいるので，"good" であるかどうか意見がわかれるところである．

しかし，Mathematica を用いると，n がある程度大きくなると，この漸化式 (のそのままのプログラム) による計算よりも一般項の式による計算の方がかなり速くなる．さらに，漸化式に対しては動的計算法を用いると，より効率の良い計算が可能である．これらは数式処理の発展の賜物であろう．具体的な問題に対する有効なアルゴリズム (算法) の研究開発に取り組むことはもちろん重要なことであるが，具体的な計算そのものはそれぞれの時代の技術におおいに依存することにも注意する必要があろう．

例 1.7 のように，枚挙し数表は作成できるが，まだ具体的な式が得られていない (得られるであろうか) 問題もたくさん見受けられる．ここで，数え上げ組合せ論の立場から，次のような問題を提出することができる：

個数関数が "簡明" な式となるような対象集合の "good" な性質とは何か．

ところで，対象集合族の共通部分の個数関数は簡明になる場合が多いが，和集合の個数関数は求めにくい場合が多い．けれども，包含と排除の原理 (またはこの変形である "ふるい分けの公式") を用いると，和と差の入った式となるが，共通部分の個数関数で表現できる．次の最後の例でもこの原理の有効性についてふれる．また，コンピュータによる計算の立場からは，漸化式は有用であるが，注意も必要である．これについては文献 [17] を参照するとよい．

例 1.8 $A(n)$ を n 以下の素数とするとき，その個数関数を $\pi(n)$ で表す．このとき，

$$\lim_{n \to \infty} \frac{\pi(n) \log n}{n} = 1$$

が成り立つ．

これは**素数定理**と呼ばれ，ガウスによって予想され，アダマールとド・ラ・

ヴァレ・プーサンによって 1896 年にほとんど同時に証明された．その後，1949 年にセルバーグが "ふるいの方法" を用いて，この定理の初等的証明に成功し，1950 年にフィールズ賞を授賞している．素数定理は個数関数の漸近評価の代表例であり，リーマン予想 (未解決の難問中の難問) とも絡んでいる．これについては文献 [18] を参照するとよい．

1.2.6　表現と手法および証明法

数え上げ組合せ論の問題の表現および証明法は，大まかに次の 3 つに分けられる．(1) **組合せ論的手法**：まずは生活上の体験からその意味を身につけている "並べる" とか "選ぶ" という言葉を用いて，順列や組合せを表現するのが通常である．次に，ボールや箱などの具体的なモデルや記号を用いて表現し考察すると分かりやすくなる．特に，初等的な数え上げの問題に対してこのような素朴な手法が有効である．これを一歩進めてより数学的に集合と写像で表現し考察すると "写像 12 相" の概念が生まれてくる．一般に，組合せ論的手法とは，問題の対象を有限集合とその間の関係や写像でとらえ，その性質の特徴付けや数え上げを行うことであるといえる．より具体的に，配列，分配，分割などのカテゴリーでとらえることが多い．特に，数え上げの場合，"見掛け上" 異なる対象からなる有限集合の間に具体的な全単射 (1 対 1 対応) を構成することが**組合せ論的証明** (または**全単射的証明**) と呼ばれている．これは先に述べたように，集合の基数 (要素の個数) が集合間の 1 対 1 対応によって定められることに基づいている．

(2) **母関数と解析的手法**：個数関数 (数列) を係数としてもつ級数をその個数関数の母関数と呼ぶ．個数関数の和，差，たたみ込みがそれぞれ対応する母関数の和，差，積となることや，級数に形式微分が適用できることなどから，これらの演算を用いて級数を形式的に変形し，もとの個数関数の公式を容易に導くことができる場合が多い．特に，母関数が解析的に扱いやすい "閉じた関数" となるとき，実関数論や複素関数論の結果を用いて，もとの個数関数の漸近公式を導くことができる．実際，この手法により，多くの組合せ論的数の漸近公式が与えられている．また最近，数式処理に対するコンピュータ・ソフトウエアの発展により，Mathematica などを用いれば，級数展開の各項の係数す

なわち個数関数の具体値を容易に求めることができる．なお，母関数の厳密な基礎は形式級数環のなかで与えられ，関数論の結果を適用する場合，注意も必要である．文献 [8] を参照するとよい．

(3) 抽象的構造を利用した手法：置換群作用の一連の数え上げの定理，包含と排除の原理の順序集合上への一般化，鎖多項式の線形代数的取り扱い，凸体の面数に関する可換代数的または代数幾何的アプローチ，ヤング図形と表現論，符号理論に対する可換代数的アプローチ，学習構造プログラム (LPS) チャートの関係によって誘導される商順序集合による表現など，抽象的構造の枠組みの中で，その本質を明確にするとともに，より広範な応用をもつことになる．証明も抽象代数の手法を用いることができる．

おおぶろしきのプロローグになってしまったが，読者の頭から，組合せ論と言うと"順列と組合せ"という狭く特殊なイメージを取り除くことができ，"広く深い"研究分野であるというイメージを少しでも持っていただけたならば幸いである．文献 [19] も参照するとよい．

若人は受験数学，数学オリンピック，または情報オリンピックのみに満足することなく，伝統的な数学の流れのなかでの未解決の難問，または情報科学・計算機科学の影響を受け，有限・離散の立場から最近提出されている難問を含む諸問題，および"個数関数論"とでも言うべき一般理論の構築に挑戦してみてはどうだろうか．

なお，本章は『数学セミナー』で述べた内容 (文献 [20]) に加筆したものであることを，ここに記しておく．

参考文献

[1] 日野原重明,"医と生命 (いのち) のいしずえ"医の感性を培う会 NOTE (Jun.1993, No1) pp.5〜51, 東海大学出版会.

[2] 小堀憲著,『数学の歴史 V — 18 世紀の数学 —』, 共立出版 (1979).

[3] E. T. ベル著, 田中勇・銀林浩訳,『数学をつくった人びと (I)』, 東京図書 (1964).

[4] M. Kac, G.-C. Rota, and J. T. Schwartz, *Discrete Thoughts*, Birkhäuser (1985)

(竹内茂・池永輝之・西澤康夫・廣田則夫訳,『数学者の断想 — 数学, 科学, 哲学に関するエッセイ』, 森北出版 (1995)).

[5] 成嶋弘, "離散数学とアルゴリズム" 早稲田大学数学教育学会誌第 7 巻第 1 号 (1989) pp.13-18.

[6] 成嶋弘, "情報オリンピックと初等中等情報教育について" 第 50 回 CAI 学会研究会 [特別講演] (1994 年 12 月 10 日) : CAI 学会研究報告 Vol.94 No.4 (1994) pp.23-32.

[7] J. T. フェイ編, 成嶋弘監訳,『数学教育とコンピュータ』, 東海大学出版会 (1987).

[8] H. Narushima, "*A Survey of Enumerative Combinatorial Theory and A Problem*" Proc. Fac. Sci. Tokai Univ. XIV (1978) pp.1-10.

[9] 田中尚夫著,『選択公理と数学』, 遊星社 (1987).

[10] 小林孝次郎著,『計算可能性入門』, 近代科学社 (1980).

[11] 加藤和也, "フェルマーからワイルスへ"『数学セミナー』Vol.33 no.3 (390:1994.3) pp.48-53 〜 no.9 (396:1994.9) pp.66 〜 72.

[12] "フェルマー予想ついに解決か!?"『数学セミナー』 Vol.34 no1 (400:1995.1).

[13] Herbert S. Wilf 著, 西関隆夫・高橋敬訳,『アルゴリズムと計算量入門』, 総研出版 (1988).

[14] 小林孝次郎他, "特集 1 : $P = NP$? 問題" LA シンポジウム会誌第 23 号 (1994).

[15] 戸田誠之助, "数え上げ問題の計算量理論"『数学セミナー』Vol.32 no.9 (384:1993.9) pp.39-43.

[16] リチャード・スタンレイ著, 成嶋弘・山田浩・渡辺敬一・清水昭信訳,『数え上げ組合せ論 I』, 日本評論社 (1990).

[17] 野崎昭弘, "コンピューターのセンス"『数学セミナー』 Vol.32 no.4 (379:1993.4) pp.85 〜 87, no.5 (380:1993.) pp.80-83.

[18] 鹿野健著,『リーマン予想』, 日本評論社 (1991).

[19] "組合せ論の奥行き" 数理科学第 33 巻 7 号 (1995 年 7 月).

[20] 成嶋弘, "数え上げることそして組合せ論"『数学セミナー』Vol.32 no.9 (384:1993.9) pp.59 〜 64.

第 2 章
初等的数え上げ

2.1 場合分けの木

特定な対象をすべて求めることや定理の証明では場合分けを正確に行い，場合落ちがないかどうか注意することが要である．ここでは，そのための素朴で基礎的な手法を述べる．

例 2.1 ある人が各回に 5 点得るかまたは 5 点失うゲームを高々 5 回行なう．その人は 5 点をもってゲームを始め，点数がなくなるか，または手持ちの点数が 20 点になれば，ゲームを止めるものとする．このゲームの (経過の) 起り得る場合は何通りあるか．

図 2.1 のような**場合分けの木** (または**樹形図**) を描けばよい．始めの頂点を**根**と呼び，端点を**葉**と呼ぶ．根と葉の間の頂点を**内点**または**ノード**と呼ぶ．根から葉へ左から右へ，上から下へ，あるいは下から上へ描く．図 2.1 では，各頂点にその時点での得点を記入してある．すなわち，各時点で点を失ったとき上の方向に進み，点を得たとき下の方向に進む．根から各葉への道がただ一通り決まり，それがゲームの経過を表している．したがって，ゲームを 1 回で止める場合が 1 通り，3 回で止める場合が 2 通り，5 回行う場合が 8 通りの計 11 通りあることが分かる．

問 2.1 ヤクルトとオリックスが日本シリーズを行うとする．4 ゲーム先勝したチームが勝ちとする．ただし，ヤクルトが第 1 ゲームに勝ち，さらに第 3 ゲームに勝ったチームは第 5 ゲームにも勝つとする．引き分けはないものとし，ヤクルト，オリックスが勝つ場合はそれぞれ何通りあるか．

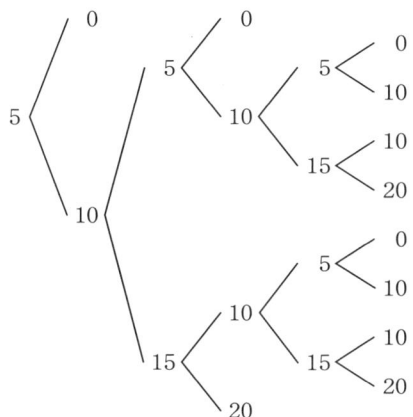

図 **2.1** 例 2.1 の場合分けの木.

問 2.2 A 君が xy 平面上の原点にいるとし，上下左右のいずれか一方へ 1 単位進むとする．A 君は正方形 $a(2,2) \, b(-2,2) \, c(-2,-2) \, d(2,-2)$ の周上の点に到達するか，または同じ点に 2 度目に到達したときは，それらの点で止るものとする．A 君の動く異なる径路の個数を求めよ．

例 2.2 3 桁の正の整数で 3 つの位の数字の和が 4 となるものをすべて求めてみよう．

考え始める点を根とし，それから下方へ百の位のとりうる数字 1, 2, 3, 4 を頂点とし，次に各数字に対して下方へ十の位のとりうる数字を頂点とし，さらに各数字に対して下方へ一の位のとりうる数字 (ただ 1 つ決まる) を頂点とする場合分けの木を図 2.2 のように描く．すると根から各葉への道が左から右に 10 通りあり，103, 112, ···, 400 と昇順に 10 個の整数が求められる．

図 2.2 の根はダミーであり，なくてもよい．この根を取り除くと 4 本の木があることになり，このような場合一般に，**場合分けの森**と呼ばれる．

さて，例 2.1 や 2.2 のように，パラメータの具体値が与えられていて場合分けの規則が明確で，場合分けの木 (または森) を人間が視覚的に認識できる範囲で描くことができる問題に対しては，実際に場合分けの木を描くことによっ

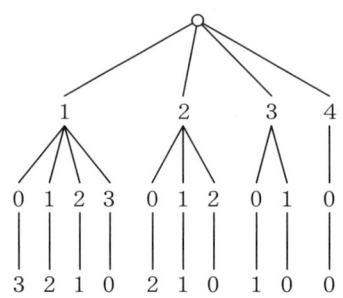

図 2.2 例 2.2 の場合分けの木.

てその答えを求めることができる．また，人間の手に余るときはコンピュータの助けをかりることもできる．しかし，場合分けの規則が明確である (すなわち求めるものを数え上げるアルゴリズムがある) が，個数関数が定まっていないで，数え上げる対象がパラメータに関し指数関数的に増大するとき，パラメータ値がある程度大きくなると，コンピュータでも手に負えなくなる．この辺は第 1 章で設定した問題 5 に絡む数え上げの手間 (計算量) の問題となるが，ここではこれ以上深入りすることを避ける．この辺については文献 [1]~[4] を参照するとよい．また，囲碁 (盤面の可能性は $3^{19 \times 19} = 3^{361} \fallingdotseq 1.74 \times 10^{172}$ であり，有限とはいえ，その数が $3/2 \times 136 \times 2^{256} \fallingdotseq 2.36 \times 10^{79}$ といわれている宇宙に存在する陽子と電子の総数より多い)，将棋，チェス，オセロなど 2 人ゲームに対するコンピュータ・プログラムはコンピュータの性能や人工知能 (AI) 技術の優劣をはかる目安となっている．これについては文献 [5] を参照するとよい．

例 2.3 500 の約数をすべて求めてみよう．

500 の素因数分解は $2^2 \times 5^3$ となり，約数は 2 と 3 の取り方によって定まる．例 2.2 と同じように，考え始める点を根とし，下方に 2 の取り方に応じて，2^0 (2 を取らない場合), 2^1 (2 を 1 個取る場合), 2^2 (2 を 2 個取る場合) を頂点とし，さらに各頂点に対して下方に 5 の取り方に応じて，$5^0, 5^1, 5^2, 5^3$ を頂点とする場合分けの木を図 2.3 のように描く．すると根から各葉への道が左から右に 12 通りあり，$2^0 \times 5^0 = 1, \cdots, 2^0 \times 5^3 = 125, 2^1 \times 5^0 = 2, \cdots, 2^1 \times$

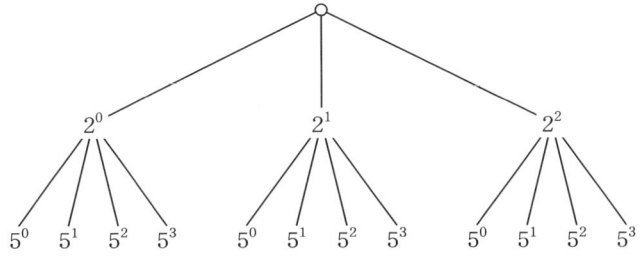

図 **2.3** 例 2.3 の場合分けの木.

$5^3 = 250, 2^2 \times 5^0 = 4, \cdots, 2^2 \times 5^3 = 500$ と 12 個の約数が求められる.

問 2.3 2050, 2550, 3550 の 3 つの数をある数で割ったら同じ余り ($\neq 0$) が出た. どんな数で割ったか. すべて求めよ.

次の 3 例は証明のとき場合分けが必要になる簡単な例である.

例 2.4 整数 n に対して一般に

$$\left\lfloor \frac{n}{2} \right\rfloor + \left\lfloor \frac{n}{3} \right\rfloor - \left\lfloor \frac{n}{6} \right\rfloor = \left\lfloor \frac{n}{2} + \frac{n}{3} - \frac{n}{6} \right\rfloor \quad \left(= \left\lfloor \frac{2n}{3} \right\rfloor \right)$$

は成立するであろうか.

n を 6 で割ったときの余りによって場合分けし,すなわち整数 n の 6 を法とする各剰余類について等号が成立するかどうかを調べてみると,$n = 6k + 4$ のときかつこのときのみ 左辺 $= 4k + 3 \neq$ 右辺 $= 4k + 2$ となり,他の場合は等号が成立することがわかる.

例 2.5 実数上の関数

$$f(x) = |x - 1| + |x - 2| + |x - 3| + |x - 4|$$

の最小値を求めてみよう.

$x < 1$ のとき $f(x) = -4x + 10$ となり,$1 \leq x < 2$ のとき $f(x) = -2x + 8$ となる. 同様に,$2 \leq x < 3, 3 \leq x < 4, 4 \leq x$ の各場合に $f(x)$ の式を求め,$f(x)$ のグラフを描くと図 2.4 のようになる. したがって,x が $2 \leq x \leq 3$ を

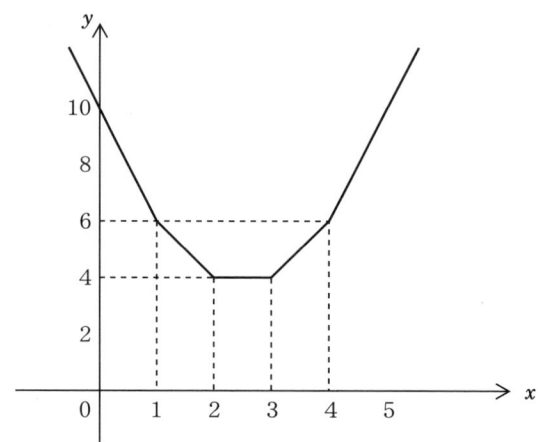

図 **2.4** 例 2.5 の関数 f のグラフ.

満たすときかつそのときのみ $f(x)$ は最小値 4 をとる.

問 2.4 実数上の関数 $f(x) = \sum_{i=1}^{2n} |x - a_i|$ (a_i は $a_i \leq a_{i+1}$ を満す実定数)の最小値を求めよ.

例 2.6 6 個の格子点 $a(0,0)$, $b(4,0)$, $c(4,4)$, $d(0,4)$, $e(2,2)$, $f(4,2)$ が与えられている. 各格子点を直線で (頂点以外では交差することなく) 結び, 正方形 $abcd$ (の内部) をできるだけ多くの三角形に分割し, 隣接する三角形を異なる色で塗り分けるとき, 最小の色数ですむ三角形分割をすべて求めてみよう.

可能な三角形分割は図 2.5 に示す 4 通りであり, 正方形 $abcd$ の内点 e の次数が偶数の場合, すなわち (1) と (3) の三角形分割が最小の 2 色で塗り分けられる. 一般に, 頂点数が与えられたときの極大平面グラフ (各領域は辺が曲線でもよい三角形となる) の対角線変換による生成法については文献 [6] の p.9 を参照するとよい (この例の一般的な場合が 1993 年 10 月にアルゼンチンで行われた第 5 回国際情報オリンピック : International Olympiad in Informatics = IOI の候補問題の 1 つであったことを守屋悦朗氏から伺った).

問 2.5 例 2.6 と同じ 6 個の格子点 a, b, c, d, e, f および $g(0,2)$ の計 7 個

(1) 以下略の図

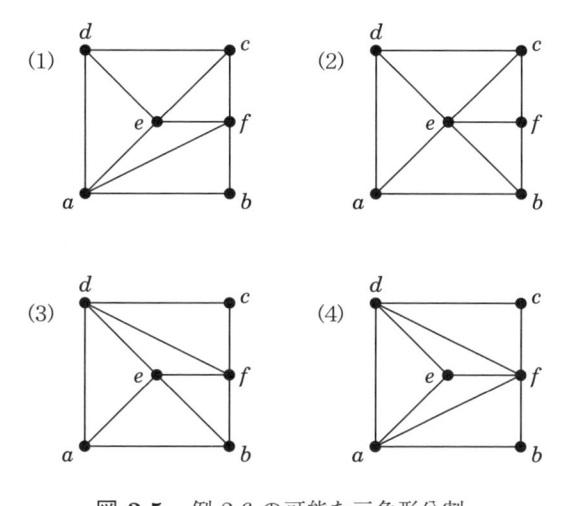

図 2.5 例 2.6 の可能な三角形分割.

の格子点が与えられているとき，例 2.6 と同様の最小の色数ですむ三角形分割をすべて求めよ．

2.2 和と積の法則

特定の対象をすべて枚挙する (書き並べる) のではなく，その対象の個数すなわち場合の数だけを求めるときには，次の 2 つの法則が有用である．

和の法則 ある事象の起り方が m 通りあり，他の事象の起り方が n 通りあるとき，2 つの事象のいずれか一方が起る起り方は $m+n$ 通りある．より平たく言えば，ある場合の数が m で，他の場合の数が n であるとき，いずれか一方の場合の数は $m+n$ である．

和の法則を適用するならば，例 2.1 の場合の数は $1+2+8=11$ となり，例 2.2 の場合の数は $4+3+2+1=10$ となる．

問 2.6 3 つの位の数字の和が 10 となる 3 桁の正の整数の個数を求めよ．

積の法則 ある事象の起り方が m 通りあり，他の事象の起り方が n 通りあ

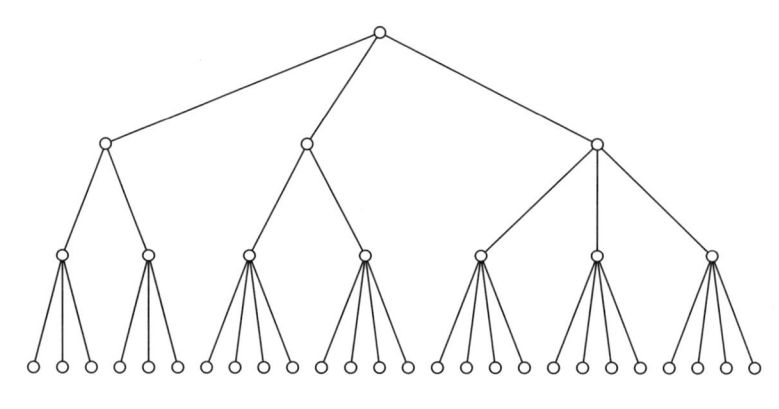

図 2.6 例 2.7 の場合分けの木.

るとき，2 つの事象がともに起る起り方は $m \times n$ 通りある．

積の法則を適用するならば，例 2.3 の約数の個数は $3 \times 4 = 12$ となる．場合の数を求めるには和と積の法則を適切に用いることが要である．

例 2.7 数理論理学系が 2 科目，離散数学系が 3 科目，情報処理系が 4 科目ある．これらの科目の中から異なる学系の科目を 2 科目選ぶ選び方は何通りあるか求めてみよう．

初めに，3 学系から 2 学系の選び方を考え，次に，各選び方に対して 1 学系から 1 科目ずつ 2 科目選ぶ場合を考え，和と積の法則を適用すると，

$$2 \times 3 + 2 \times 4 + 3 \times 4 = 6 + 8 + 12 = 26$$

と 26 通りあることが分かる．これを場合分けの木で示すと，図 2.6 となる．

和と積の法則の適用の仕方に注意すると，無意識に計算している足し算と掛け算の原点が和と積の法則にあることに気づくであろう．和と積の法則を現代数学的に表すと，次のようになる．集合 A, B に対して

(1) $A \cap B = \varnothing$ のとき，$|A \cup B| = |A| + |B|$.
(2) A と B の直積 $A \times B$ に対して，

$$|A \times B| = |A| \times |B|$$

が成り立つ (直積などの集合演算については付録 A.2 を参照).

問 2.7 $A = \{1,2\}, B = \{1,2,3\}, C = \{1,2,3,4\}, X = A \times B, Y = A \times C, Z = B \times C$ とするとき, $|X| + |Y| + |Z|$ を求め, 例 2.7 の結果と比較せよ.

2.3　順列と組合せ

初めに, 順列と組合せの素朴で基礎的な考え方をアルファベット 3 文字 a, b, c を用いて考えてみよう. これらの 3 文字からの 2 文字の選び方や並べ方は大きく次の 4 つの場合に分けられる.

(1) 2 文字の順序を考慮すると, ab, ac, ba, bc, ca, cb の 6 通りあり, これらを 3-2 順列とよぶ. 3-2 順列の個数を $_3\mathrm{P}_2$ で表すと, 積の法則を用いて

$$_3\mathrm{P}_2 = 3 \times 2 = 6$$

と計算できる. 場合分けの木を描けば, 図 2.7 (a) または (b) となる.

(2) (1) の 6 個に, さらに同じ文字の繰り返しを許した aa, bb, cc の 3 個を加えた 9 通りの文字列を 3-2 重複順列とよび, この個数を $_3\Pi_2$ で表す. これも積の法則を用いて,

$$_3\Pi_2 = 3 \times 3 = 3^2$$

と計算できる. 場合分けの木を描けば, 図 2.7 (c) となる.

(3) 2 文字の順序を考慮しないとき, $\{a,b\}, \{a,c\}, \{b,c\}$ の 3 通りあり, これらを 3-2 組合せとよぶ. 3-2 組合せの個数を $_3\mathrm{C}_2$ または $\binom{3}{2}$ で表す. (1) をもとにして計算すると,

$$_3\mathrm{C}_2 = \frac{_3\mathrm{P}_2}{2} = \frac{6}{2} = 3$$

となる.

(4) (3) の 3 個に, さらに同じ文字の繰り返しを許した $\{a,a\}, \{b,b\}, \{c,c\}$ (このように同じ要素の繰り返しも許した集合を**多重集合**とよぶ) の 3 個を加えた 6 通りの組合せを 3-2 重複組合せとよび, この個数を $_3\mathrm{H}_2$ または $\left(\!\binom{3}{2}\!\right)$

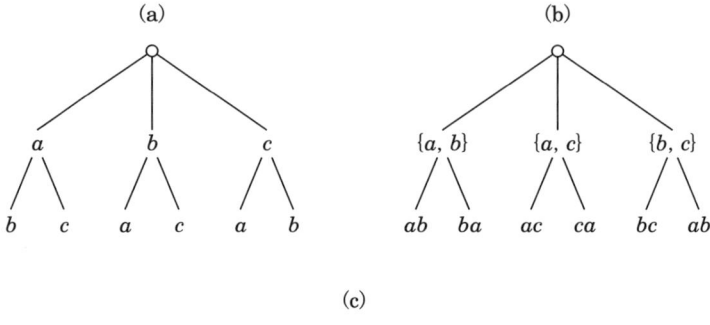

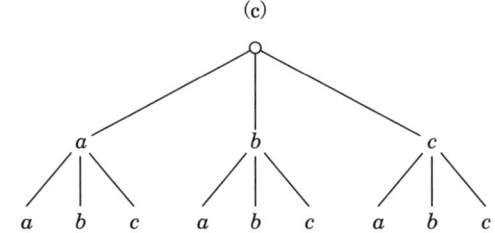

図 2.7 3-2 順列と 3-2 重複順列の場合分けの木.

で表す．このとき，

$$\left(\!\binom{3}{2}\!\right) = \binom{3+2-1}{2} = \binom{4}{2} = \frac{{}_4\mathrm{P}_2}{2} = \frac{4\times 3}{2} = 6$$

が成り立つ．

2.3.1 順列

相異なる n 個のものから k 個とり順序をつけて一列に並べる並べ方を，n-k **順列**といい，これら全体の個数を ${}_n\mathrm{P}_k$ で表す．n-k 順列を素朴なモデル (ボールと箱) を用いて言い換えれば，相異なる k 個のボールを相異なる n 個の各箱に高々 1 個配る配り方となる．さらに，集合と写像を用いて言えば，集合 $[k] = \{1, 2, \cdots, k\}$ から集合 $[n] = \{1, 2, \cdots, n\}$ への単射 (1 対 1 の写像) $f\colon [k] \longrightarrow [n]$ のことになる．例えば，図 2.8 は 5-3 順列 412 を示す．このように数え上げ組合せ論の初等的な概念は，1.2.6 節 (表現と手法および証明法) で述べたように

(1) 通常の文章

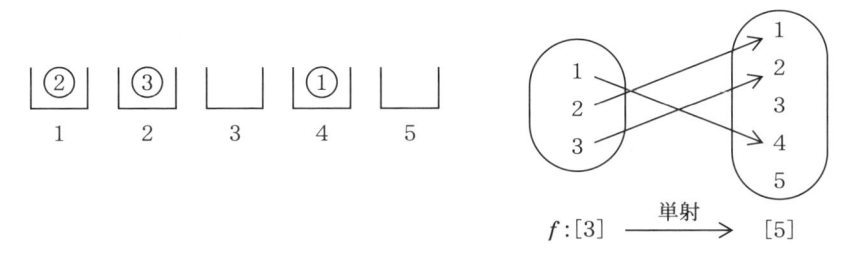

図 **2.8**　5-3 順列 412 の単射表現.

(2) 素朴なモデル
(3) 集合や写像などの現代数学の用語

から大学数学への道，技法から理論への道となる．以下この点に注意しよう．

ボールと箱のモデルを用いて次のように考えれば，${}_n\mathrm{P}_k$ の計算式を求めることができる．初めのボール 1 は n 個の箱のいずれにも配ることができるので n 通りの配り方があり，次のボール 2 は 1 の入っている箱以外の $n-1$ 個の箱に配ることができ，$\cdots$，最後のボール k は $n-(k-1)$ 個の箱に配ることができる．ここで，「ボール i を箱 j に配ること」が通常の文章による「i 番目にもの j を選び並べること」に相当することに注意してほしい．

$$_n\mathrm{P}_k = n(n-1)\cdots(n-k+1) \tag{2.1}$$

公式 (2.1) の右辺が n から 1 ずつ減少し $n-(k+1)$ まで k 個の数の積からなっていることから，n-k 順列を n-k **下降階乗**とよぶこともある．

問 2.8　m-元集合 $[m] = \{1, 2, \cdots, m\}$ を用いて，n-k 順列全体を直積集合で表せ．

特に，$n = k$ のとき

$$_n\mathrm{P}_n = n(n-1)\cdots 2 \cdot 1$$

を $n!$ で表わし，n の**階乗**とよぶ．単射 $f\colon [n] \longrightarrow [n]$ は n **次の置換**ともよばれるので，n 次の置換は $n!$ 個ある．

問 2.9　3! に対応する樹形図を描け．

公式 (2.1) から次の公式を得る．

$$_n\mathrm{P}_k = \frac{n!}{(n-k)!}, \tag{2.2}$$

$$_n\mathrm{P}_k = n \times {}_{n-1}\mathrm{P}_{k-1}. \tag{2.3}$$

問 2.10 公式 (2.2), 公式 (2.3) を証明せよ．

第 1 章の 1.2.5 節で述べたように，個数に関する公式，すなわち個数関数は公式 (2.1) や (2.2) のような有限個の有限回の演算で閉じた明示的な式か，または公式 (2.3) のような漸化式で表されるのが "good" である．

問 2.11 4 次のすれちがい順列 (例 1.4 を参照) をすべて求めよ．

問 2.12 4 文字 a, b, c, d からなる順列全体を考え，$abcd$ から $dcba$ まで辞書式に順序をつける．順列 $cdab$ は何番目か．また，15 番目の順列を求めよ．辞書式順序と樹形図の関係に注目せよ．

問 2.13 5 人のうち特定の 2 人が隣り合わせになるように 5 人が 1 列に座る座り方は何通りか．

2.3.2 重複順列

相異なる n 個のものから繰り返しを許して k 個とり順序をつけて一列に並べる並べ方を n-k **重複順列**といい，これら全体の個数を ${}_n\Pi_k$ で表す．n-k 重複順列をボールと箱を用いて言い換えれば，相異なる k 個のボールを相異なる n 個の各箱に配る (何個でもよい) 配り方となる．さらに，集合と写像を用いて言えば，集合 $[k] = \{1, 2, \cdots, k\}$ から集合 $[n] = \{1, 2, \cdots, n\}$ への写像 $f\colon [k] \longrightarrow [n]$ のことになる．例えば，図 2.9 は 5-4 重複順列 5223 を示す．n-k 順列の定義と比べ，通常の文章による表現では「繰り返しを許して」という語句が追加され，写像による表現では「1 対 1」という語句が削除されたことになる．すなわち現代数学の視点からは重複順列が順列より一般的な概念であるということになる．

k 個の各ボールを n 個のどの箱にも配ることができるので，次の公式を得る．

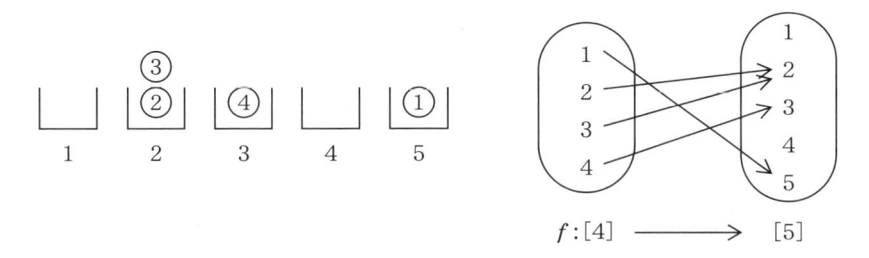

図 **2.9** 5-4 重複順列 5223 の写像表現.

$$_n\Pi_k = n^k. \tag{2.4}$$

問 2.14 m-元集合 $[m] = \{1, 2, \cdots, m\}$ の記法を用いて，n-k 重複順列全体を直積集合で表せ．

問 2.15 集合 A の部分集合全体を $\wp(A)$ で表す．$|\wp(A)|$ を求めよ．

問 2.16 天秤と $1\text{g}, 3\text{g}, 3^2\text{g}, \cdots, 3^{n-1}\text{g}$ の n 個のおもりがある．何種類の重さが計れるか．

問 2.17 仮名は全部で 90 文字と仮定し，17 文字を並べたものを俳句とよぶことにすると，俳句の総数は何桁の数となるか．ただし，$\log_{10} 3 = 0.4771$ である．

例 2.8 $0, 1$ からなる長さ n の数列を n 桁の 2 元数列という．0 を偶数個含む n 桁の 2 元数列の個数を求めてみよう．

初めに，$n-1$ 桁の 2 元数列は 2^{n-1} 個あり，それらは 0 を偶数個含むか奇数個含むかのいずれかであることに注意しよう．題意の n 桁の 2 元数列は，0 を偶数個含む $n-1$ 桁の 2 元数列の先頭に 1 を，0 を奇数個含む $n-1$ 桁の 2 元数列の先頭に 0 を，それぞれ加えれば得られるので，求める個数は $n-1$ 桁の 2 元数列の個数そのもの $2^{n-1} = 2^n/2$ である．すなわち，n 桁の 2 元数列全体の $1/2$ である．

問 2.18 $0, 1, 2$ からなる n 桁の 3 元数列および $0, 1, 2, 3$ からなる n 桁の 4 元数列で，1 を偶数個含むものの個数をそれぞれ求めよ．

2.3.3 円順列

相異なる n 個のものを，各々の相対的な位置関係のみを考えて，円形に並べる並べ方を n-**円順列**といい，これらの個数を $\mathrm{cir}(n)$ で表す．

例えば，$n = 3$ のとき，図 2.10 (a) に示す 2 個である．この個数を求めるには次のように考えればよい．1, 2, 3 からなる 6 個の 3-3 順列 123, 132, 213, 231, 312, 321 の各々を両端を合せて円形に並べる．例えば，123 と 132 を円形に並べたものが図 2.10 (a) に示す 2 個である．他の 3-3 順列からできるものはこれらの 2 個を時計回りに 120 度または 240 度回転して得られる．図 2.10 (b) はこれらの様子を示す．したがって，$\mathrm{cir}(3) = 3!/3 = 2! = 2$ となる．

また，次のように考えてもよい．一文字 (1 とする) を固定し，残りの文字の順列 (23 と 32) を円形に当てはめれば，求める円順列がすべて得られる．すなわち，$\mathrm{cir}(3) = (3-1)! = 2! = 2$ となる．

これらの論法から次の公式を得る．一般的な枠組み (コーシー-フロベニウスの定理) の中での扱いは 3.3 節の例 3.2 で示す．

$$\mathrm{cir}(n) = (n-1)!. \tag{2.5}$$

集合と写像を用いて言えば，n-円順列はただ 1 つの輪 (長さ n の輪) からなる n 次の置換のことである (置換の輪表現については付録 A.4 を参照)．このことから，公式 (2.5) は 2.6 節で符号なし第 1 種スターリング数の特別な場合 (問 2.84 (2)) として得られることを示す．

問 2.19 4-円順列をすべて図示せよ．

問 2.20 6 人が円卓に座る座り方について次の問に答えよ．
(1) 特定の 2 人が隣り合わせに座るとき，何通りあるか．
(2) 特定の 3 人がひとかたまりに並んで座るとき，何通りあるか．

2.3.4 じゅず順列

n-円順列で裏返すこと (より数学的には対称変換鏡映) により一方が他方になるとき，それらを同一視することによって考えられる順列 n-**じゅず (数珠)**

(a)

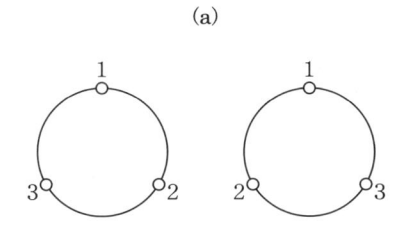

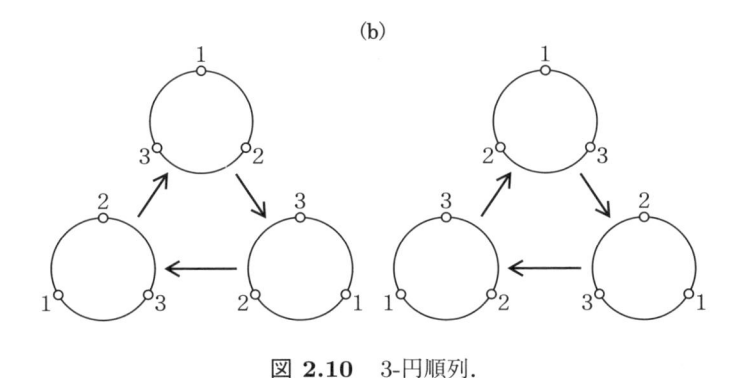

(b)

図 2.10　3-円順列．

順列またはネックレス順列といい，それらの個数を $\mathrm{neck}(n)$ で表す．

$$\mathrm{neck}(n) = \frac{(n-1)!}{2}. \tag{2.6}$$

問 2.21　4-ネックレス順列をすべて図示せよ．

2.3.5　組合せ

相異なる n 個のものから k 個とる (または選ぶ) とり方 (または選び方) を n-k **組合せ** (または n-k **選択**) といい，n-k 組合せ全体の集合を $\begin{pmatrix} [n] \\ k \end{pmatrix}$ で表す．この基数 $\left| \begin{pmatrix} [n] \\ k \end{pmatrix} \right|$ を $_n\mathrm{C}_k$ または $\begin{pmatrix} n \\ k \end{pmatrix}$ で表し，n-k 組合せ数または 2 項係数 (この名前の由来は例 2.11 で述べる) という．

n-k 組合せをボールと箱の素朴なモデルを用いて言い換えれば，同種のすなわち区別のつかない k 個のボールを相異なる n 個の各箱に高々1 個配る配り

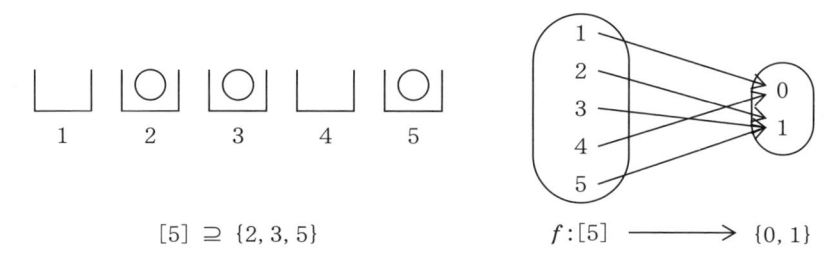

図 **2.11** 5-3 組合せ $\{2,3,5\}$ の特性写像.

方となる．さらに，n 元集合 $[n]$ の k 元部分集合のことである．集合と写像で表すと，例 2.9 となる．例えば，図 2.11 は 5-3 組合せ $\{2,3,5\}$ を示す．

例 2.9 n 元集合 $[n]$ から 2 元集合への写像 $f\colon [n] \longrightarrow \{0,1\}$ で $|f^{-1}(1)| = k$ を満たすものが n-k 組合せのことになる．$f(x)=1$ である x が選ばれると考えればよい．この写像はどの要素が選ばれるかを示すという意味で n 元集合 $[n]$ の部分集合の**特性写像**と呼ばれる．

問 2.22 5 元集合 $[5]$ の 3 元部分集合，すなわち $\binom{[5]}{3}$ をすべて求めよ．

図 2.7 (b) のタイプの樹形図をもとに n-k 順列と n-k 組合せの関係を考える．すなわち，1 つの n-k 組合せから $k!$ 個の n-k 順列ができること，または順序を無視することによって $k!$ 個の n-k 順列が 1 つの n-k 組合せになることを考えれば，次の公式を得る．

$$_n\mathrm{C}_k = \frac{_n\mathrm{P}_k}{k!} = \frac{n(n-1)\cdots(n-k+1)}{k!} = \frac{n!}{(n-k)!k!}. \tag{2.7}$$

n-k 組合せ数を具体的に計算するときには，公式 (2.7) の左端から 3 番目の式，すなわち分母が k の階乗で分子が n-k 下降階乗の式が便利である．

問 2.23 $_4\mathrm{C}_3$ と $_4\mathrm{P}_3$ の関係を図 2.7 (b) のタイプの樹形図で説明せよ．

例 2.10 同じ文字 a が k 個，同じ文字 b が m 個合せて n 個あるとき，これらの n 個の 2 文字からできる順列 (第 1 順列とよぶ) の個数を求めてみよう．

公式 (2.7) を求めたときと同じように考えればよい．k 個の a および m 個の b をすべて異なると考え，$a_1, a_2, \cdots, a_k, b_1, b_2, \cdots, b_m$ とする．これら n 個の異なる文字から $n!$ 個の順列 (第 2 順列とよぶ) ができる．ここで文字 a および b の添数を取り除くと，$k!\,m!$ 個の第 2 順列が 1 つの第 1 順列になる．逆に，1 つの第 1 順列から $k!\,m!$ 個の第 2 順列ができることもわかる．したがって，求める順列 (第 1 順列) の個数は $n!/k!\,m!$ すなわち ${}_n\mathrm{C}_k$ となる．または，文字 a を相異なる n 個の場所の k 個に置く置き方，言い換えれば，相異なる n 個の場所から文字 a を置く k 個の場所を選ぶ選び方と考えてもよい．

n-k 組合せについての次の 2 つの公式は有用である．

$$ {}_n\mathrm{C}_k = {}_n\mathrm{C}_{n-k}, \tag{2.8} $$

$$ {}_n\mathrm{C}_k = {}_{n-1}\mathrm{C}_k + {}_{n-1}\mathrm{C}_{k-1}. \tag{2.9} $$

組合せ論の等式の証明には，通常の式変形によるものと，第 1 章の 1.2.6 節の (1) で述べたように，見掛け上異なる対象からなる有限集の間に具体的な全単射 (1 対 1 対応) を構成することによるものがある．後者の証明法は**組合せ論的証明**または (**全単射的証明**) と呼ばれている．公式 (2.8) と (2.9) を例にして，この 2 通りの証明法を説明してみよう．

通常の式変形による証明は問 2.24 にゆずるとして，公式 (2.8) に対する組合せ論的証明は次のように簡明なものである．n 個のものから k 個選ぶことと n 個のものから選ばないものを $n-k$ 個選ぶことの対応を考えればよい．この対応が 1 対 1 であることは容易に分かる．公式 (2.9) に対するそれはこのような漸化式の証明の定石であり，次のように与えられる．n 個のものの中の特定の 1 個 (今，それを a とする) に注目し，n-k 組合せに a が含まれる場合と含まれない場合 (いずれかである)，すなわち，選ぶ k 個のものに a が含まれる場合と含まれない場合を考える．前者の場合，a を除く $n-1$ 個のものから $k-1$ 個選ぶことになり，すなわち $(n-1)$-$(k-1)$ 組合せに対応し，後者の場合，a を除く $n-1$ 個のものから k 個選ぶことになり，すなわち $(n-1)$-k 組合せに対応する．この対応が 1 対 1 であることも容易に分かる．これを図式的に示すならば図 2.12 となる．このとき考えている集合と写像を明確に定めることによってより厳密な組合せ論的証明が得られる．

$$n\text{-}k\,組合せ : {}_n\mathrm{C}_k\,通り \iff \begin{cases} a\,を含む場合,\,すなわち \\ \{a,\overbrace{\bigcirc,\bigcirc,\cdots,\bigcirc}^{k-1}\} : {}_{n-1}\mathrm{C}_{k-1}\,通り \\ \\ a\,を含まない場合,\,すなわち \\ \{\overbrace{\bigcirc,\bigcirc,\cdots,\bigcirc}^{k}\} : {}_{n-1}\mathrm{C}_k\,通り \end{cases}$$

図 **2.12** 公式 (2.9) の組合せ論的証明.

問 2.24 公式 (2.8) と (2.9) を通常の式変形により証明せよ.

例 2.11 例 2.10 をより代数的にすなわち数式の演算のなかでとらえてみよう.

通常の可換な和と積のもとでの数式演算を考える.式 $(a+b)^n$ を展開し整理したときの項 $a^k b^{n-k}$ のでき方を考える.式 $(a+b)^n$ は n 個の項 $(a+b)$ の積からなっていて,項 $a^k b^{n-k}$ は (順番のついた)n 個の項 $(a+b)$ から k 個の項の a を選び他の $n-k$ 個の項から b を選び掛け合わせることによってできるから,和と積が可換であることに注意すれば,項 $a^k b^{n-k}$ が ${}_n\mathrm{C}_k$ 個できることがわかる.したがって,次の **2 項定理**と呼ばれる公式を得る.

$$(a+b)^n = \sum_{k=0}^{n} {}_n\mathrm{C}_k a^k b^{n-k}. \tag{2.10}$$

組合せ数が **2 項係数**と呼ばれるゆえんはここにある.より一般的な数式的取り扱い,すなわち母関数的手法については 2.4 節で述べる.

問 2.25 $\sum_{k=0}^{n} {}_n\mathrm{C}_k = 2^n$ の組合せ論的証明および 2 項定理を用いた証明を与えよ.

例 2.12 $\sum_{k=0}^{n} k \,{}_n\mathrm{C}_k = n 2^{n-1}$ の組合せ論的証明を与えてみよう.

$n\text{-}k$ 組合せを集合 $[n]$ の k 元部分集合と考えて k 元部分集合の各要素に丸をつけることにしよう.k 個の要素があるから丸のつけ方は k 通りある.すな

わち 1 つの n-k 組合せから 1 つの要素に丸のついた k 通りの n-k 組合せができる．これを $k=0$ から n まで行ない，その個数を考えれば等式の左辺が得られる．一方，n 元集合 $[n]$ の各要素への丸のつけ方は n 通りあり，1 つの要素に丸のついた n 通りの n 元集合ができ，この n 元集合から丸のついた要素を除いた $(n-1)$ 元集合の部分集合は 2^{n-1} 個できる．この部分集合に，初め除いた丸のついた要素を加えて考えると，1 つの要素に丸のついた部分集合が全部で $n2^{n-1}$ 個できる．これは等式の右辺である．前者の 1 つの要素に丸のついた組合せ全体と後者の 1 つの要素に丸のついた部分集合全体は同一の集合であることから，等式が得られる．

問 2.26 例 2.12 の等式を式変形により証明せよ．

問 2.27 光沢君に 12 人の友人がいる．
(1) 10 人をパーティーに招待したい．選び方は何通りあるか．
(2) 6 人をパーティーに招待したい．ただし，友人達のうち土屋君と大矢さんはカップルなので，招待するときには一緒に招待したい．6 人の選び方は何通りあるか．
(3) 5 人をパーティーに招待したい．ただし，友人達のうち真下君と鶴岡君は仲が悪いので一緒には招待しないとする．5 人の選び方は何通りあるか．

問 2.28 問 2.27 (1) において 3 人以上をパーティーに招待したい．選び方は何通りあるか．問 2.25 の結果を用いよ．

例 2.13 52 枚 1 組の普通のトランプでポーカーを行う．次の各手役が何通りあるか考えよう．
(1) ロイヤル・ストレート・フラッシュ (同種類の 5 枚の続き札で 10-J-Q-K-A)
(2) ストレート・フラッシュ (同種類 5 枚の続き札，10-J-Q-K-A を除く)

$$4 \times 9 = 36.$$

(3) フォー・カード (同数字 4 枚の札と任意の札 1 枚)

$$13 \times 48 = 624.$$

(4) フルハウス (同数字 3 枚の札と同数字 2 枚の札)

$$13 \times {}_4C_3 \times 12 \times {}_4C_2 = 3744.$$

(5) フラッシュ (同種類 5 枚の札, ストレート・フラッシュを除く)

$$4 \times {}_{13}C_5 - 40 = 5108.$$

(6) ストレート (続き数字の 5 枚, ストレート・フラッシュを除く)

$$10 \times 4^5 - 40 = 10200.$$

(7) スリー・カード (同数字の札 3 枚, 他の 2 枚はフォー・カードとフルハウスにならない任意の札)

$$13 \times {}_4C_3 \times {}_{48}C_2 - 3744 \ \text{または}\ 13 \times {}_4C_3 \times {}_{12}C_2 \times 4^2 = 54912.$$

後者の式は，他の 2 枚の札として同数字 3 枚の札の数字と異なる 12 個の数字から異なる 2 個の数字を選ぶことができ，それぞれの数字がスペード，ハート，ダイヤ，クラブの 4 種の札となりえることから得られる．

(8) ツー・ペア (同数字の札 2 枚が 2 組, ただし 2 組の数字は異なる．およびこれらと異なる任意の札 1 枚)

$$_{13}C_2 \times ({}_4C_2)^2 \times 44 = 123552.$$

(9) ワン・ペア (同数字の札 2 枚, 他の 3 枚はフォー・カード, フルハウス, スリー・カード, ツー・ペアにならない任意の札)

$$13 \times {}_4C_2 \times {}_{12}C_3 \times 4^3 = 1098240.$$

問 2.29 例 2.13 で各手役が起る確率を求めよ．

問 2.30 (1) 凸 n 角形の対角線の数を求めよ．

(2) 凸 n 角形でどの 3 本の対角線も内部の 1 点で交わることのないものを考える．この凸 n 角形の対角線によってできる交点の数を求めよ．また，これらの交点によって対角線は何個の線分に分割されるか．

(3) 凸 n 角形の頂点によって定まる三角形で凸 n 角形の辺を含まないものは何個あるか．

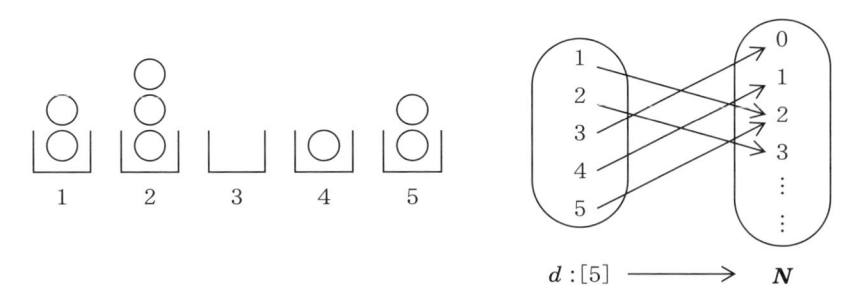

図 2.13　5-8 重複組合せ $\{1^2, 2^3, 3^0, 4^1, 5^2\}$ の写像表現.

2.3.6　重複組合せ

相異なる n 個のものから繰り返しを許して k 個とる (または選ぶ) とり方 (または選び方) を n-k **重複組合せ** (または n-k **重複選択**) といい，n-k 重複組合せ全体の集合を $\left(\!\!\binom{[n]}{k}\!\!\right)$ で表す．この基数 $\left|\left(\!\!\binom{[n]}{k}\!\!\right)\right|$ を ${}_n\mathrm{H}_k$ または $\left(\!\!\binom{n}{k}\!\!\right)$ で表し，n-k 重複組合せ数という．n-k 重複組合せをボールと箱の素朴なモデルを用いて言い換えれば，同種のすなわち区別のつかない k 個のボールを相異なる n 個の各箱に配る (何個配ってもよい) 配り方となる．

さらに，多重集合の概念を用いて表すことができる．多重集合とは先に述べたように同じ要素を重複して含む集合のことであり，例えば $\{1,1,2,2,2,4,5,5\}$ であり，これを通常 $\{1^2, 2^3, 4^1, 5^2\}$ で表し，各要素の指数部をその要素の多重度とよぶ．より形式的には，有限集合 S 上の**多重集合** M とは写像 $d\colon S \longrightarrow N$ のことであり，$d(x)$ を x の多重度という．また，$\sum_{x \in S} d(x)$ を M の**基数**または要素の個数といい，$|M|$ で表し，$|M| = k$ のとき M を S 上の k-多重集合とよぶ．ここで，集合 $[n]$ を $|S| = n$ なる集合 S の代表と考えると，n-k 重複組合せとは $[n]$ 上の k-多重集合そのものであることがわかる．図 2.13 は 5-8 重複組合せ $\{1^2, 2^3, 3^0, 4^1, 5^2\}$ を示す．$\sum_{k \in [5]} d(k) = 8$ に注意せよ．

ここで，n-k 重複組合せのボールと箱による定義と 2 個の記号からなるある種の順列の対応を考え，重複組合せ数と組合せ数の関係を求める．図 2.13 の例をもとにして考える．初め，相異なる 5 個の箱を 4 個の仕切り ($|$ で表す)

によって左から右に 5 個の区画に置き換える．次に，各箱に入っているボールを対応する各区画にその個数だけ ○ を置くことにする．すなわち，○○|○○○||○|○○ となり，同じ 8 個の記号 ○ と同じ 4 個の記号 | からなる順列となる．重複組合せのこの表現は一意であり，逆に，これら 12 個の記号からできる任意の順列は 5-8 重複組合せとなる．ゆえに，5-8 重複組合せとこれら 12 個の記号からできる順列は 1 対 1 に対応することになる．ところで，例 2.10 よりこれら 12 個の記号からできる順列の個数は ${}_{12}C_8$ である．したがって，${}_5H_8 = {}_{5-1+8}C_8$ を得る．この論法を，仕切りの個数は箱の個数より 1 個少ないことに注意して，一般の場合に適用すれば，次の公式を得る．

$$ {}_nH_k = {}_{n+k-1}C_k = \frac{n(n+1)\cdots(n+k-1)}{k!}. \tag{2.11} $$

公式 (2.11) の右端の式の分母は，n から 1 ずつ増加し $n + (k-1)$ まで k 個の数の積からなっていることから，n-k **上昇階乗**と呼ばれることもある．

例 2.14 公式 (2.11) に対するより直接的かつ形式的な組合せ論的証明を与えよう．

写像 $f: \left(\!\!\binom{[n]}{k}\!\!\right) \longrightarrow \binom{[n+k-1]}{k}$ を

$$ f(\{a_1, a_2, \cdots, a_i, \cdots, a_k\}) $$
$$ = \{a_1, a_2+1, \cdots, a_i+i-1, \cdots, a_k+k-1\} $$

によって定める．ただし，$a_1 \leq a_2 \leq \cdots \leq a_k$ とする．この条件によって一般性は失われないことに注意せよ．$1 \leq a_k \leq n$ より $k \leq a_k + k - 1 \leq n + k - 1$ であるから，写像 f はうまく定められている．また，f が単射 (1 対 1) であることは容易にわかる．さらに，任意の $\{b_1, b_2, \cdots, b_i, \cdots, b_k\} \in \binom{[n+k-1]}{k}$ に対して，$\{b_1, b_2-1, \cdots, b_i-i+1, \cdots, b_k-k+1\} \in \left(\!\!\binom{[n]}{k}\!\!\right)$ が存在し，

$$ f(\{b_1, b_2-1, \cdots, b_i-i+1, \cdots, b_k-k+1\}) $$
$$ = \{b_1, b_2, \cdots, b_i, \cdots, b_k\} $$

となることより，f は全射 (上への写像) であることがわかる．したがって，f は全単射である．

問 2.31 $n=2, k=3$ に対して例 2.14 の写像 f を具体的に定めよ．

さらにここで，重複組合せ数に関する 2, 3 の公式を述べる．

$$_n\mathrm{H}_k = {}_n\mathrm{H}_{k-1} + {}_{n-1}\mathrm{H}_k, \tag{2.12}$$

$$_{n+1}\mathrm{H}_k = {}_{k+1}\mathrm{H}_n. \tag{2.13}$$

問 2.32 (1) 公式 (2.9) と (2.11) を用いて公式 (2.12) の式変形による証明を与えよ．

(2) 公式 (2.12) の組合せ論的証明を与えよ．

問 2.33 公式 (2.13) に対する式変形による証明および組合せ論的証明を与えよ．

n-k 重複組合せ数を組合せ数に変換しないで直接計算するときには，公式 (2.11) の右端の式，すなわち分母が k の階乗で分子が n-k 上昇階乗の式が便利である．n-k 組合せ数の場合には分子が n-k 下降階乗であることと比較せよ．

問 2.34 (1) 6 種類の本が各種類十分にたくさんある．3 冊の本の選び方は何通りあるか．

(2) 同じ 3 つのサイコロをふるとき出る目の出方は何通りあるか．

(3) $(a+b+c+d+e+f)^3$ の展開式において区別できる項の数を求めよ．

例 2.15 不定方程式 $\sum_{i=1}^{n} x_i = k$（正の整数）の非負整数解 $(x_1, x_2, \cdots, x_n)$ の個数を求めてみよう．

例えば，$n=5, k=8$ に対して，方程式の非負整数解 $(2,3,0,1,2)$ と 5-8 重複組合せ $\{1^2, 2^3, 3^0, 4^1, 5^2\}$ の対応を考えると，これが 1 対 1 の対応になることがわかる．この対応を一般の場合に考えれば，求める個数が $_n\mathrm{H}_k$ に等しいことがわかる．

問 2.35 (1) $\sum_{i=1}^{n} x_i = k$ (正の整数) の正の整数解の個数を求めよ．

(2) $\sum_{i=1}^{n} x_i = k$ (正の整数) の $x_i \geq c_i$ (c_i は整数) を満たす整数解の個数を求めよ．

例 2.16 $\sum_{i=1}^{n} x_i \leq k$ (正の整数) の非負整数解の個数を求めてみよう．この解は $\sum_{i=1}^{n+1} x_i = k$ の非負整数解 $(x_1, x_2, \cdots, x_n, x_{n+1})$ の $(x_1, x_2, \cdots, x_n)$ に等しいことから，求める個数は ${}_{n+1}\mathrm{H}_k = {}_{n+k}\mathrm{C}_k$ となる．

問 2.36 等式 ${}_{n+1}\mathrm{H}_k = \sum_{i=0}^{k} {}_n\mathrm{H}_i$ を証明せよ．

問 2.37 (1) $u + v + w + x + y + z = 3$ の非負整数解の個数を求めよ．
(2) $u + v + w + x + y + z = 9$ の正の整数解の個数を求めよ．
(3) $u + v + w + x + y + z = 13$ の $u \geq 2, v > -1, w > 3, x \geq -4, y > 2, z \geq 5$ を満たす整数解の個数を求めよ．
(4) $u + v + w + x + y \leq 3$ の非負整数解の個数を求めよ．

2.3.7 一般順列

第 i 種 ($1 \leq i \leq m$) のものが n_i 個ずつ全部で $\sum_{i=1}^{m} n_i = n$ 個あり，同一種のものはすべて同じものとするとき，これら n 個のものの順列を**一般順列**という．これは多重集合 $\{1^{n_1}, 2^{n_2}, \cdots, m^{n_m}\}$ のすべての要素からなる順列ともいえる．高校の教科書では，同じものを含む順列と呼んでいる．これら全体の個数を

$$\mathrm{C}(n_1, n_2, \cdots, n_m) \text{ または } \binom{n}{n_1, n_2, \cdots, n_m}$$

で表し，一般順列数または**多項係数** (この名前の由来は後に述べる) という．一般順列を素朴なモデル (ボールと箱) を用いて言い換えれば，相異なる n 個のボールを各 i 番目 ($1 \leq i \leq m$) の箱に n_i 個配る配り方となる．さらに，集

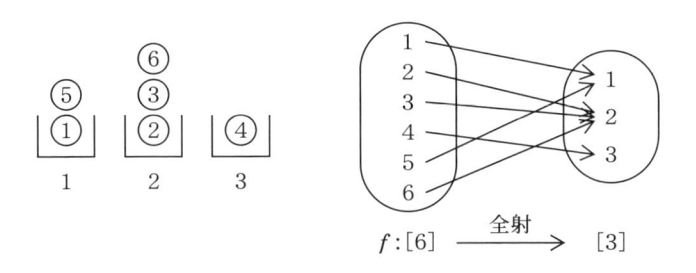

図 **2.14**　一般順列 122312 の全射表現.

合と写像を用いて言えば, 全射 (上への写像)
$f\colon [n] \longrightarrow [m]$ で任意の $i \in [m]$ に対して $|f^{-1}(i)| = n_i$ を満たすもののことになる. 例えば, 図 2.14 は多重集合 $\{1^2, 2^3, 3^1\}$ に関する一般順列 122312 を示す.

一般順列数の公式は, 例 2.10 で用いた初めの論法によって容易に求められるが, それについては問 2.38 にまかせるとし, ここではボールと箱のモデルによる定義からその公式を導くことにする. 1 番目の箱への n_1 個のボールの配り方は ${}_n\mathrm{C}_{n_1}$ 通り, 次に残りの $n - n_1$ 個のボールの 2 番目の箱への配り方は ${}_{n-n_1}\mathrm{C}_{n_2}$ 通りであるから, 以下繰り返し, 積の法則からそれぞれの組合せ数を掛け合わせ, 整理すると次の公式を得る.

$$\mathrm{C}(n_1, n_2, \cdots, n_m) = \frac{n!}{n_1! \, n_2! \cdots n_m!}. \tag{2.14}$$

なお, $m = n$, $n_i = 1$ $(1 \leq i \leq n)$ のとき, $\mathrm{C}(1, 1, \cdots, 1) = n!$ でありました, $m = 2$, $n_1 = k$ $(n_2 = n - k)$ のとき, $\mathrm{C}(k, n-k) = {}_n\mathrm{C}_k$ である (例 2.10 を参照). すなわち, 一般順列は通常の置換や組合せの一般化の 1 つであるといえる. また, 例 2.11 と同様の論法により 2 項定理 (公式 (2.10)) の一般化として**多項定理**と呼ばれる次の公式を得る.

$$(x_1 + x_2 + \cdots + x_m)^n$$
$$= \sum_{n_1 + n_2 + \cdots + n_m = n} \mathrm{C}(n_1, n_2, \cdots, n_m) x_1^{n_1} x_2^{n_2} \cdots x_m^{n_m}. \tag{2.15}$$

一般順列数が多項係数と呼ばれるゆえんはここにある.

問 2.38 (1) 公式 (2.14) を導くにあたっての組合せ数の積が公式 (2.14) の右辺になることを確認せよ．

(2) 公式 (2.14) を例 2.10 の初めの論法を用いて証明せよ．

例 2.17 正の整数 n に対して $(n!)!$ は $(n!)^{(n-1)!}$ で割り切れることを示してみよう．同一種のものはすべて同じものからなる $(n-1)!$ 種のものが各種 n 個ずつ全部で $n \times (n-1)! = n!$ 個あるとする．このとき，この $n!$ 個のものの順列全体の個数は公式 (2.14) より

$$\mathrm{C}(n, n, \cdots, n) = \frac{(n!)!}{n!n!\cdots n!} = \frac{(n!)!}{(n!)^{(n-1)!}}$$

となり，これは整数であるから $(n!)!$ は $(n!)^{(n-1)!}$ で割り切れることがわかる．この例は文献 [7] に負う．

問 2.39 $0, 1, 2$ からなる 9 桁の 3 元数列を考える．
(1) $0, 1, 2$ をそれぞれ 2 個，3 個，4 個含むものは何通りあるか．
(2) $0, 1, 2$ をそれぞれ均等に含むものは何通りあるか．
(3) $0, 1$ をそれぞれ少なくとも 3 個含むものは何通りあるか．

問 2.40 多重集合 $\{1^3, 2^4, 3^2, 4^3\}$ の部分多重集合の要素からなる順列を考える．
(1) $1, 2, 3, 4$ をそれぞれ 2 個，3 個，1 個，2 個含むものは何個あるか．
(2) $1, 2, 3, 4$ をそれぞれ均等に含むものは何個あるか．
(3) 1 を含まず $2, 3, 4$ をそれぞれ均等に含むものは何個あるか．

問 2.41 52 枚のトランプカードを 4 人 (A, B, C, D とする) の各プレイヤーに 13 枚ずつ配る．
(1) 何通りの配り方があるか．
(2) キングが 4 枚とも 1 人のプレイヤーに配られる場合は何通りあるか．
(3) A に 7 枚のハートが配られ，他の 6 枚のハートが B に配られる場合は何通りあるか．

例 2.18 同じものを含む場合の円順列 (**一般円順列**と呼ぶことにする) の

```
  w       w       w       w       w       w       w
b   w   b   w   r   w   r   w   r   w   b   w   b   w
b   r   r   r   b   r   r   r   b   r   b   b   r   b
  r       b       b       b       b       r       r

  w       w       w       w       w       w       w
b   r   b   r   r   r   r   b   r   b   b   w   b   b
b   w   r   w   b   w   b   w   b   w   r   r   r   w
  r       b       b       b       b       r       r

  w       w       w       w
b   r   r   r   b   r   r   b
b   r   b   b   r   b   b   r
  w       w       w       w
```

図 **2.15** 一般円順列の例.

個数を求めるための一般公式は今のところ存在しない．2, 3 簡単な場合を求めてみよう．

1 個の白の碁石と $n-1$ 個の黒の碁石からなる円順列は明らかに 1 通りである．2 個の白の碁石と 3 個の黒の碁石からなる円順列は容易に 2 通りであることがわかる．白と赤と青それぞれ 1 個, 2 個, 3 個のビーズからなる円順列は，1 個の白を固定して他のものの一般順列を考えれば，C(2,3) = 10 通りであることがわかる．これらの場合は一般順列の個数を全部の個数で割ったものになっている．すなわち,

$$\frac{\mathrm{C}(1,n-1)}{n}=1,\quad \frac{\mathrm{C}(2,3)}{5}=2,\quad \frac{\mathrm{C}(1,2,3)}{6}=10$$

である．これらが特別な場合であることが次の例からわかる．白, 赤, 青それぞれ 2 個のビーズからなる円順列は，白を固定して 3 通りの場合について他のものの一般順列を考え，さらに回転によって同じものにならないものを求めれば, 図 2.15 (白, 赤, 青はそれぞれ w, r, b で表されている) に示す 16 通りであることがわかる．

$$\frac{\mathrm{C}(2,2,2)}{6}=15\neq 16$$

に注意せよ．この問題に対するより一般的な解法は 3.3 節の例 3.3, 例 3.4 で示す．

問 2.42 例 2.18 の一般円順列で 2 通り, 10 通りの各場合を具体的に枚挙

せよ．

例 1.5 において数え上げの対象となっている 2 次元配列はきわめて特別な場合であるが，ここで一般順列との関連で，少し一般的な場合を考えてみよう．

例 2.19　2 行 3 列の行列で 0, 1, 2 をそれぞれちょうど 2 個ずつ含むものの個数を求めてみよう．

これは多重集合 $\{0^2, 1^2, 2^2\}$ のすべての要素からなる一般順列，言い換えれば，相異なる 6 個のボールを各 i 番目 $(0 \leq i \leq 2)$ の箱に 2 個配る配り方，すなわち全射 $f: [6] \longrightarrow [3]$ で任意の $i \in [3]$ に対して $|f^{-1}(i)| = 2$ を満たすものの個数 $6!/2!2!2! = 18$ となる．

問 2.43　3 次の正方行列で 1, 2, 3 をそれぞれちょうど 2 個，3 個，4 個ずつ含むものの個数を求めよ．

2.3.8　パスカルの三角形・格子路の個数・カタラン数

公式 (2.9) の図形的表現を考えると図 2.16 (a) となり，それを数値で表すと図 2.16 (b) となる．これが**パスカルの三角形**と呼ばれているものである．

例 2.20　n-k 組合せ数 ${}_n\mathrm{C}_k$ の奇偶についてパスカルの三角形をもとにして考えてみよう．

パスカルの三角形において数 ${}_n\mathrm{C}_k$ がある位置を (n, k) で表し，また組合せ数をその奇偶に応じ 1, 0 で表すことにしよう．ここで "${}_n\mathrm{C}_k$ $(k = 0, 1, \cdots, n)$ がすべて奇数になるのは $n = 2^m - 1$ $(m = 0, 1, 2, \cdots)$ のときかつこのときのみである" ことを m に関する帰納法で示す．$m = 0$ すなわち $n = 0$ のとき ${}_0\mathrm{C}_0 = 1$ より命題は成立し，位置 $(0, 0)$ は 1 である．$m = r$ $(r \geq 0)$ のとき命題は成り立つと仮定する．すなわち位置 $(2^r - 1, k)$ $(k = 0, 1, \cdots, 2^r - 1)$ の値はすべて 1 である．このとき，パスカルの三角形の作り方より，頂上の頂点 $(0,0)$ を 1 行目とするとき $2^r + 1$ 行目の値は両端を除いてすべて 0 である．すなわち位置 $(2^r, 0)$ と位置 $(2^r, 2^r)$ のみが 1 となる．再び，パスカルの三角形の作り方より，頂上の頂点が $(2^r, 0)$ で底辺の両端点が $(2^{r+1} - 1, 0)$, $(2^{r+1} - 1, 2^r - 1)$ である部分三角形および頂上の頂点が $(2^r, 2^r)$ で底辺

(a)

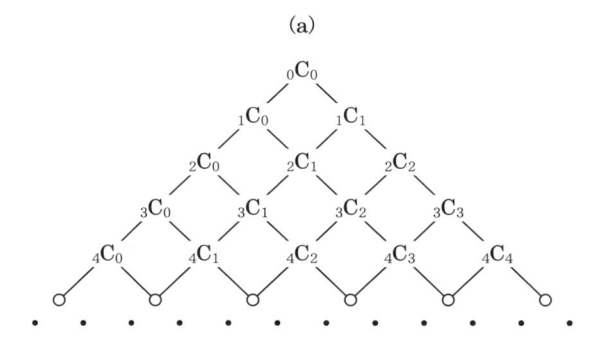

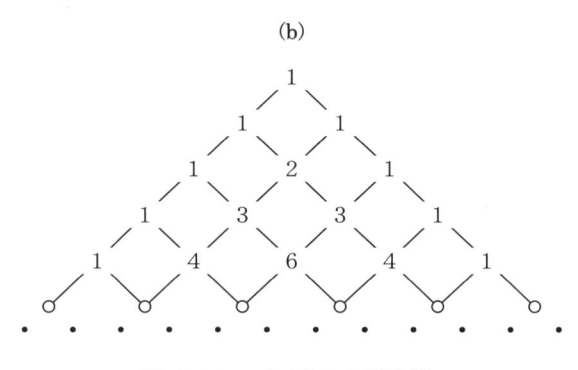

```
            ₀C₀
         ₁C₀   ₁C₁
      ₂C₀   ₂C₁   ₂C₂
   ₃C₀   ₃C₁   ₃C₂   ₃C₃
₄C₀   ₄C₁   ₄C₂   ₄C₃   ₄C₄
```

(b)

```
            1
         1     1
      1     2     1
   1     3     3     1
1     4     6     4     1
```

図 2.16 パスカルの三角形.

の両端点が $(2^{r+1}-1, 2^r)$, $(2^{r+1}-1, 2^{r+1}-1)$ である部分三角形の 1 と 0 のパターンは頂上の頂点が $(0,0)$ で底辺の両端点が $(2^r-1, 0)$, $(2^r-1, 2^r-1)$ である部分三角形の 1 と 0 のパターンとまったく同じものとなる．したがって，位置 $(2^{r+1}-1, k)$ $(k=0,1,\cdots,2^{r+1}-1)$ の値はすべて 1 である．また，$(2^r, 1)$, $(2^r, 2^r-1)$, $(2^{r+1}-2, 2^r-1)$ を 3 頂点とする部分三角形の各位置の値はすべて 0 である．ゆえに，$m=r+1$ のとき命題は成立する．

この例は第 1 回日本数学オリンピック予選 (1991 年 1 月 15 日) に出題された次の問 2.44 (1) を一般的に述べたものである (文献 [8] を参照). また，この例に関連するより詳しい結果については文献 [9] の第 1 章問題 6 とその解答を参照するとよい．

問 2.44 (1) $0 \leq r \leq n \leq 63$ を満たすすべての (n,r) の組のうち，2 項係数 ${}_n\mathrm{C}_r$ が偶数となるものは何組あるか．

(2) パスカルの三角形 $O(0,0)$ $A(2^m-1,0)$ $B(2^m-1, 2^m-1)$ を奇遇 (1-0) パターンで表したとき，含まれる奇数と偶数すなわち 1 と 0 の個数をそれぞれ求めよ．

ここで，組合せ数 (2 項係数) や一般順列数 (多項係数) と格子路の個数の関係について考える．ユークリッド空間における**格子路**とは各格子点 (すべての座標値が整数の点) で各軸いずれかの方向に $+1$ または -1 だけ進む路のことである．初めに，x-y 座標で表したユークリッド平面上の格子路を考える．原点から点 (k,m) $(k+m=n)$ までの最短格子路の個数を求めてみよう．x 軸方向に $+1$ 進むことを x で，y 軸方向に $+1$ 進むことを y で表す．このとき，$(k,m) = k(1,0) + m(0,1)$ であるから，原点から点 (k,m) までの最短格子路と k 個の x と m 個の y からなる一般順列は 1 対 1 に対応することがわかる．例えば，$xxyxy$ は図 2.17 (a) に示す格子路

$$(0,0) \xrightarrow{x} (1,0) \xrightarrow{x} (2,0) \xrightarrow{y} (2,1) \xrightarrow{x} (3,1) \xrightarrow{y} (3,2)$$

と対応する．したがって，求める個数は $\mathrm{C}(k,m) = {}_n\mathrm{C}_k$ となる．ところで，${}_n\mathrm{C}_k$ に関する漸化式 (公式 (2.9)) を $\mathrm{C}(k,m)$ で書き直すと，次のようになる．

$$\mathrm{C}(k,m) = \begin{cases} 1 & (k \text{ または } m \text{ が } 0 \text{ のとき}) \\ \mathrm{C}(k, m-1) + \mathrm{C}(k-1, m) & (\text{その他}). \end{cases}$$

これは原点から x 軸または y 軸上の格子点までの最短格子路の個数は 1 で，点 (k,m) までの最短格子路の個数は点 $(k, m-1)$ までの最短格子路の個数と点 $(k-1, m)$ までの最短格子路の個数の和であることを示している．また，これは原点から各格子点への最短格子路の個数が，原点を頂点とし x 軸と y 軸を他の 2 辺とするパスカルの三角形を構成することを意味している．例えば，その一部を図 2.17 (b) に示す．

次に，x-y-z 座標で表した 3 次元ユークリッド空間での格子路を考える．ユークリッド平面上の論議をそのまま拡張することができ，原点から点 (k, l, m)

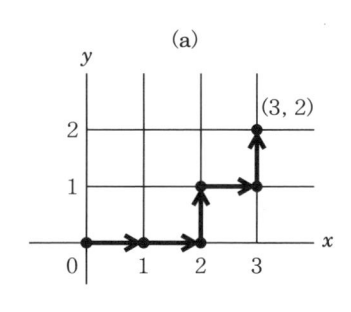

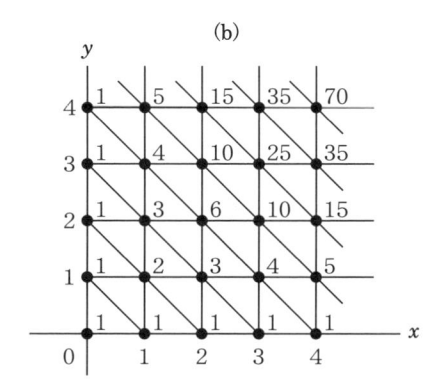

図 **2.17** 最短格子路とその個数.

までの最短格子路の個数は $C(k,l,m)$ によって求めることができる．この事実と原点から点 (k,l,m) までの最短格子路の個数は 3 点 $(k,l,m-1)$, $(k,l-1,m)$, $(k-1,l,m)$ までのそれぞれの最短格子路の個数の和であることに注意すれば，$C(k,l,m)$ に関する次の漸化式を得る．

$$C(k,l,m) = \begin{cases} 1 & (k,l,m \text{ のうち 2 つ以上が 0 のとき}) \\ C(k,l,m-1) + C(k,l-1,m) + C(k-1,l,m) \\ & (\text{その他}). \end{cases}$$

以上の結果は n 次元ユークリッド空間の格子路の問題にも拡張できる．一般順列とユークリッド空間の格子路の関係に基づく一般順列生成のプログラムについては旧版の付録 B.6 を参照するとよい．

問 2.45 (1) 原点から点 $(3,2)$ までの最短格子路の個数を求めよ．
(2) 格子点 (a,b) から格子点 (c,d) までの最短格子路の個数を求めよ．ただし，$a \leq c, b \leq d$ とする．
(3) 上述の漸化式を用いて $C(2,2,2)$ を計算せよ．

例 2.21 点 $(1,0)$ から格子点 (n,k) への最短格子路の個数は $_n\mathrm{H}_k$ であることを 2 通りの方法で示してみよう．
その 1 は問 2.45 (2) と公式 (2.11) より容易に示される．その 2 については

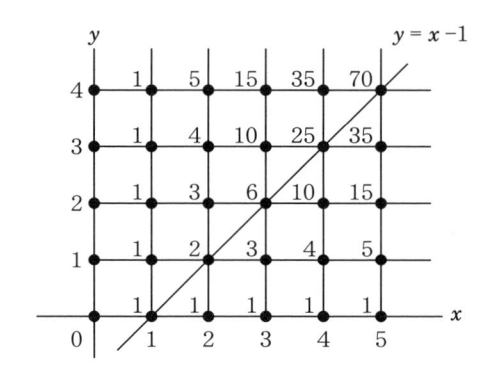

図 2.18 重複組合せ数に関するパスカルの三角形.

公式 (2.12) と $_1\mathrm{H}_k = 1\ (k \geq 0)$ および $_k\mathrm{H}_0 = 1\ (k \geq 1)$ であることに注目すればよい．すなわち，このことを図形的に表すと，点 $(1,0)$ を頂点とし，半直線 $x = 1\ (y \geq 0)$ および $y = 0\ (x \geq 1)$ を 2 辺とするパスカルの三角形となり，この三角形の点 (n,k) の値 $_n\mathrm{H}_k$ が点 $(1,0)$ から格子点 (n,k) への最短格子路の個数であることに注意すればよい．さらに，これらの値が直線 $y = x - 1$ に関して対称であること，すなわち点 $(n+1, k)$ と点 $(k+1, n)$ を結ぶ線分の中点

$$\left(\frac{n+k}{2} + 1, \frac{n+k}{2} \right)$$

が直線 $y = x - 1$ 上にあることに注目すれば，公式 (2.13) を導くことができる．

問 2.46 図 2.18 に示した重複組合せ数に関するパスカルの三角形で例 2.21 の内容および問 2.36 の結果を確認せよ．

例 2.22 頂点 $A(1,0)$ から頂点 $B(n+1, n)$ への最短格子路で，直線 $y = x$ 上の点を通らないものの個数を求めてみよう．

A から B への最短格子路で $y = x$ 上の点を通るものは，$y = x$ との最初の交点までの部分路を $y = x$ に関して対称に折り返せば，頂点 $C(0,1)$ から B への最短格子路となり，逆も成り立つ (図 2.19 の格子路 P_1 を参照)．このことに注意すれば，求める路の個数は A から B への最短格子路の個数から C から

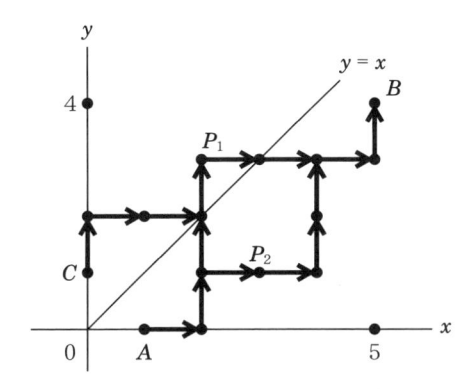

図 **2.19**　格子路とカタラン数.

B への最短格子路の個数を引いたものであり，問 2.45 (2) の結果を用いれば

$$_{2n}\mathrm{C}_n - {}_{2n}\mathrm{C}_{n+1} = \frac{1}{n+1} {}_{2n}\mathrm{C}_n$$

となる．この数は n **次のカタラン数**と呼ばれている．以下，n 次のカタラン数を C_n で表す．

カタラン数は平面植木，括弧構造，凸多角形の三角形分割，1 次元の酔歩，基本的探索法である深さ優先の探索法を通してスタック動作など多くの離散的 (組合せ論的) 対象の個数とも密接に関連している．これらのことを例によって説明しよう．詳しくは文献 [10] の問題 1.32, 1.33, 1.37 から 1.39, 4.13, および文献 [11] の 1.15「道の個数と探索」を参照するとよい．

図 2.19 の A から B への最短格子路 P_2

$$(1,0) \longrightarrow (2,0) \longrightarrow (2,1) \longrightarrow (3,1) \longrightarrow (4,1)$$
$$\longrightarrow (4,2) \longrightarrow (4,3) \longrightarrow (5,3) \longrightarrow (5,4)$$

を考える．この格子路を x-y 記法で表すと，$xyxxyyyxy$ となる．ここで，6 頂点からなる平面植木 (付録 A.4 を参照) の例を図 2.20 (a) と (b) に示す．平面植木としては (a) と (b) は異なることに注意せよ．平面植木 (a) の各頂点に数字の名前を付け，根 0 から深さ優先の探索 (付録 A.4 を参照) を行なった場合

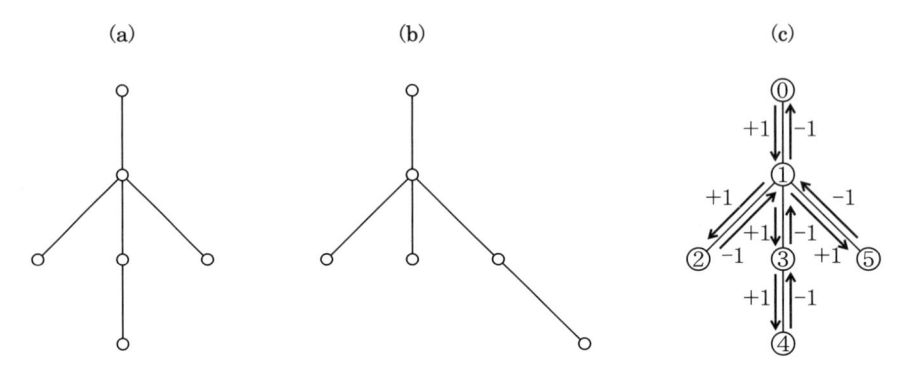

図 2.20 平面植木の例.

の例を図 2.20 (c) に示す．また，この探索に対応するスタック動作を図 2.21 に示す．この探索をより簡明に，1 頂点だけ前に進むことを 1 で，1 頂点だけ後にもどることを -1 で表すと，数列

$$1, 1, -1, 1, 1, -1, -1, 1, -1, -1$$

となる．平面植木の性質からこの数列の初項と最終項はそれぞれ常に 1 と -1 であるから，これらを除いて 1 を x で -1 を y で表すと $xyxxyyxy$ となり，先に述べた最短格子路の x-y 記法と一致する．また，この 1 と -1 からなる数列は各 k 項 (最終項は除く) までの和が常に正である性質をもっている．すなわち A から B への最短格子路が直線 $y = x$ 上の点を通らないことを意味している．

ところで，この x と y からなる文字列を "x と y を同じだけ含む x と y からなる順列で各 k 項までに現れる x の個数が k 項までに現れる y の個数より少なくない" 順列として，この長さ $2n$ の順列の個数を求める問題が，1990 年 IMO (国際数学オリンピック) 日本代表選抜 2 次試験に出題されている (文献 [8]).

次に，非結合的な二項演算・のもとでの n 次単項式 $a_1 \cdot a_2 \cdots a_n$ を定めるための，左括弧 "(" と右括弧 ")" による "正しい" 括り方を考えよう．例えば

$$((a_1 \cdot a_2) \cdot (a_3 \cdot a_4)) \cdot a_5$$

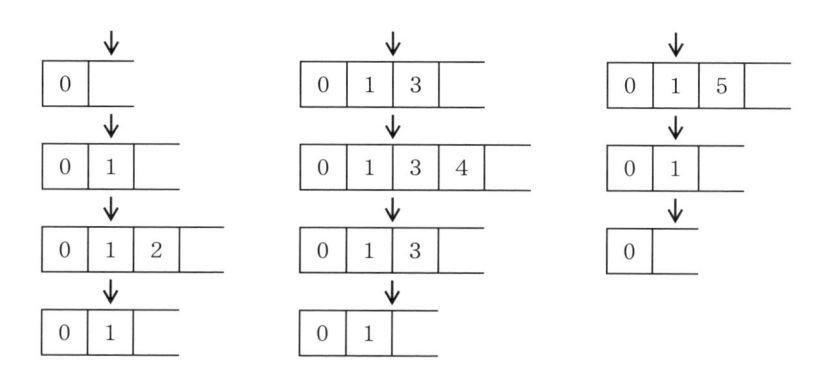

図 2.21 平面植木探索に対応するスタック動作.

は正しい括り方の1つである．ここで，先に述べた x-y 記法で $xyxxyyyxy$ となる A から B への最短格子路との対応を考える．この格子路上の頂点の x 座標が k のとき y 軸方向に $+m$ (すなわち上に m) だけ進むことと，文字 a_k と a_{k+1} の間に右括弧 ")" が m 個あること ($k=n$ のときは文字 a_n の後に $m-1$ 個あること) が対応し，左括弧は各右括弧に対応する場所にあることに注目すればよい．このとき，最短格子路上で最後にいつも y 軸方向に $+1$ 進むことを無視していることに注意せよ．この例では，$k=2$ のとき $m=1$ で，$k=4$ のとき $m=2$ である ($k=5$ のとき $m=1$ は $m-1=0$ で無視することになる)．

最後に，凸 n 角形の頂点以外では交差することのない対角線による三角形分割との関連を考える．$n-1$ 次単項式 $a_1 \cdot a_2 \cdots a_{n-1}$ において文字 a_i の前に左括弧 (があり，これに対応する右括弧) が文字 a_{j-1} の後にあることと，凸 n 角形において頂点 v_i と v_j を結ぶ対角線があることが対応することに注意すればよい．先の5次の単項式に対応する凸6角形の三角形分割を図 2.22 に示す．

問 2.47 次のそれぞれの個数を求めよ．
(1) $n+2$ 個の頂点からなる平面植木．
(2) x と y からなる長さ $2n$ の順列で x と y を同じだけ含みかつ各 k ($1 \leq k \leq 2n$) について k 項までに現れる x の個数が k 項までに現れる y の個数よ

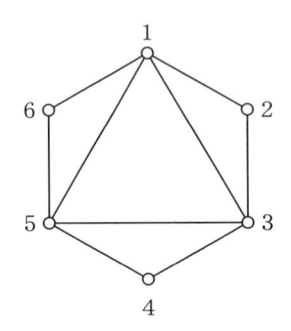

図 **2.22**　$((a_1 \cdot a_2) \cdot (a_3 \cdot a_4)) \cdot a_5$ に対応する三角形分割.

り少なくない順列.

(3) 非結合的な二項演算 $\cdot$ のもとでの $n+1$ 次単項式 $a_1 \cdot a_2 \cdots a_{n+1}$ を定めるための，左括弧 "(" と右括弧 ")" による "正しい" 括り方.

(4) 凸 $n+2$ 角形の頂点以外では交差することのない対角線による三角形分割.

問 2.48　$2(n+1)$ 個の頂点からなる完全二分平面植木 (付録 A.4 を参照) (の同形でないもの) の個数を求めよ.

問 2.49　点 $A(1,0)$ から $B(5,4)$ への格子路 $xyxyxxyy$ に対応する次のそれぞれを求めよ.

(1) 平面植木とそれに対する深さ優先の探索を 1 と -1 で表した数列.

(2) 単項式 $a_1 \cdot a_2 \cdot a_3 \cdot a_4 \cdot a_5$ の計算順序を定めるための，括弧 (と) による括り方.

(3) 凸 6 角形の対角線による三角形分割.

(4) 10 頂点からなる完全二分平面植木.

例 2.23　頂点 $(1,0)$ から頂点 (m,k) $(m > k \geq 0)$ への最短格子路で，直線 $y=x$ 上の点を通らないものの個数を求めてみよう．求める個数は，例 2.22 と同様の $y=x$ に関する折り返し論法を用いて

$$_{(m-1)+k}C_k - {}_{m+(k-1)}C_{k-1} = \frac{m-k}{m} {}_{m+k-1}C_k$$

となる．$m = n+1, k = n$ のとき，例 2.22 のカタラン数となることに注意せよ．

問 2.50 領域 $y \leq x, x \geq 0, y \geq 0$ 上の格子路を考える．
(1) 原点から頂点 (m, k) $(m \geq k \geq 0)$ への最短格子路の個数を求めよ．
(2) 原点から線分 $x + y = 2n$ $(n \leq x \leq 2n)$ 上のすべての格子点への最短格子路の総数は ${}_{2n}\mathrm{C}_n$ であることを証明せよ．

ここで，カタラン数 C_n に関する漸化式を求めることにしよう．カタラン数は深さ優先の探索と関連していることもあり，すでに述べたように数多くの重要な組合せ論的対象の個数関数となっている．そこで，漸化式の求めやすい対象として，問 2.50 (1) の $m = k = n$ の場合，左括弧 "(" と対応する右括弧 ")" が過不足なく n 対ある平衡括弧式，および凸多角形の対角線による三角形分割の 3 つを選び考察することにしよう．

問 2.50 (1) の $m = k = n$ の場合，すなわち，原点から領域 $y \leq x, x \geq 0, y \geq 0$ 上の格子点を通り頂点 (n, n) $(n \geq 0)$ への最短格子路の個数がカタラン数 C_n になることはその解答から容易にわかる．例えば，図 2.19 の点 $A(1, 0)$ から点 $B(5, 4)$ への格子路 (第 1 種の格子路と呼ぶことにする) P_1：$xyxxyyxy$ を x 軸の負の方向に 1 だけ平行移動することによって図 2.23(a) に示す原点から点 $(4, 4)$ への格子路 (第 2 種の格子路と呼ぶことにする) P_2：$xyxxyyxy$ となり，逆に格子路 P_2 を x 軸の正の方向に 1 だけ平行移動することによって格子路 P_1 となる．これがそれぞれの格子路の集合の間の 1 対 1 対応になっている．さて，一般に，第 2 種の格子路は直線 $y = x$ 上の点を通ることに注目し，原点の次に初めて $y = x$ と交わる点 (格子路 P_2 および図 2.23(b) に示す格子路の場合それぞれ点 $(1, 1)$ および点 $(4, 4)$) をキーポイントにして漸化式を構成することを考える．今，そのキーポイントの格子点を K と置く．このとき，条件を満たす原点から点 K までの格子路の個数と点 K から点 (n, n) までの格子路の個数を考える．点 K の座標を $(k+1, k+1)$ としよう．原点から点 K までの格子路は原点と点 K 以外では $y = x$ 上の点を通らないので，点 $(1, 0)$ から点 $(k+1, k)$ への第 1 種の格子路と考えることができる．この格子路の個数は先の論法により原点から点 (k, k) への第 2 種の格子

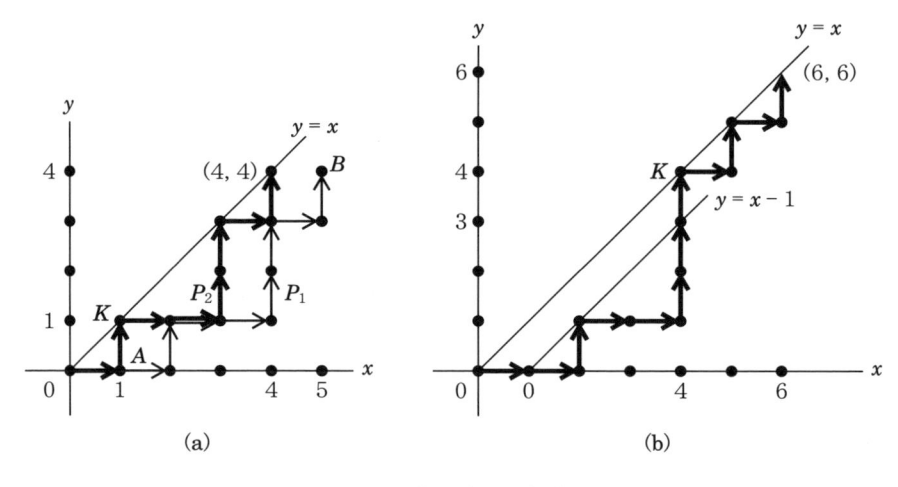

図 2.23 格子路の平行移動.

路の個数，すなわち，C_k と一致する．また，点 K から点 (n, n) までの格子路は原点から点 $(n-k-1, n-k-1)$ への第 2 種の格子路と考えることができので，その個数は C_{n-k-1} となる．したがって，点 K を固定した場合，原点から点 (n, n) への第 2 種の格子路の個数は $C_k \cdot C_{n-k-1}$ となる．点 K の位置の可能な範囲は $k = 0$ から $n - 1$ であるから，結局，次の漸化式を得る．

$$C_n = \sum_{k=0}^{n-1} C_k \cdot C_{n-k-1}, \quad ただし，C_0 = 1 とする． \tag{2.16}$$

左括弧 ")" (と対応する右括弧 ")" が過不足なくうまく配置されて n 対ある括弧式を n **次の平衡括弧式**と呼ぶことにする．例えば，3 次の平衡括弧式は次に示すように 5 通りある．

(1) ( )( )( )，　(2) ( )(( ))，　(3) (( ))( )，　(4) (( )( ))，　(5) ((( ))).

平衡括弧式と先に述べた第 1 種または第 2 種の格子路の関係は格子路の x-y 記法を通して容易に把握することができる．すなわち，左括弧 "(" と x を，右括弧 ")" と y を対応させればよい．例えば，先に示した 5 通りの 3 次の平衡括弧式は図 2.24 に示す 5 通りの原点から点 $(3, 3)$ への第 2 種の格子路に対応する．ここで，n 次の平衡括弧式に基づく漸化式 (2.16) の導き方は次のよう

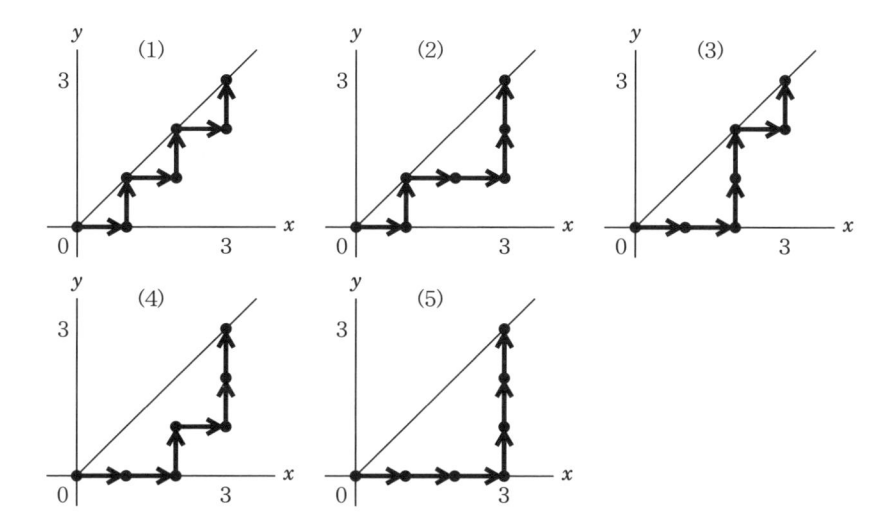

図 **2.24** 3 次の平衡括弧式に対応する第 2 種の格子路.

に考えればよいことがわかる．n 次の平衡括弧式には，初めて左括弧の個数と右括弧の個数が一致するところ，すなわち最初の左括弧に対応する右括弧の位置があるので，その個数を $k+1$ とするとき，この $k+1$ と先に述べた第 2 種の格子路の点 $K(k+1, k+1)$ の $k+1$ が対応することに注目すればよい．つまり，最初の左括弧とこれに対応する $k+1$ 番目の右括弧を取り除くと，左側に k 次の平衡括弧式と右側に $n-k-1$ 次の平衡括弧式の 2 つの平衡括弧式からなっていると考えることができる．このことより漸化式 (2.16) を得ることができる (この導き方は文献 [12] にも述べられている).

問 2.51 上述の第 2 種の格子路および平衡括弧式に基づく漸化式 2.16 の導き方を $n=6$ の場合に図 2.23 (b) を参考にしてフォローせよ．

次に，カタラン数の漸化式を導くための 3 番目の対象である凸多角形の頂点以外では交差することのない対角線による三角形分割を考えることにしよう．以下，凸多角形の三角形分割とはこの意味で用いるものとする．問 2.47 の結果から凸 $n+2$ 角形の三角形分割を考えることにする．凸 $n+2$ 角形の $n+2$ 個の頂点に，多少技巧的であるが，p_0 から p_{n+1} までのラベルを付ける

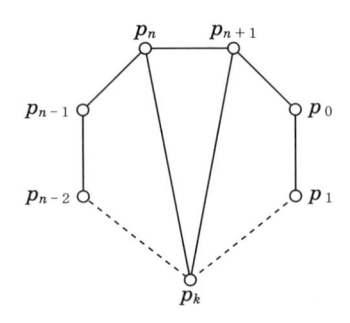

図 2.25 凸多角形の三角形分割の在り方．

ことにする．また，一般に，凸 m 角形の三角形分割の仕方の個数を P_m で表す．凸 $n+2$ 角形の三角形分割を行ったとき，この多角形の辺 $p_n p_{n+1}$ を一辺とする三角形の p_n と p_{n+1} 以外の頂点を p_k とする (図 2.25 を参照)．このとき，三角形 $p_n p_{n+1} p_k$ の右側の凸 $k+2$ 角形に対する三角形分割の仕方は P_{k+2} 通りあり，同じく左側の凸 $n-k+1$ 角形に対する三角形分割の仕方は P_{n-k+1} 通りある．したがって，点 p_k を固定した場合，凸 $n+2$ 角形の三角形分割の仕方は $P_{k+2} \cdot P_{n-k+1}$ 通りとなる．k は 0 から $n-1$ まで変るから，結局，次の漸化式を得る．

$$P_{n+2} = \sum_{k=0}^{n-1} P_{k+2} \cdot P_{n-k+1}, \quad \text{ただし，} P_2 = 1 \text{ とする．} \tag{2.17}$$

問 2.52 $P_{n+2} = C_n$ を示せ．

問 2.53 次のそれぞれの個数に対する漸化式を求めよ．
(1) $n+2$ 個の頂点からなる平面植木．
(2) $2(n+1)$ 個の頂点からなる完全二分平面植木．

ここで，2.7 節の例 2.64 で用いられる $2n$-n 下降階乗 $(2n)_n$ に関する公式を与えておく．

$$(2n)_n = 2^n (2n-1)(2n-3) \cdots 5 \cdot 3 \cdot 1. \tag{2.18}$$

問 2.54 公式 (2.18) を証明せよ．

2.3 節の終わりに当たって，1994 年 7 月に開催された第 6 回国際情報オリンピック (IOI) スウェーデン大会第 1 日目の 3 問中の 1 問を紹介しておこう (より詳しくは文献 [13] と [14] を参照するとよい).

問 2.55 図 2.26 は，数を使って作られた三角形である．上側の頂点から下の辺上のどこかへ向かって降りてくる道筋がいろいろある中で，出会った数を足した和が最大であるものを求めたい．その「和の最大値」を求めるプログラムを書け．ただし，

(1) 1 ステップで出来ることは，左下へ 1 つ降りるかまたは右下へ 1 つ降りるかだけであり，

(2) 三角形を構成する行数は，1 より大きく 100 以下であり，

(3) 三角形の中に現れる数はどれも，0 以上 99 以下の整数である．

入力データ：ASCII テキストファイル INPUT.TXT には，三角形の行数が先頭に書いてある．図 2.26 の例では，INPUT.TXT は次のようになっている．

```
      5
      7
     3 8
    8 1 0
   2 7 4 4
  4 5 2 6 5
```

出力データ：和の最大値を，整数として，ASCII テキストファイル OUTPUT.TXT に書き出せ．図 2.26 の例では次の通り．

```
30
```

2.4 母関数による扱い：その 1

前節において組合せ数や一般順列数を代数式の展開項の係数として表すことを考え，2 項定理や多項定理が得られた．ここでは，組合せ数や順列数などの特別な数え上げ関数を係数としてもつ代数式いわゆる母関数を少し一般的に扱

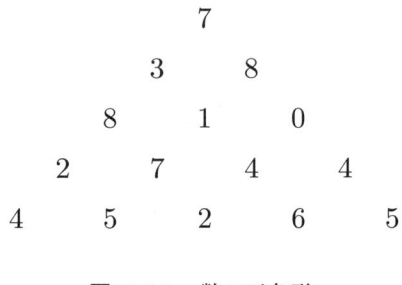

```
              7
           3     8
        8     1     0
     2     7     4     4
  4     5     2     6     5
```

図 **2.26** 数の三角形.

い，それらの母関数を用いて組合せ数や順列数に関する具体的な計算および 2, 3 の公式の導出や証明を行ない，母関数的手法の有効性を示す．母関数に関するより一般的な扱いは 2.7 節で述べる．また，本書では素朴な母関数論を述べるが，形式級数論の中での厳密な基礎付けについては文献 [9] を参照するとよい．

2.4.1 組合せ数に関する母関数

3 文字 a, b, c に対して，次の代数式

$$(1+ax)(1+bx+b^2x^2)(1+cx),$$

およびその展開式

$$1 + (a+b+c)x + (ab+bc+ca+b^2)x^2 + (abc+ab^2+b^2c)x^3$$
$$+ ab^2cx^4$$

の数え上げ的意味を考えよう．これらを樹形図で表せば図 2.27 となることに気付くであろう．すなわち，積の第 1 項，第 2 項，第 3 項がそれぞれ樹形図の根から第 1 レベル，第 2 レベル，第 3 レベルのノードに対応し，展開式の 12 個の項は樹形図の根から葉への 12 個の経路に対応している．まさに，代数演算の和と積が数え上げの和の法則の和と積の法則の積に対応している．より具体的に述べるならば，項 $(1+ax)$ は a をとらないか 1 個とるかを示し，$(1+bx+b^2x^2)$ は b をとらないか 1 個とるか 2 個とるかを示し，項 $(1+cx)$ は c をとらないか 1 個とるかを示し，展開式の x^i $(i=0,1,2,3,4)$ の係数文字列

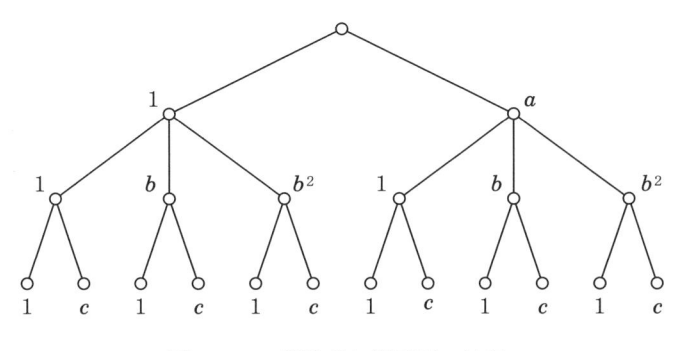

図 **2.27** 代数式と樹形図の対応.

は，3 文字 a, b, c から b だけ 2 回繰り返しとることを許し i 文字とるとり方を示している．ここでは代数演算の和と積は可換であるから文字 a, b, c の順序は意味がないことに注意しよう．したがって，係数文字列は多重集合で表すのが適切である．例えば，abc, ab^2, ab^2c はそれぞれ $\{a,b,c\}$, $\{a,b^2\}$, $\{a,b^2,c\}$ であり，図 2.27 の樹形図でいえば，根からそれぞれ右端から 3 番目，2 番目，最右端の葉への径路に対応している．より厳密に述べるならば，初めの代数式の積項の順序に応じ，$3! = 6$ 通りの樹形図ができるが，それらはすべて可換演算のもとでは同値ということになる．

また，文字列を具体的に枚挙する必要がなくそれぞれの場合の個数だけ求める場合には，$a = b = c = 1$ として

$$(1+x)^2(1+x+x^2) = 1 + 3x + 4x^2 + 3x^3 + x^4$$

の x^i の係数を考えればよい．例えば，x^3 の係数 3 は相異なる 3 個のものから，1 個だけは 2 回とることを許し 3 個とるとり方の個数となる．この辺のところの Mathematica による操作に興味のある読者は旧版の付録 B.8.1 を参照するとよい．

問 2.56 式 $(1+bx+b^2x^2)(1+ax)(1+cx)$ に対応する樹形図を描け．

以下，組合せの各場合を具体的に枚挙するのでなく，その個数だけを問題にするときの扱いを考えることにしよう．例えば，x に関する多項式

$$1 + x + x^3 + x^5$$

の数え上げ的意味は，あるものをとらないか，1 個とるか，繰返しを許し 3 個とるかまたは 5 個とるかのいずれかの場合があることを表している．また，

$$1 + x + x^2 + \cdots + x^k$$

はあるものを k 回まで繰返しを許しとるとり方を表し，さらに，何回でも繰返しを許すならば，

$$1 + x + x^2 + \cdots + x^k + \cdots$$

で表すことができる．一般に，あるもの a に対して，$\alpha : N \longrightarrow \{0, 1\}$ が定まるとき，

$$\sum_{k=0}^{\infty} \alpha(k) x^k \tag{2.19}$$

は a を $i \in \alpha^{-1}(1)$ のときかつこのときのみ i 回繰返しを許し選ぶことができることを表している．このとき，α を a の**重複特性**といい，式 (2.19) を a の**重複特性式**という．特に，a と b の重複特性式の積の x^i の係数は a と b をそれぞれの重複特性のもとで合せて i 個とるとり方の個数であることに注意してほしい．

例 2.24 $1 + x$ はあるものをとらないかとるかの重複特性式であるから，$(1+x)^n$ の x^k の係数は相異なる n 個のものから k 個とるとり方の個数すなわち n-k 組合せ数である．したがって，先の 2 項定理 (公式 (2.10)) の 1 変数版

$$(1+x)^n = \sum_{k=0}^{n} {}_n\mathrm{C}_k x^k \tag{2.20}$$

を得る．このとき，上式を n-k 組合せ数の通常母関数とよぶ．

一般に，数え上げ関数 $f : N \longrightarrow N$ に対して

$$\sum_{n=0}^{\infty} f(n) x^n$$

を f の**通常母関数**とよぶ．あるもの a の重複特性式は a の重複特性の通常母関数ともいえる．

問 2.57 次の各等式を母関数的手法を用いて証明せよ．

(1) $\sum_{k=0}^{n} {}_n\mathrm{C}_k = 2^n$ (問 2.25 を参照)．

(2) $\sum_{k=0}^{n} k\,{}_n\mathrm{C}_k = n 2^{n-1}$ (例 2.12 を参照)．

(3) $\sum_{k:\text{非負偶数}} {}_n\mathrm{C}_k = \sum_{k:\text{非負奇数}} {}_n\mathrm{C}_k$．

(4) $\sum_{k=0}^{n} ({}_n\mathrm{C}_k)^2 = {}_{2n}\mathrm{C}_n$．

(1) から (3) は母関数 (2.20) を用いて，(4) は恒等式

$$(1+x)^n (1+x^{-1})^n = x^{-n}(1+x)^{2n}$$

の両辺の定数項を考えよ．

例 2.25 $1 + x + x^2 + \cdots + x^k + \cdots = 1/(1-x)$ は，あるものを何回でも繰返しを許しとることができることを示す重複特性式であるから，

$$\left(\frac{1}{1-x}\right)^n = (1-x)^{-n}$$

の x^k の係数は相異なる n 個のものから繰返しを許し k 個とるとり方の個数すなわち n-k 重複組合せ数である．したがって，n-k 重複組合せ数の母関数

$$\begin{aligned}
(1-x)^{-n} &= 1 + \sum_{k=1}^{\infty} \frac{(-n)(-n-1)\cdots(-n-k+1)}{k!}(-x)^k \\
&= 1 + \sum_{k=1}^{\infty} \frac{(n)(n+1)\cdots(n+k-1)}{k!}(x)^k \\
&= \sum_{k=0}^{\infty} {}_n\mathrm{H}_k\, x^k
\end{aligned} \tag{2.21}$$

を得る (より形式的な説明は問 2.106 の解答を参照)．

問 2.58 (1) 例 2.2 の問題を各位の数字の重複特性式を用いて求めよ．
(2) 問 2.37 の各個数を重複特性式を用いて求めよ．

一般に，母関数的解法には，Mathematica などの数式処理ソフトを用いれば展開式の係数が容易に求められる便利さはあるが，前問などは，特性式を用

いなくても直接求めることができ，しかも唯 1 つの H (重複組合せ数) の計算で求められる問題である．次の 2 つの例は重複特性式が僅かながら威力を発揮する例である．

例 2.26 方程式

$$u+v+w+x+y = 17, \quad 1 \leq u \leq 2, 1 \leq v \leq 5, 3 \leq w, x, y \leq 7$$

の整数解の個数を求めてみよう．u から y の重複特性式の積は

$$(x+x^2)(x+x^2+x^3+x^4+x^5)(x^3+x^4+x^5+x^6+x^7)^3$$

となり，この展開式の x^{17} の係数を求めればよい．積式を整理すると，

$$x^{11}(1+x)(1+x+x^2+x^3+x^4)^4$$

となるから，x^{11} を除いた積式の展開式の x^6 の係数を求めればよい．直接展開してもよいが，ここでは次のように変形する．

$$\begin{aligned}
(1+x)(1+x+x^2+x^3+x^4)^4 &= \frac{1-x^2}{1-x}\left(\frac{1-x^5}{1-x}\right)^4 \\
&= (1-x^2)(1-x^5)^4(1-x)^{-5} \\
&= (1-x^2-4x^5+\cdots)\left(1+\sum_{k=1}^{6}{}_5\mathrm{H}_k\,x^k+\cdots\right) \\
&= (\cdots+({}_5\mathrm{H}_6-{}_5\mathrm{H}_4-4\,{}_5\mathrm{H}_1)x^6+\cdots).
\end{aligned}$$

したがって，求める個数は ${}_5\mathrm{H}_6 - {}_5\mathrm{H}_4 - 4\,{}_5\mathrm{H}_1 = 210 - 70 - 20 = 120$ である．

例 2.27 5 人 u, v, w, x, y に 20 個のみかんを次の条件で配るとき，その配り方の個数を求めよ．u には 3 個か 5 個か 7 個，v には 1 個か 2 個か 4 個か 6 個，w には 3 個か 4 個か 6 個か 8 個，x と y には 5 個以上 9 個以下を配るとする．例えば，u, w, x の重複特性式はそれぞれ

$$x^3+x^5+x^7, \quad x^3+x^4+x^6+x^8, \quad x^5+x^6+x^7+x^8+x^9$$

となる．5 人の重複特性式の積は整理され，

$$x^{17}(1+x^2+x^4)(1+x+x^3+x^5)^2(1+x+x^2+x^3+x^4)^2$$

となるから, x^{17} を除いた積式の展開式の x^3 の係数を求めればよい. その積式の各項の x の 4 次以上の項を除き, さらに

$$(1+x+x^2+x^3)^2 \quad \text{を} \quad (1-x^4)^2(1-x)^{-2}$$

と変形し, 4 次以上の項を除きながら展開すると, x^3 の係数として

$$_2\mathrm{H}_3 + 2\,_2\mathrm{H}_2 + 2\,_2\mathrm{H}_1 + 4 = 18$$

が求まる. したがって, 18 通りの配り方があることがわかる.

問 2.59 方程式 $u+v+w+x+y=30$ の整数解の個数を次のそれぞれの場合に求めよ. (4) については, 重複特性式の積式による解法とこれに対応する樹形図を用いた解法の両方を示せ.

(1) $3 \le u \le 8, 2 \le v \le 7, 5 \le w \le 10, 7 \le x, y \le 12$.
(2) $u = 1, 3, 5, 7, 9, 11, v = 4, 6, 8, 10, 12, 14, 6 \le w, x, y \le 11$.
(3) $u = 3, 7, 11, v = 4, 8, 12, 14, w = 9, 13, 14\ x = 1, 5, 6, 20, y = 10, 15, 25, 27$.
(4) $u = 3, 7, 11, v = 4, 7, 12, 14, w = 9, 13, 14\ x = 1, 4, 6, 20, y = 10, 15, 25, 27$.

求めようとしている個数の数値のみを得るためには, 対応する積式を Matematica のような数式処理ソフトを用いて直接展開し, 展開式の係数を調べればよい. しかし, 問題の個数がどのような場合に有限個の "C" や "H" と四則演算によって表されるかを知るためには, 問題に対応する重複特性式の積式に x のべき指数に関して連続した項を含んでいるかどうかを調べればよいことがわかる. ある意味であるものの重複特性が不規則ならば, それは代数的に扱いにくいことを意味している. これは 1.2.5 節で提出した問題にもかかわっている.

ところで, 2 項係数 (n-k 組合せ数) $\binom{n}{k}$ の n が負の値をとることができるように形式的に拡張するならば, 恒等式 (2.21) より次の等式を得る.

$$\left(\!\!\binom{n}{k}\!\!\right) = (-1)^k \binom{-n}{k}. \tag{2.22}$$

この等式は文献 [9] において**組合せ論的相互法則**の最も単純な例であると述べられており，その一般論については文献 [9] の第 4 章を参照するとよい．

2.4.2 順列数に関する母関数

可能な組合せを具体的に枚挙するためには可換代数的表現を用いることができたが，可能な順列を具体的に枚挙するための都合のよい代数的表現はない．けれども，その個数だけを問題にするときには，大変有効な代数的表現が存在する．

文字 a を 2 回繰返しを許し並べる並べ方は 1 通りであるから

$$1 \cdot \frac{x^2}{2!}$$

で表し，文字 b を 3 回繰返しを許し並べる並べ方は 1 通りであるから

$$1 \cdot \frac{x^3}{3!}$$

で表すことにする．ところで，この 2 つの式の積を次のように変形することができる．

$$1 \cdot \frac{x^2}{2!} \times 1 \cdot \frac{x^3}{3!} = \frac{(2+3)!}{2!\,3!} \cdot \frac{x^5}{(2+3)!}.$$

上式の右辺の $x^5/5!$ の係数 $5!/2!\,3! = C(2,3)$ が，同じ 2 個の文字 a と同じ 3 個の文字 b 合せて 5 個の文字からなる順列の個数となっていることに気付くであろう．

より一般的な例を考えよう．x に関する多項式

$$1 + x + \frac{x^2}{2!}$$

の数え上げ的意味は，あるものを並べないか，1 個並べるか，繰返しを許し 2 個並べるかのいずれかの場合があることを表している．また，

$$1 + x + \frac{x^2}{2!} + \cdots + \frac{x^k}{k!}$$

はあるものを k 回まで繰返しを許し並べる並べ方を表し，さらに，何回でも繰返しを許すならば，

$$1 + x + \frac{x^2}{2!} + \cdots + \frac{x^k}{k!} + \cdots = e^x$$

で表すことができる．一般に，あるもの a に対して，$\alpha : N \longrightarrow \{0,1\}$ が定まるとき，

$$\sum_{k=0}^{\infty} \alpha(k) \frac{x^k}{k!} \tag{2.23}$$

は a を $i \in \alpha^{-1}(1)$ のときかつこのときのみ i 回繰返しを許し並べることができることを表している．このとき，α を a の順列に関する**重複特性**といい，式 (2.23) を a の**指数型重複特性式**といい，指数型が明らかなときは，単に重複特性式という．特に，a と b の指数型重複特性式の積の $x^i/i!$ の係数は a と b をそれぞれの重複特性のもとで合せて i 個並べる並べ方であることに注意してほしい．組合せに関する重複特性式と順列に関する重複特性式の違いは"係数指標"として x^i を持つか $x^i/i!$ を持つかのみである．

例 2.28 a, b, c の重複特性式をそれぞれ

$$1 + x + \frac{x^2}{2!}, \quad \frac{x^2}{2!} + \frac{x^3}{3!}, \quad x + \frac{x^4}{4!}$$

とするとき，これらの特性式の積の各 $x^i/i!$ の係数の意味を考えてみよう．初めに，その積式を展開し次のように整理する．

$$\frac{3!}{2!} \frac{x^3}{3!} + 4! \left(\frac{1}{3!} + \frac{1}{2!} \right) \frac{x^4}{4!} + 5! \left(\frac{1}{3!} + \frac{1}{2!2!} \right) \frac{x^5}{5!} + 6! \left(\frac{1}{2!3!} + \frac{1}{2!4!} \right) \frac{x^6}{6!}$$

$$+ 7! \left(\frac{1}{3!4!} + \frac{1}{2!4!} \right) \frac{x^7}{7!} + 8! \left(\frac{1}{3!4!} + \frac{1}{2!2!4!} \right) \frac{x^8}{8!} + \frac{9!}{2!3!4!} \frac{x^9}{9!}.$$

$x^3/3!$ の係数 C(2,1) = 3 は 2 個の b, 1 個の c の計 3 個の文字からなる 3 個の順列 bbc, bcb, cbb があることを，$x^4/4!$ の係数 16 は 3 個の b, 1 個の c の計 4 個の文字からなる C(3,1) = 4 個の順列 $bbbc, bbcb, bcbb, cbbb$ および 1 個の a, 2 個の b, 1 個の c の計 4 個の文字からなる C(1,2,1) = 12 個の順列 $abbc, abcb, acbb, \cdots$ があることを，さらに $x^9/9!$ の係数 C(2,3,4) =

1260 は 2 個の a, 3 個の b, 4 個の c の計 9 個の文字からなる 1260 個の順列 $aabbbcccc, aabbcbccc, \cdots$ があることを示している．これら以外の係数も同様である．

問 2.60 次のそれぞれを指数型重複特性式を用いて求めよ．

(1) 3 個の短点 (トン) と 5 個の長点 (ツー) 合せて 8 個のトンとツーがある．これらのうち 6 個および 8 個使うそれぞれの場合の信号の個数を求めよ．

(2) A, B, C 3 人に種類の異なる 12 本のワインを A に 1 本以上 3 本以下，B に 1 本か 3 本か 5 本，C に 3 本以上 6 本以下の範囲で配る配り方の個数を求めよ．

例 2.29 n 個のものの特性式がすべて
$$1 + x + \frac{x^2}{2!} + \cdots = e^x \quad (\text{左辺は } e^x \text{ のマクローリン展開})$$
であるとき，これらの積 e^{nx} の $x^k/k!$ の係数は，相異なる n 個のものから繰り返しを許して k 個とり並べる並べ方，すなわち n-k 重複順列の個数であり，積 e^{nx} は次のように展開される．
$$e^{nx} = \sum_{k=0}^{\infty} \frac{(nx)^k}{k!} = \sum_{k=0}^{\infty} n^k \frac{x^k}{k!} = \sum_{k=0}^{\infty} {}_n\Pi_k \frac{x^k}{k!}. \tag{2.24}$$
上式を n-k 重複順列数の指数型母関数という．

一般に，数え上げ関数 $f : N \longrightarrow N$ に対して
$$\sum_{n=0}^{\infty} f(n) \frac{x^n}{n!}$$
を f の**指数型母関数**とよぶ．あるもの a の指数型重複特性式は a の順列に関する重複特性の指数型母関数ともいえる．

問 2.61 (1) n-k 順列数の指数型母関数を求めよ．
(2) 公式 (2.14) を指数型重複特性式を用いて説明せよ．

問 2.62 次のそれぞれを指数型重複特性式を用いて求めよ．
(1) 例 2.8 の 2 元数列の個数．

(2) 問 2.18 の 3 元数列および 4 元数列.
$$\sum_{k=0}^{\infty} \frac{x^{2k}}{(2k)!} = \frac{1}{2}(e^x + e^{-x})$$
に注意せよ．

例 2.30 指数型重複特性式を用いて，相異なる n 個のものを相異なる k 個の箱へ各箱に 1 個以上配る配り方すなわち全射 $f: [n] \longrightarrow [k]$ の個数を $S(n,k)$ で表し[1] (S は Surjection：全射のイニシャルである)，これを求めてみよう．k 個の各箱の指数型重複特性式は厳密には有限和
$$x + \frac{x^2}{2!} + \cdots + \frac{x^n}{n!}$$
であるが，x のべき指数が $n+1$ 以上の項を付け加えても各特性式の積の x^n の係数には影響を与えないし，そうすることによって扱いやすい簡明な閉じた式 $e^x - 1$ となるので，これを用いることにする．したがって，この特性式の k 個の積が $S(n,k)$ の指数型母関数となる．すなわち，
$$\sum_{n=0}^{\infty} S(n,k) \frac{x^n}{n!} = (e^x - 1)^k \tag{2.25}$$
である．さらに，
$$\begin{aligned}
(e^x - 1)^k &= \sum_{i=0}^{k} {}_k C_i (-1)^i (e^x)^{k-i} \\
&= \sum_{i=0}^{k} {}_k C_i (-1)^i \left(\sum_{n=0}^{\infty} (k-i)^n \frac{x^n}{n!} \right) \\
&= \sum_{n=0}^{\infty} \left(\sum_{i=0}^{k} (-1)^i {}_k C_i (k-i)^n \right) \frac{x^n}{n!}
\end{aligned}$$
と変形できるから，
$$S(n,k) = \sum_{i=0}^{k} (-1)^i {}_k C_i (k-i)^n \tag{2.26}$$

---

[1] この記法で第 2 種のスターリング数を表す場合 (文献 [9] など) が多いが，本書では第 2 種のスターリング数を ${}_n S_k$ で表す (2.6.2 節を参照)．

を得る．

以上のように，母関数的手法を用いると，組合せ数や順列数に関するより広範な問題を扱うことができる．

問 2.63 $S(3,4)$, $S(4,4)$ および $S(4,3)$ をそれぞれ計算せよ．

2.5 包含と排除の原理

例 1.7 の後，例 1.8 の前で述べたように，対象集合族の和集合の個数関数は求めにくい場合が多いけれども，共通部分の個数関数は具体的な閉じた式となる場合が多い．和集合の個数関数と共通部分の個数関数の橋渡しの役割を果たすのが包含と排除の原理であり，例 1.3 や例 1.4 でも触れたように，数え上げの幅広い問題に有効である．例 1.3 を振り返ってみよう．2 または 3 の倍数の個数は，2 の倍数の個数と 3 の倍数の個数を加え，それから 2 かつ 3 の倍数すなわち 6 の倍数の個数を引くことによって求められる．2 の倍数，3 の倍数，2 かつ 3 の倍数すなわち 6 の倍数それぞれの個数は具体的で簡明な算術式で与えられることに注意せよ．ここに包含と排除の原理のキーポイントがある．"初めそれぞれを加える" ことによって "含めている対象" すなわち "二重に数えている対象" を，"かつ" で "除く" ことにあり，包含 (inclusion) と排除 (exclusion) という言葉が使われているゆえんはここにある．一般に，対象集合が 2 個の場合は次の公式となる (集合演算については付録 A.2 を参照)．

$$|A \cup B| = |A| + |B| - |A \cap B|. \tag{2.27}$$

高等学校の教科書では，有限集合 A の要素の個数を $|A|$ の代りに $n(A)$ で表していることに注意せよ．次に，対象集合が 3 個の場合のために次の例を考えよう．

例 2.31 n 元集合 $[n]$ の要素で 2, 3 または 5 の倍数であるものの個数を求めてみよう．

2 の倍数，3 の倍数それぞれの集合はすでに例 1.3 で $E(n)$, $T(n)$ で表されているが，ここでは E_n, T_n で表し，5 の倍数の集合を F_n で表すことにする．

2.5 包含と排除の原理 | 69

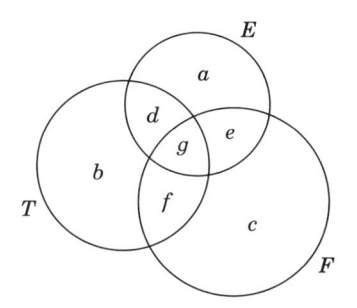

図 2.28 3 個の集合のベン図．

このとき求める個数は $|E_n \cup T_n \cup F_n|$ となるから，これを算術式で表すことを考えるために図 2.28 を用いることにしよう．図 2.28 のように集合の状態を図で表したものを**ベン図**という．

2, 3, 5 の倍数の個数はそれぞれ

$$|E_n| = \left\lfloor \frac{n}{2} \right\rfloor, \quad |T_n| = \left\lfloor \frac{n}{3} \right\rfloor, \quad |F_n| = \left\lfloor \frac{n}{5} \right\rfloor$$

で与えられるから，初めにこれらを加えることにしよう．すると，図 2.28 の a, b, c の部分は一度だけ数えられるが，d, e, f の部分は二重に，g の部分は三重に数えられることになる．次に，二重に数えられている部分を一度だけ数えることにするために，

$$|E_n \cap T_n| = \left\lfloor \frac{n}{6} \right\rfloor, \quad |E_n \cap F_n| = \left\lfloor \frac{n}{10} \right\rfloor, \quad |T_n \cap F_n| = \left\lfloor \frac{n}{15} \right\rfloor$$

を引くことにしよう．すると，g の部分が三重に引かれることになり，初めに三重に加えたことが帳消しになり，この部分が一度も数えられないことになる．したがって，最後にこの部分を一度数えるために，

$$|E_n \cap T_n \cap F_n| = \left\lfloor \frac{n}{30} \right\rfloor$$

を加えておけばよい．このようにして，求める個数は次の算術式によって与えられる．

$$|E_n \cup T_n \cup F_n|$$

$$= \left\lfloor \frac{n}{2} \right\rfloor + \left\lfloor \frac{n}{3} \right\rfloor + \left\lfloor \frac{n}{5} \right\rfloor - \left\lfloor \frac{n}{6} \right\rfloor - \left\lfloor \frac{n}{10} \right\rfloor - \left\lfloor \frac{n}{15} \right\rfloor + \left\lfloor \frac{n}{30} \right\rfloor.$$

これによって包含と排除の意味がより具体的に把握できたものと思う．

一般に，対象集合が 3 個の場合は次の公式となる．

$|A \cup B \cup C|$

$= |A| + |B| + |C| - |A \cap B| - |A \cap C| - |B \cap C| + |A \cap B \cap C|. \quad (2.28)$

問 2.64 公式 (2.28) を公式 (2.27) を用いて式変形によって証明せよ．

問 2.65 情報数理学科の学生 100 人について調べたところ，85 人が離散数学を，40 人が解析学を，30 人が代数学をそれぞれ受講し，28 人が離散数学と解析学を，23 人が離散数学と代数学を，8 人が解析学と代数学をそれぞれ受講し，1 人がこれら 3 科目のどれも受講していないことがわかった．
(1) 3 科目すべてを受講している学生数を求めよ．
(2) 3 科目のうちいずれか 2 科目のみを受講している学生数を求めよ．
(3) 3 科目のうちいずれか 1 科目のみを受講している学生数を求めよ．

問 2.66 情報数理学科の学生 100 人について調べたところ，80 人が離散数学を，54 人が解析学を，36 人が代数学をそれぞれ受講し，35 人が離散数学と解析学を，15 人が離散数学と代数学を，25 人が解析学と代数学をそれぞれ受講し，これら 3 科目のどれも受講していない学生はいないという結果を得た．このようなことはありえないことを示せ．

問 2.67 50 台のパソコンがある．25 台は 2 ドライブのフロッピィディスク装置を，15 台は CD-ROM 装置を，10 台はプリンタをそれぞれ備え，5 台は 3 つの装置すべてを備えている．これら 3 つの装置のどれも備えていないパソコンは少なくとも何台あるか．

4 個の対象集合に対する包含と排除の公式はどうなるであろうか．それぞれ 1 個の集合の基数からなる符号が正の 4 項，それぞれ 2 個の集合の共通部分の基数からなる符号が負の 6 項，それぞれ 3 個の集合の共通部分の基数から

なる符号が正の 4 項，および 4 個の集合の共通部分の基数からなる符号が負の 1 項からなることが想像できよう．項の総数が

$$_4\mathrm{C}_1 + {}_4\mathrm{C}_2 + {}_4\mathrm{C}_3 + {}_4\mathrm{C}_4 = 2^4 - 1 = 15$$

であることに注意しよう．一般に，n 個の対象集合に対する包含と排除の公式の項の総数は $2^n - 1$ となり，これは n に関する指数関数であるから，n が少し大きくなるとこれまでのように公式の左辺を書き下すことには手間が相当かかり，またエレガントな表現とは言えないであろう．そこで，添え数の集合の助けを借りることにしよう．

2.5.1　包含と排除の公式の一般形

Ω を全体 (有限) 集合，I を添え数の有限集合，$\{A_i\,|\,i \in I\}$ を Ω の部分集合族とする．このとき，包含と排除の公式の一般形を次のように表すことができる．

$$\Big|\bigcup_{i \in I} A_i\Big| = \sum_{I \supseteq J \neq \varnothing} (-1)^{|J|-1} \Big|\bigcap_{j \in J} A_j\Big|. \tag{2.29}$$

これは数え上げ組合せ論の基本定理の 1 つであり，**包含と排除の原理**，**包除原理**，**包含と排除の法則**，**和積定理**などと呼ばれている．また，もう少し一般的に表現すれば，次のようになる (文献 [13])．

Ω を集合とし，Ω の任意の要素 a に対して"測度" $m(a)$ (非負実数) を定める．さらに，Ω の任意の有限部分集合 A に対して

$$m(A) = \begin{cases} \sum_{a \in A} m(a) & (A \neq \varnothing) \\ 0 & (A = \varnothing) \end{cases}$$

と定め，$m(A)$ を集合 A の測度という．すべての $a \in \Omega$ に対して $m(a) = 1$ のとき $m(A)$ は集合 A の要素の個数 $|A|$ であり，$m(a)$ が事象 a の確率分布であるとき $m(A)$ は事象の集合 A の確率となる．公式 (2.29) を "測度" m を用いて表現し直すと，

$$m\Big(\bigcup_{i \in I} A_i\Big) = \sum_{I \supseteq J \neq \varnothing} (-1)^{|J|-1} m\Big(\bigcap_{j \in J} A_j\Big) \tag{2.30}$$

となる．このことから，包含と排除の原理は**一般の加法定理**とも呼ばれている．公式 (2.29) および (2.30) は添え数の集合の大きさに関する帰納法によって容易に証明できる．

問 2.68 (1) 公式 (2.29) において $I = \{1, 2\}, \{1, 2, 3\} (= [3])$ のとき，それぞれ公式 (2.27)，公式 (2.28) となることを確認せよ．

(2) 公式 (2.29) および公式 (2.30) を証明せよ．

問 2.69 問 2.68 の証明を $I = [4]$ に対してフォローせよ．

例 2.32 4 個の数 $1, 5, 1, 7$ が与えられられたとき，4 個の数の総和から，4 個の数のうちの各 2 個の最小値の総和を引き，同じく各 3 個の最小値の総和を加え，最後に 4 個の数の最小値を引くと，与えられた 4 個の数の最大値となる．すなわち，$(1+5+1+7) - (1+1+1+1+5+1) + (1+1+1+1) - 1 = 14 - 10 + 4 - 1 = 7$ となる．これは偶然ではなく，正の整数 $x_1, x_2, \cdots, x_k$ の最大値，最小値をそれぞれ

$$\max\langle x_i : i \in [k]\rangle, \quad \min\langle x_i : i \in [k]\rangle$$

で表すとき，一般に，正の整数 $a_1, a_2, \cdots, a_n$ に対して

$$\max\langle a_i : i \in [n]\rangle = \sum_{[n] \supseteq I \neq \emptyset} (-1)^{|I|-1} \min\langle a_i : i \in I\rangle$$

が成立する．これは Pólya と Szegö による結果であり，数 a_i が実数のときも成り立つ．

問 2.70 例 2.32 の等式を証明せよ．

例 2.33 例 2.26 の問題を包含と排除の公式 (2.29) を用いて解いてみよう．

方程式 $u + v + w + x + y = 17$ において，$1 \leq u, v, 3 \leq w, x, y$ を満たす解の集合を Ω で表し，さらに，Ω の部分集合で，$u > 2$ を満たす解の集合，$v > 5$ を満たす解の集合，$w > 7$ を満たす解の集合，$x > 7$ を満たす解の集合，$y > 7$ を満たす解の集合をそれぞれ A, B, C, D, E で表すと，求める解の集合は

となる.

$$A^c \cap B^c \cap C^c \cap D^c \cap E^c = (A \cup B \cup C \cup D \cup E)^c$$

となる. $\Omega \supseteq A \cup B \cup C \cup D \cup E$ であることに注意すれば,

$$|A^c \cap B^c \cap C^c \cap D^c \cap E^c| = |\Omega| - |A \cup B \cup C \cup D \cup E|$$

となり,右辺の第 2 項に公式 (2.29) を適用すればよい.A, B, C, D, E のどの 2 個以上の共通部分も $\emptyset$,すなわち,それらを満たす解は存在しないことに注意し,問 2.35 (2) の結果を用いると,

$$|\Omega| = {}_5H_6, \quad |A| = {}_5H_4, \quad |X| = {}_5H_1 \quad (X = B, C, D, E)$$

である.したがって,求める解の個数は

$${}_5H_6 - ({}_5H_4 + 4\,{}_5H_1) = 210 - (70 + 20) = 120$$

となり,当然,例 2.26 の結果と一致する.

問 2.71 問 2.59 (1) を包含と排除の公式を用いて解け.

2.5.2 ふるい分けの公式とその応用

例 2.33 での包含と排除の公式の用い方を,この公式の変形として一般的な形で表現すると,次のようになる.ふたたび,Ω を全体 (有限) 集合,I を添え数の有限集合,$\{A_i \mid i \in I\}$ を Ω の部分集合族とし,集合 A_i^c は Ω における集合 A_i の補集合を表すとする.

$$\left| \bigcap_{i \in I} A_i^c \right| = \sum_{I \supseteq J} (-1)^{|J|} \left| \bigcap_{j \in J} A_j \right|. \tag{2.31}$$

ただし,$J = \emptyset$ のとき

$$\bigcap_{j \in J} A_j = \Omega$$

とする.この公式はふるい分けの公式またはシルベスターの公式と呼ばれている.

問 2.72 公式 (2.31) を証明せよ.

次に，ふるい分けの公式の典型的な応用例を 3 つ示す．初めに，例 2.30 で指数型母関数を用いて求めた全射 $f: [n] \longrightarrow [k]$ の個数 $\mathrm{S}(n,k)$ の公式 (2.26) を，ふるい分けの公式 (2.31) を用いて求めてみよう．

例 2.34 $\Omega = \{f: [n] \longrightarrow [k]\}$ とする．写像 $f: [n] \longrightarrow [k]$ で少なくとも $i \in [k]$ に移る $[n]$ の要素がないもの，すなわち，ふるい落とされるものの集合を S_i で表す．ここで，S_i の補集合 S_i^c を考えると，求める全射全体の集合は $\bigcap_{i=1}^{k} S_i^c$ となる．この集合に公式 (2.31) を ($I = [k]$ とおいて) 適用すると，

$$\mathrm{S}(n,k) = \left| \bigcap_{i \in [k]} S_i^c \right| = \sum_{[k] \supseteq J} (-1)^{|J|} \left| \bigcap_{j \in J} S_j \right|$$

となる．ここで，$|J| = i$ なる $[k] \supseteq J$ に対して，

$$\bigcap_{j \in J} S_j = \{f: [n] \longrightarrow ([k] - J)\}$$

であることに注意し，公式 (2.4) を思い起せば，

$$\left| \bigcap_{j \in J} S_j \right| = (k-i)^n$$

であり，また，この J は ${}_k\mathrm{C}_i$ 個あるから，上式の右辺は

$$\sum_{i=0}^{k} (-1)^i {}_k\mathrm{C}_i (k-i)^n$$

となる．したがって，

$$\mathrm{S}(n,k) = \sum_{i=0}^{k} (-1)^i {}_k\mathrm{C}_i (k-i)^n$$

となる．これはまさに公式 (2.26) である．

次に，例 1.4 で示した n 元集合 $[n]$ 上の**すれちがい順列**または**撹乱列**の個数 $D(n)$ の計算式をふるい分けの公式 (2.31) を用いて求めてみよう．

例 2.35 $[n]$ 上のすれちがい順列とは $[n]$ 上の置換で不動点をもたないもの，すなわち，$\forall i \in [n]\ (i \neq \sigma(i))$ なる置換 σ のことであったことを思い起そう．また，$[n]$ 上の置換 σ が $i = \sigma(i)$ であるとき，σ を i において**出会う順列**

という．ここで，$[n]$ 上の順列全体の集合を Ω で表し，少なくとも i において出会う順列，すなわち，ふるい落とされるものの集合を P_i で表す．このとき，$[n]$ 上のすれちがい順列全体の集合は $\bigcap_{i\in[n]} P_i^c$ となる．この集合に公式 (2.31) を ($I=[n]$ とおいて) 適用すると，

$$D(n) = \left|\bigcap_{i\in[n]} P_i^c\right| = \sum_{[n]\supseteq J} (-1)^{|J|} \left|\bigcap_{j\in J} P_j\right|$$

となる．ここで，$|J|=k$ なる $[n]\supseteq J$ に対して，$\bigcap_{j\in J} P_j$ は $([n]-J)$ 上の順列全体であることに注意すれば

$$\left|\bigcap_{j\in J} P_j\right| = (n-k)!$$

であり，また，この J は $_n\mathrm{C}_k$ 個あるから，上式の右辺は

$$\sum_{k=0}^{n} (-1)^k {}_n\mathrm{C}_k (n-k)! = \sum_{k=0}^{n} (-1)^k \frac{n!}{k!} = n!\left(\sum_{k=0}^{n} (-1)^k \frac{1}{k!}\right)$$

となる．したがって，次の公式を得る．

$$D(n) = n!\left(\sum_{k=0}^{n} (-1)^k \frac{1}{k!}\right). \tag{2.32}$$

これは先に例 1.4 で示した式に等しい．また，この公式から例 1.4 で示した次の漸化式を得る．その求め方は問 2.73 (2) にまかせる．

$$D(n) = \begin{cases} 0 & (n=1) \\ nD(n-1) + (-1)^n & (n\geq 2). \end{cases} \tag{2.33}$$

$D(m)$ の計算プログラムおよび数表については旧版の付録 B.1 を参照するとよい．

問 2.73 (1) 公式 (2.32) の導出を $n=4$ に対してフォローせよ．
(2) 漸化式 (2.33) を公式 (2.32) から求めよ．
(3) 次の漸化式を漸化式 (2.33) から求めよ．

$$D(n) = \begin{cases} 0 & (n=1) \\ 1 & (n=2) \\ (n-1)(D(n-1)+D(n-2)) & (n \geq 3). \end{cases}$$

(4) $D(5)$ の値を公式 (2.32), (2.33), および (3) の漸化式をそれぞれ用いて求めよ.

問 2.74 (1) $[n]$ 上の順列でちょうど p 回出会う順列の個数を $E(n,p)$ で表すとき, これと $D(n-p)$ の関係式を求めよ.

(2) $E(7,2)$ を求めよ.

問 2.75 (1) $[n]$ 上の順列全体のなかですれちがい順列の起る確率は

$$\frac{D(n)}{n!} = e^{-1}_{(n)} \longrightarrow \frac{1}{e} \quad (n \longrightarrow \infty)$$

となることを示せ. ただし, e はネピアの数 $e = 2.7182\cdots$ で, $e^{-1}_{(n)}$ は e^{-1} ($= 1/e$ のマクローリン展開の最初の $n+1$ 項までの和を表す.

(2) 1 人がトランプのハートのカード 13 枚, 他の 1 人がスペードのカード 13 枚をもっている. 2 人が 1 枚ずつカードを出し合っていくとき, 13 枚出し終わるまでに 1 回もカードの数が一致しない確率を求めよ. また, ちょうど 1 回, 2 回, 3 回だけカードの数が一致する確率をそれぞれ求めよ.

(3) $[n]$ 上の順列全体のなかでちょうど p 回出会う順列の起る確率は

$$\frac{E(n,p)}{n!} = \frac{1}{p!} \cdot \frac{D(n-p)}{(n-p)!} = \frac{1}{p!} \cdot e^{-1}_{(n-p)} \longrightarrow \frac{1}{p!} \cdot e^{-1} \quad (n \longrightarrow \infty)$$

となることを示せ. $e^{-1}_{(n-p)}$ は e^{-1} のマクローリン展開の最初の $n-p+1$ 項までの和を表す. $p=0$ のとき, (1) となることに注意せよ.

最後に, 初等整数論で有名なオイラーの関数の計算式をふるい分けの公式 (2.31) を用いて求めてみよう.

例 2.36 正の整数 a と b の最大公約数が 1 であるとき a と b は互いに素であるという. 正の整数 n に対して, n と互いに素な n 以下の正の整数の個

数は $\varphi(n)$ で表され，**オイラー関数**と呼ばれている．例えば，4 と互いに素な 4 以下の正の整数は 1 と 3 の 2 個であるから他の場合も含めて

$$\varphi(1) = 1, \quad \varphi(2) = 1, \quad \varphi(3) = 2, \quad \varphi(4) = 2$$

となる．n が与えられたとき，n 以下の正の整数をすべて 1 つずつ調べることなく $\varphi(n)$ の値を求めること，すなわち $\varphi(n)$ の算術公式を与えることができないであろうか．

n と互いに素でない数をふるい落とすことを考えると，ふるい分けの公式 2.31 を適用することができる．$\Omega = [n]$ とし，n の素因数分解が $n = p_1^{\alpha_1} p_2^{\alpha_2} \cdots p_k^{\alpha_k}$ (各 p_i は素数) であるとき，Ω の要素で p_i ($i \in [k]$) の倍数であるもの，すなわち，ふるい落とされるものの集合を M_i で表す．ここで，M_i の Ω における補集合，すなわち，$[n]$ の要素で p_i の倍数でないものの集合 M_i^c を考えると，n と互いに素な n 以下の正の整数の集合は $\underset{i \in [k]}{\cap} M_i^c$ となる．この集合に公式 (2.31) を ($I = [k]$ とおいて) 適用すると，

$$\varphi(n) = \Big| \underset{i \in [k]}{\cap} M_i^c \Big| = \sum_{[k] \supseteq J} (-1)^{|J|} \Big| \underset{j \in J}{\cap} M_j \Big|$$

となる．ここで，$[k] \supseteq J$ に対して，$\underset{j \in J}{\cap} M_j$ は $[n]$ の要素で $\prod_{j \in J} p_j$ の倍数であるものの集合であることに注意すれば，

$$\Big| \underset{j \in J}{\cap} M_j \Big| = \frac{n}{\prod_{j \in J} p_j}$$

となることがわかるから，上式の右辺は

$$\sum_{[k] \supseteq J} (-1)^{|J|} \frac{n}{\prod_{j \in J} p_j} = n \sum_{[k] \supseteq J} (-1)^{|J|} \prod_{j \in J} \frac{1}{p_j} = n \prod_{i=1}^{k} \left(1 - \frac{1}{p_i}\right)$$

となる．したがって，次の公式を得る．

$$\varphi(n) = n \prod_{i=1}^{k} \left(1 - \frac{1}{p_i}\right). \tag{2.34}$$

問 2.76 (1) 公式 (2.34) の導出を $n = 90$ に対してフォローせよ．
(2) $1 \leq n \leq 15$ なる n に対して $\varphi(n)$ の値を求めよ．

2.6 分配・分割・写像12相

2.3節で順列と組合せに関する各種の数を，初め，通常の文章によって，次に，ボールと箱の具体的モデルによって，さらに，抽象的に集合と写像によって定めたことを思い起そう．本節では，初めに，ボールの箱への分配のあり方をボールと箱がそれぞれ区別がつくか否かで4つのカテゴリー(範疇)に分類し，すでに定めた順列数や組合せ数などがその2つのカテゴリーに入ることを示し，他の2つのカテゴリーは集合の分割と数の分割に対応することを示す．次に，集合の分割数や数の分割数に関する基本的な性質や計算公式を提示する．また，数の分割や集合の分割の成分に番号を付けると，重複組合せや一般順列になることにも触れる．最後に，これらの現象を2つの集合とその間の写像のあり方によって抽象的に整理する．すなわち，ボールと箱が抽象化されて2つの集合(仮にAとBとする)になり，ボールの箱への分配が抽象化されて集合Aから集合Bへの写像になる．さらに，各ボールの同異性と各箱の同異性による4通りの可能性および分配の3通りのあり方(任意の配り方，1対1の配り方，上への配り方)から起る12通りの組合せが抽象化されて写像12相 (Twelvefold Way) に至ることを示す．「Twelvefold Way」という用語の由来は文献[9]のp.50に述べられていて，「写像12相」という訳語は文献[9]において初めて用いられている．

2.6.1 ボールと箱の4つのカテゴリー

ボールと箱がそれぞれ区別がつくか否かで次の4つのカテゴリーに分類される．

(1) 相異なるボールの相異なる箱への分配．
(2) 区別のつかないボールの相異なる箱への分配．
(3) 相異なるボールの区別のつかない箱への分配．
(4) 区別のつかないボールの区別のつかない箱への分配．

さらに，分配の仕方も次の3通りに大きく分けられる．

(1) 任意の配り方．
(2) 1対1の配り方．

(3) 上への配り方.

(1) は特別な場合として (2) と (3) を含み，また (2) かつ (3) の場合があることに注意しながら，これら 3 通りの場合も考慮し，これまでに述べた順列や組合せの概念がどのカテゴリーに入るかを調べてみよう．

各定義を思い起せば，重複順列，順列，全射の個数 (例 2.30, 2.34) はそれぞれ 1-(1), 1-(2), 1-(3) のカテゴリーに入ることがわかる．一般順列は上への配り方にさらに条件が加わったものと考えると，1-(3) のカテゴリーに入れることができ，置換はあえて言えば，1-(2&3) のカテゴリーとなる．このように順列に関する概念はボールと箱の第 1 カテゴリーに属することがわかる．

重複組合せ，組合せ，多元 1 次不定方程式の解の個数 (問 2.35) はそれぞれ 2-(1), 2-(2), 2-(3) のカテゴリーに入り，したがって，組合せに関する概念はボールと箱の第 2 カテゴリーに属することがわかる．また，一般順列の特別な場合が組合せになったり，一般順列の公式 (2.14) の証明に組合せ数が用いられたり，カテゴリーの "退化" や "組み込み" の現象が起ることに，一般に，あるカテゴリーの公式が他のカテゴリーの公式に，性質の追加や削減により，変遷することに注意してほしい．

さてここで，ボールと箱の第 3 と第 4 のカテゴリーに属する概念がまだ述べられていないことに気付くであろう．初めに，これらのカテゴリーから集合の分割と数の分割が生まれることを例によって示そう．

例 2.37 相異なる 7 個のボールと区別のつかない 7 個の箱がある．このとき，次の 3 つの問題を考えよう．

(1) 3 個の箱にボールを 2 個, 2 個, 3 個ずつ配る配り方は何通りあるか.
(2) 7 個のボールを 3 個の各箱に 1 個以上配る配り方は何通りあるか.
(3) 7 個のボールを 7 個の箱に任意に配る (すなわち，空の箱があってもよい) 配り方は何通りあるか.

(1) について．図 2.29 に示す (a) と (b) は同じ配り方で, (a) と (c) は異なる配り方であり, (a) と (b) は集合 $[7]$ $(= \{1, 2, 3, 4, 5, 6, 7\})$ の分割

$$\{\{1, 2\}, \{3, 4\}, \{5, 6, 7\}\}$$

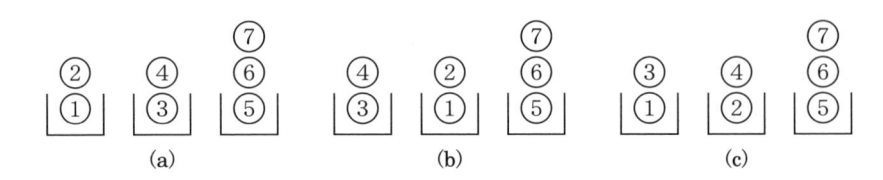

図 **2.29** カテゴリー 3 の例.

に対応し，(c) は分割

$$\{\{1,3\}, \{2,4\}, \{5,6,7\}\}$$

に対応することがわかる．次に，配り方は何通りあるか，すなわち，対応する集合 [7] の分割は何通りあるかを考えよう．そのために，箱に左から右へ 1, 2, 3 と番号を付けて相異なる箱と考えると，(a) と (b) は異なる配り方となる．この場合は 1-3 のカテゴリーにある一般順列の公式 (2.14) を思い起し，それを適用すれば，

$$C(2,2,3) = \frac{7!}{2!2!3!} = 210$$

通りあることになる．ここで，箱が区別のつかないものであることに戻ると，配られているボールの個数が同じ箱は入れ替えてもよい，すなわち，それらの箱の順序を無視できるので，210 を 2! で割ればよい．したがって，105 通りとなる．

(2) について．3 個の箱へのボールの個数の配分の仕方は

$$1+1+5, \quad 1+2+4, \quad 1+3+3, \quad 2+2+3$$

と 4 通りあり，2+2+3 以外の場合も (1) と同様にその個数を求めることができる．したがって，求める個数は

$$\frac{C(1,1,5)}{2!} + C(1,2,4) + \frac{C(1,3,3)}{2!} + \frac{C(2,2,3)}{2!}$$

$$= 21 + 105 + 70 + 105 = 301$$

となる．これは集合 [7] の分割でクラスの数が 3 であるものの個数である．

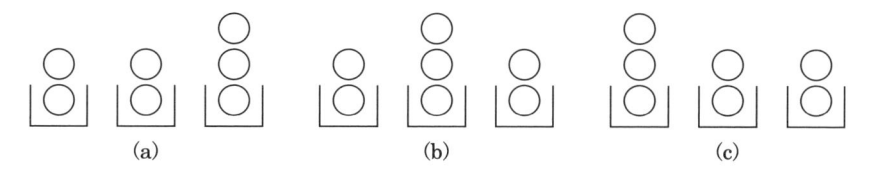

図 **2.30** カテゴリー 4 の例.

(3) について．この配り方は集合 [7] の任意の分割に対応することは容易にわかる．この個数を求めることは問 2.77 にまわす．

例 2.38 例 2.37 において，相異なる 7 個のボールを区別のつかない 7 個のボールとした場合の各問について考えよう．

(1) について．図 2.30 に示す (a), (b), (c) すべて同じ配り方となる．これは整数 7 を正の整数 2, 2, 3 の和に分ける分け方，すなわち，

$$2+2+3, \quad 2+3+2, \quad 3+2+2$$

に対応することがわかる．ここで，和は可換であるから，これら 3 つの式は "表現として" もおなじものとなり，この配り方すなわちこの整数の分割は 1 通りである．以下，慣例により数の分割をその成分の大きい順に表す．

(2) について．この配り方は整数 7 の 3 個の正の整数への分割，すなわち，

$$5+1+1, \quad 4+2+1, \quad 3+3+1, \quad 3+2+2$$

と 4 通りであることが容易にわかる．例 2.37 の (2) における 3 個の箱へのボールの個数の配分の仕方になっていることに注意せよ．

(3) について．この配り方は整数 7 の任意の分割に対応することがわかる．この個数を求めることは問 2.88 (2) にまわす．

2.6.2 集合の分割

例 2.37 より，ボールと箱の第 3 カテゴリーは集合の分割に対応することがわかった．また，集合の分割はその集合上の同値関係 (付録 A.3.1 を参照) に対応することもわかっており，集合の分割および分割数は初等的数え上げの重要なテーマの 1 つである．

集合 A の分割とは A の直和分解すなわち

$$\left\{ B_i \ \middle| \ \bigcup_{i=1}^{k} B_i = A, \ B_i \cap B_j = \varnothing \ (i \neq j) \right\}$$

のことであり，各部分集合 B_i を**ブロック**，**クラス**，または**同値類**と呼び，ブロックの個数 $k \ (1 \leq k \leq |A|)$ を分割の**指数**という．

具体的に集合の分割を表すときには各ブロックに"オーバーライン"を付けることによって示す．例えば，図 2.29(a) に対応する集合の分割 $\{\{1,2\}, \{3,4\}, \{5,6,7\}\}$ は

$$\{\overline{1,2}, \overline{3,4}, \overline{5,6,7}\}$$

で表される．また，この分割の指数は 3 である．以下，$|A| = n$ とする．

A の分割で $|B| = i$ となるブロック B の個数が $\lambda_i \ (1 \leq i \leq n)$ であるものを**タイプ** $[\lambda_1, \lambda_2, \cdots, \lambda_n]$ の分割といい，このタイプの分割の個数を $\mathrm{P}[\lambda_1, \lambda_2, \cdots, \lambda_n]$ で表す．ここで，$\lambda_1 + 2\lambda_2 + \cdots + n\lambda_n = n$ であることに注意せよ．例えば，例 2.37 (1) の配り方に対応する分割のタイプは $[0, 2, 1]$ であり，したがって，この配り方の個数は $\mathrm{P}[0, 2, 1] \ (= 105)$ に等しい．

A の分割で指数が k であるものの個数は ${}_n\mathrm{S}_k$ で表され，**第 2 種スターリング数**と呼ばれている．例 2.37 (2) の配り方は集合 $[7]$ の分割で指数 3 のものに対応し，その個数は ${}_7\mathrm{S}_3 \ (= 301)$ に等しい．さらに，A の分割全体の個数は $\mathrm{B}(n)$ で表され，**ベル数**と呼ばれている．例 2.37 (3) の配り方の個数は $\mathrm{B}(7)$ に等しい．

次に，タイプ λ の分割数，第 2 種スターリング数，ベル数などに関する公式を与えよう．

例 2.37 (1) の配り方の個数を求めたときの論法，すなわち，一般順列とタイプ λ の分割の対応関係を一般的に考察すれば，次の公式を得る．置換群による同値類の数え上げという一般的な枠組みの中での扱いは，3.2 節で示す．

$$\mathrm{P}[\lambda_1, \lambda_2, \cdots, \lambda_n] = \frac{\mathrm{C}(\overbrace{1, \cdots, 1}^{\lambda_1 \text{個}}, \overbrace{2, \cdots, 2}^{\lambda_2 \text{個}}, \cdots, \overbrace{n}^{\lambda_n \text{個}})}{\lambda_1! \, \lambda_2! \, \cdots \, \lambda_n!}$$

$$= \frac{n!}{\prod_{i=1}^{n} \lambda_i!(i!)^{\lambda_i}}. \tag{2.35}$$

また，一般順列は集合の分割のブロックに番号を付けた分割に等しいことがわかり，このことから，文献 [16] においては**集合の順序付き分割**と呼ばれている．次の 2 つの公式は定義から容易に導かれる．

$$_nS_k = \sum_{\substack{\lambda_1+2\lambda_2+\cdots+n\lambda_n=n \\ \lambda_1+\lambda_2+\cdots+\lambda_n=k}} P[\lambda_1, \lambda_2, \cdots, \lambda_n], \tag{2.36}$$

$$B(n) = \sum_{k=1}^{n} {}_nS_k. \tag{2.37}$$

問 2.77 公式 (2.35) ～ (2.37) を用いて $B(7)$ の値を求めよ．

公式 (2.36) は閉じた式ではあるが，変域がやや複雑な有限和 $\sum$ を含んでいて，問 2.77 からわかるように，実際の計算に少々手間取ることになる．すなわち，公式 (2.36) の個数関数としてのレベルは例 1.5 と同じものと思われる．そこで，第 2 種スターリング数 $_nS_k$ と先に求めた全射数 $S(n,k)$ の関係から，もう 1 つの閉じた式を与えよう．それぞれのボールの箱への分配を用いた定義から，等式 $k!_nS_k = S(n,k)$ が成り立ち，これと公式 (2.26) を用いて，次の公式を得る．

$$_nS_k = \frac{1}{k!}S(n,k) = \frac{1}{k!}\sum_{i=0}^{k}(-1)^i {}_kC_i(k-i)^n = \sum_{i=0}^{k}(-1)^i \frac{(k-i)^n}{i!(k-i)!}. \tag{2.38}$$

問 2.78 初めに，公式 (2.26) を用いて $S(7,k)$ $(1 \leq k \leq 7)$ の値を計算し，次に，公式 (2.38) を用いて $_7S_k$ $(1 \leq k \leq 7)$ の値を計算して，問 2.77 における計算過程と比較せよ．

公式 (2.38) を用いた場合，公式 (2.36) を用いた場合と比較し，分割のタイプを求めることなく有限和 $\sum$ の各項を計算できるので，その点簡明であるが，k の値に比例して有限和の項数が増大するのが難点である．例 1.5 の個数関数に対する漸化式は求められていないが，第 2 種スターリング数に対しては次のような漸化式が与えられている．

$$_nS_k = \begin{cases} 1 & (k=1, n) \\ {}_{n-1}S_{k-1} + k\,{}_{n-1}S_k & (2 \leq k \leq n-1). \end{cases} \quad (2.39)$$

以下，必要に応じ記法 $_nC_k$ の代わりに $\binom{n}{k}$ を用いる．

$$_{n+1}S_k = \sum_{i=0}^{n} \binom{n}{i} {}_iS_{k-1} \quad (n \geq 0, k \geq 1). \quad (2.40)$$

ただし，$_nS_m = 0 \ (n < m)$，$_nS_0 = 0 \ (n \geq 1)$，$_0S_0 = 1$ とする．

公式 (2.39) の公式 (2.9) との主な違いは右辺の第 2 項が k 倍されていることであり，このような漸化式を証明するための定石をすでに公式 (2.9) の証明に用いている．同様の証明法によって公式 (2.39) を容易に示すことができる．n 元集合の特別な 1 つの要素 (今これを a とする) に注目し，k 個のブロックの中に a ただ 1 個のブロックがある場合とそうでない場合に分けて考える．前者の場合，a を除く $n-1$ 元集合の $k-1$ 個のブロックへの分割の個数，すなわち，$_{n-1}S_{k-1}$ に等しく，後者の場合，a を含むブロックは a 以外の要素を 1 個以上含むので，初めに a を除いた $n-1$ 元集合の k 個のブロックへの分割を考え，次にその k 個のブロックのいずれかに a を入れると考えればよいので，$k\,{}_{n-1}S_k$ 通りあることになる．したがって，両者の場合を加えれば，公式 (2.39) の右辺が得られる．

問 2.79 n 元集合の特別な 1 つの要素 a に注目し，a を含むブロックの要素の個数によって分類し，公式 (2.40) を証明せよ．

問 2.80 (1) 漸化式 (2.39) を用いて $_7S_k \ (1 \leq k \leq 7)$ の値を計算して，問 2.77, 2.78 における計算過程と比較せよ．

(2) 漸化式 (2.40) と問 2.25 の結果を用いて $_nS_2 = 2^{n-1} - 1 \ (n \geq 2)$ を証明せよ．

(3) 漸化式 (2.40) を用いて (1) と同様のことを行え．

ベル数 $B(n)$ は公式 (2.37) の有限和の各項を第 2 種スターリング数に関する公式 (2.36), (2.38) から (2.40) などを用いて計算することにより求められるが，次の漸化式を用いれば，第 2 種スターリング数を経ずして直接求められる．

$$\mathrm{B}(n+1) = \sum_{k=0}^{n} \binom{n}{k} \mathrm{B}(k) \quad (\text{ただし } \mathrm{B}(0) = 1 \text{ とする}). \tag{2.41}$$

定石による漸化式 (2.41) の証明は問 2.81 にゆずるとして，ここでは公式 (2.37) と漸化式 (2.40) を用いた式変形による証明を示す．それは次のように簡明なものである．

$$\mathrm{B}(n+1) = \sum_{k=1}^{\infty} {}_{n+1}\mathrm{S}_k = \sum_{k=1}^{\infty} \sum_{i=0}^{n} \binom{n}{i} {}_{i}\mathrm{S}_{k-1}$$

$$= \sum_{i=0}^{n} \binom{n}{i} \sum_{k=1}^{\infty} {}_{i}\mathrm{S}_{k-1} = \sum_{i=0}^{n} \binom{n}{i} \mathrm{B}(i).$$

問 2.81 (1) 漸化式 (2.41) を問 2.79 における公式 (2.40) の証明と同様の方法で証明せよ．

(2) 漸化式 (2.41) を用いて $\mathrm{B}(7)$ の値を計算し，すでに試した他の計算法と比較せよ．

ちなみに，コンピュータを用いた計算結果によると，${}_{100}\mathrm{S}_k$ が最大となる k の値は 28 で，${}_{100}\mathrm{S}_{28} = 77693\cdots 51674$ と 115 桁の数となる．一般に，n が与えられたときのこのような k については，文献 [17] で考察されている．また，$\mathrm{B}(100) = 47585\cdots 60751$ と 116 桁となる．これらの数値については旧版の付録 B.10.3 を参照するとよい．

ここで，第 2 種スターリング数およびベル数の母関数を求めてみよう．初めに，公式 (2.38) の左端の等号すなわち第 2 種スターリング数と全射数 $S(n,k)$ の関係式，および公式 (2.25) すなわち $S(n,k)$ $(n \geq 1)$ の指数的母関数から，次のように第 2 種スターリング数 ${}_n\mathrm{S}_k$ $(n \geq 1)$ の指数的母関数を得る．

$$\sum_{n=0}^{\infty} {}_n\mathrm{S}_k \frac{x^n}{n!} = \sum_{n=0}^{\infty} \frac{S(n,k)}{k!} \frac{x^n}{n!} = \frac{(e^x - 1)^k}{k!}. \tag{2.42}$$

次に，${}_n\mathrm{S}_m = 0 \ (n < m)$, ${}_n\mathrm{S}_0 = 0 \ (n \geq 1)$, ${}_0\mathrm{S}_0 = 1$ に注意すれば，公式 (2.37) および (2.42) を用いて

$$\sum_{n=0}^{\infty} \mathrm{B}(n) \frac{x^n}{n!} = \sum_{n=0}^{\infty} \left(\sum_{k=0}^{\infty} {}_n\mathrm{S}_k \right) \frac{x^n}{n!}$$

$$= \sum_{k=0}^{\infty} \left(\sum_{n=0}^{\infty} {}_n S_k \frac{x^n}{n!} \right) = \sum_{k=0}^{\infty} \frac{(e^x-1)^k}{k!}$$

と変形でき，右端の式は e^{e^x-1} に等しいから，ベル数 $B(n)$ $(n \geq 1)$ に関する次の指数的母関数を得る．

$$\sum_{n=0}^{\infty} B(n) \frac{x^n}{n!} = e^{e^x-1}. \tag{2.43}$$

問 2.82 (1) 母関数 (2.42) から ${}_0 S_0 = 1$, ${}_n S_0 = 0$ $(n \geq 1)$ が得られることを示せ．

(2) 母関数 (2.42) を用いて ${}_n S_3$ $(0 \leq n \leq 7)$ の値を求めよ．

(3) 母関数 (2.43) を用いて $B(n)$ $(0 \leq n \leq 7)$ の値を求めよ．

これまで第 2 種スターリング数やベル数などの集合の分割数に関する種々の計算公式を述べてきたが，ここで第 2 種スターリング数とある種の置換の個数の興味深い関係を考えることにしよう．初めに，次の恒等式を与えておく．

$$x^n = \sum_{k=1}^{n} {}_n S_k (x)_k. \tag{2.44}$$

ただし，$(x)_k$ は x-k 下降階乗 $x(x-1)\cdots(x-(k-1))$ を表し，**ジョルダンの階乗記号**とも呼ばれている．

この恒等式は次のようにして成立することが示される．まず，x が n 以下の負でない整数について成立することを示す．モデルとして写像を用いる．すなわち，$0 \leq m \leq n$ を満たす整数 m, n に対して n 元集合 $[n]$ から m 元集合 $[m]$ への写像全体 $\{f : [n] \longrightarrow [m]\}$ を考える．この写像の個数は

$$|\{f : [n] \longrightarrow [m]\}| = m^n$$

であり，一方，この写像全体を f のとる値の個数 $|f([n])|$ $(= k$ と置く$)$ によって分類すると，$|f([n])| = k$ $(1 \leq k \leq m)$ となる写像の個数は

$${}_m P_k \, {}_n S_k = {}_n S_k (m)_k$$

となる．これを k について 1 から n まで $m < k \leq n$ に対して $(m)_k = 0$ であることに注意して加えれば，

$$m^n = \sum_{k=1}^{n} {}_nS_k (m)_k$$

を得る．次に，任意の x について式 (2.44) が成立することを示す．式 (2.44) の右辺を左辺に移項した式の左辺を $F(x)$ で表すと，$F(x)$ は x についての n 次式であり，先に示したように $x = 0, 1, 2, \cdots, n$ の $n+1$ 個の値に対して $F(x) = 0$ が成立する．これは $F(x)$ が恒等的に 0 に等しいことを意味し，任意の x について式 (2.44) が成立することになる．

問 2.83 (1) $n = 3$ に対して式 (2.44) が成立することを示せ．
(2) 2 次式 $f(x) = ax^2 + bx + c$ が x の 3 個の異なる値に対して $f(x) = 0$ となるならば，$f(x)$ は恒等的に 0 に等しいこと，すなわち $a = b = c = 0$ となることを示せ．

次に，**第 1 種スターリング数**と呼ばれ，$s(n, k)$ で表される数を導入しよう．それは

$$(x)_n = \sum_{k=1}^{n} s(n,k) x^k \tag{2.45}$$

によって定められる．これと式 (2.44) を比較すれば，互いに他の"反転"の形になっていることに注意しよう．このことを行列表現を用いることによってより明確に捕えてみよう．式 (2.44) の $n = 1, 2, 3$ の場合を行列を用いてまとめて表すならば，

$$\begin{pmatrix} x \\ x^2 \\ x^3 \end{pmatrix} = \begin{pmatrix} 1 & 0 & 0 \\ 1 & 1 & 0 \\ 1 & 3 & 1 \end{pmatrix} \begin{pmatrix} (x)_1 \\ (x)_2 \\ (x)_3 \end{pmatrix}$$

となる．また，式 (2.45) の $n = 1, 2, 3$ の場合を展開すれば，

$$(x)_1 = x,$$
$$(x)_2 = -x + x^2,$$
$$(x)_3 = 2x - 3x^2 + x^3$$

となるから，これを行列表現すれば，

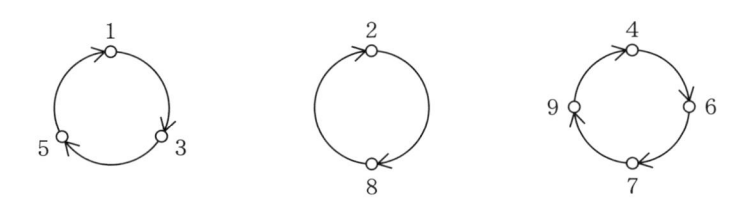

図 **2.31** 置換のグラフ表現の例.

$$\begin{pmatrix} (x)_1 \\ (x)_2 \\ (x)_3 \end{pmatrix} = \begin{pmatrix} 1 & 0 & 0 \\ -1 & 1 & 0 \\ 2 & -3 & 1 \end{pmatrix} \begin{pmatrix} x \\ x^2 \\ x^3 \end{pmatrix}$$

となる．これら 2 つの行列表現の係数行列をそれぞれ S, s で表すと，これらは互いに他の逆行列であり，$Ss = E$ (単位行列) となる．

さてここで，第 1 種スターリング数 $s(n,k)$ の絶対値 $|s(n,k)|$ が**符号なし第 1 種スターリング数**と呼ばれ，これが初めに述べたある種の置換の個数となるよく知られた個数関数であることに触れる．これは通常，$c(n,k)$ で表されているが，文献 [18] や [12] では記法 $\begin{bmatrix} n \\ k \end{bmatrix}$ を用い，これを第 1 種スターリング数と呼んでいる．2.3.1 節で集合 $[n]$ 上の順列すなわち単射 $f : [n] \longrightarrow [n]$ を n 次の置換と呼んだことを思い起し，n 次の置換を有向グラフで表現した場合のある性質に注目しよう．一般に有限集合上の関係や関数のグラフの定義については付録 A.3.1 と A.4 を参照するとよい．n 次の置換 σ に対して，各 i ($1 \leq i \leq n$) を頂点とし，i から $\sigma(i)$ への矢印を描くことによってできる図を σ の**グラフ**という．σ のグラフにおいて，矢印をたどり k 個の要素で閉じている路を**長さ k の輪**または**サイクル**という．図 2.31 に 3 個の輪を持つ 9 次の置換の例を示す．

ここに次の命題を述べることができる．

$c(n,k)$ はちょうど k 個の輪をもつ n 次の置換の個数に等しい．

恒等式 (2.45) を観察すれば，$c(n,k) = (-1)^{n-k}s(n,k)$ であることがわかる．このことに注意すれば，恒等式 (2.45) の x に $-x$ を代入し，その両辺に

$(-1)^n$ を掛けることによって $((-1)^{n-k} = (-1)^{n-k} \times (-1)^{2k} = (-1)^{n+k}$ であるから),次の恒等式を得る.例 3.6 においてより一般的な公式より導く.

$$x(x+1)(x+2)\cdots(x+n-1) = \sum_{k=1}^{n} c(n,k)x^k. \tag{2.46}$$

上式の左辺は x-n 上昇階乗で,$[x]_n$ と表されることもある.また,次の漸化式が成り立つ.

$$c(n+1,k) = nc(n,k) + c(n,k-1) \quad (n \geq 0, k \geq 1). \tag{2.47}$$

ただし,$c(n,m) = 0 \ (n < m)$,$c(n,0) = 0 \ (n \geq 1)$,$c(0,0) = 1$ とする.

通常,初めに,ちょうど k 個の輪をもつ n 次の置換の個数を $c(n,k)$ で表し,次に,これが漸化式 (2.47) を持ち,恒等式 (2.46) を満たすことを示し,

$$s(n,k) = (-1)^{n-k} c(n,k)$$

によって第 1 種スターリング数 $s(n,k)$ を定めている (詳しくは文献 [9] を参照).

問 2.84 $c(n,k)$ について次の問に答えよ.
(1) 定石により漸化式 (2.47) を証明せよ.
(2) $c(n,1) = (n-1)!$ を示せ.ここで $\mathrm{cir}(n) = c(n,1)$ に注意せよ.
(3) $c(7,k) \ (1 \leq k \leq 7)$ の値を求めよ.

問 2.85 問 2.80 の解答に示してある第 2 種スターリング数の行列表現 S,および問 2.84 の解答に示してある符号なし第 1 種スターリング数の行列表現から符号を付けることによって得られる第 1 種スターリング数の行列表現 s に対して,それらの積 $S \cdot s$ は $S \cdot s = E$ となることを確かめよ.

以上のように,異なる組合せ論的対象の個数関数の間にエレガントで簡明な関係が存在することは,数理世界の不思議さを思わせる.

2.3.2 節すなわちボールと箱の第 3 カテゴリーに対応する集合の分割の節を,少し文化的香りのする "源氏香の遊び" の話題で終わることにしよう.**源氏香の遊び**とは,順を追った 5 包の香を嗅いでそれらの同異関係を当てる遊びであ

る．この同異関係を正確に述べるならば，i 番目に嗅いだ包の香と j 番目に嗅いだ包の香が同じであるときかつこのときのみ，それらの包は同じであるという同値関係のことである．すなわち，5 包の同異関係全体と 5 元集合 [5] の分割全体が 1 対 1 に対応することになる．したがって，順を追った 5 包の同異関係は B(5) = 52 通りある．その 52 通りに『源氏物語』全 54 帖のうち，最初の「桐壺」と最後の「夢浮橋」を除いた 52 帖の巻名がつけられているので，順に 5 包の香を嗅いでそれに相当する巻名を当てる遊びのことである．文献 [19] によると，『源氏物語』の各巻の"巻見だし"に，対応する源氏香の記号が加えられるようになるのは，明治以後らしいとのことである．源氏香の記号を文献 [19] から引用し図 2.32 に示しておく．例えば，5 本のたて棒を右から 1, 2, 3, 4, 5 とし，「夕顔」，「花宴」，「絵合」，「行幸」，「浮舟」をそれぞれ集合 [5] の分割で表すと，

$$\{\overline{2,3},\overline{1},\overline{4,5}\}, \quad \{\overline{1,3},\overline{2},\overline{4,5}\}, \quad \{\overline{2},\overline{1,4},\overline{3,5}\},$$
$$\{\overline{1,2,4},\overline{3,5}\}, \quad \{\overline{2},\overline{1,5},\overline{3,4}\}$$

のようになる．源氏香の遊びおよびその数理，さらに源氏香の記号の経緯については文献 [19] および [9] を参照するとよい．

2.6.3 数の分割

例 2.38 より，ボールと箱の第 4 カテゴリーは数の分割に対応することがわかった．数の分割は集合の分割と同様に初等的数え上げの重要なテーマの 1 つである．**正の整数 n の分割**とは n を任意個の正の整数の和として表す表し方であり，その分割を構成している各整数を**和因子，部分**または**成分**という．数 n の分割すべての個数を $p(n)$ で表す．k 個の和因子からなる数 n の分割を **n-k 分割**といい，その個数を $p(n,k)$ で表し，k 個以下の和因子からなる数 n の分割を $p^*(n,k)$ で表す．さらに，和因子の最大値が k であるもの，最大値が k 以下であるもの，それぞれの個数を $q(n,k), q^*(n,k)$ で表す．このとき，あきらかに

$$p^*(n,k) = \sum_{i=1}^{k} p(n,i),$$

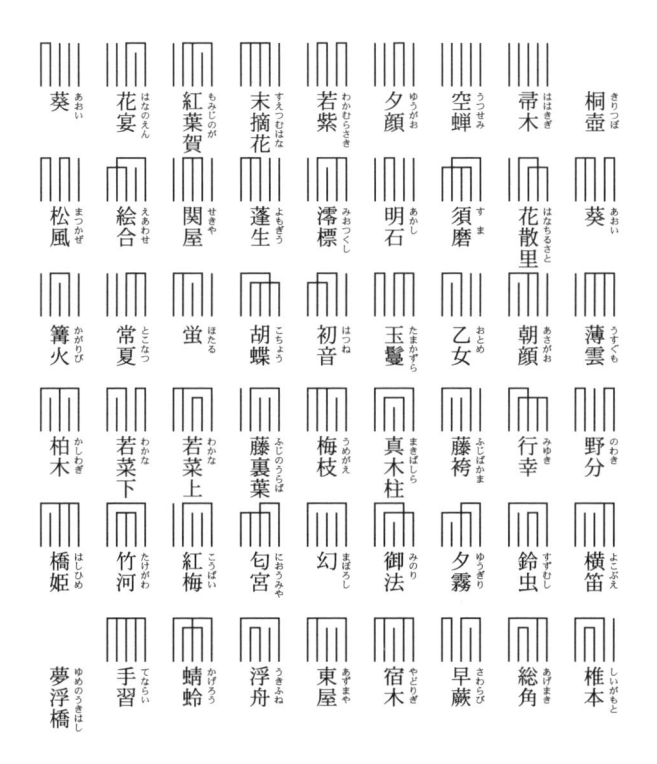

図 **2.32** 源氏香の記号.

$$q^*(n,k) = \sum_{i=1}^{k} q(n,i),$$
$$p(n) = p^*(n,n) = q^*(n,n)$$

が成り立つ.

例 2.39 例 2.38 の (2) より, 7-3 分割の個数は 4 であることが分かる. すなわち, $p(7,3) = 4$ である. さらに, 数 7 の分割で和因子の最大値が 3 であるものを書き並べてみると,

$$3+1+1+1+1, \quad 3+2+1+1, \quad 3+2+2, \quad 3+3+1$$

となり, $q(7,3) = 4$ である.

```
5 ● ● ● ● ●        4 ● ● ● ●        3 ● ● ●        3 ● ● ●
1 ●                2 ● ●            3 ● ● ●        2 ● ●
1 ●                1 ●              1 ●            2 ● ●
```

図 2.33 フェラーズ図形 1.

```
3 ● ● ●        3 ● ● ●        3 ● ● ●        3 ● ● ●
1 ●            2 ● ●          2 ● ●          3 ● ● ●
1 ●            1 ●            2 ● ●          1 ●
1 ●            1 ●
1 ●
```

図 2.34 フェラーズ図形 2.

例 2.39 において $p(7,3) = q(7,3)$ であることは偶然であろうか．実はこれは一般的に成り立つのである．これを示すために数の分割の図形表現を考える．例えば，7-3 分割 $5+1+1$ に対して和因子の大きい順にその数と同じ個数の ● を図 2.33 の左端の図形のように並べる．他の 7-3 分割 $4+2+1, 3+3+1, 3+2+2$ も同様に図 2.33 のようになる．一般に，この ● による行列図形は数の分割に対して一意に定まり，**フェラーズ図形**または**分割グラフ**と呼ばれる．

さて，この行列図形 2.33 の行と列を転置したものを描くと，図 2.34 となる．

これはそれぞれ，分割 $3+1+1+1+1, 3+2+1+1, 3+2+2, 3+3+1$, すなわち数 7 の分割で和因子の最大値が 3 であるものに対するフェラーズ図形になっている．一般に，n-k 分割のフェラーズ図形を転置すれば，数 n の分割で和因子の最大値が k であるもののフェラーズ図形となり，逆も成り立つ．したがって，公式 (2.48) を得る．

$$p(n,k) = q(n,k). \tag{2.48}$$

次の公式は定義と公式 (2.48) より容易に得られる．

$$p^*(n,k) = q^*(n,k).$$

問 2.86 文献 [12] の p.58 から p.60 を参考にして，Mathematica を用い

て図 2.33 と 2.34 のフェラーズ図形を描け.

数の各種分割の生成アルゴリズムとプログラミングについては文献 [20] を参照するとよい. なお, n-k 分割の生成については次のような形で, 第 1 回日本情報オリンピック (1994 年 2 月 11 日) 問題の中の 1 問として出題されている.

問 2.87 n 個の碁石を k 個の箱の各々に 1 個以上ずつ残さず配りたい. 碁石および箱の区別をしないとき, 可能な配り方をすべて求めたい. 例えば, $n = 6, k = 3$ のとき, 411, 321, 222 の 3 通りある. n, k をキーボードから入力し, 結果を次の例のようにスクリーンに表示するプログラムを作りたい. アルゴリズムの要点を述べ, それに基づいたプログラムを書け. ただし, $k < 100$ とし, 出力がスクリーンの 1 画面 (80×24) におさまる程度の配り方 (高々500通り) しかない入力だけを考慮すればよい. また, 配り方は, 出力例 1 のように, 配り方を k 桁の $(n+1)$ 進数とみたときの大きい順に出力せよ.

(出力例 1)

$$n = 6, k = 3$$

可能な配り方は次の 3 通りあります.

411, 321, 222

(出力例 2)

$$n = 3, k = 5$$

可能な配り方はありません.

(出力例 3)

$$n = 10, k = -3$$

データエラーです.

ところで, 例 1.7 のお金の使い方の総数は, 数 $n - k \times (k+1)/2$ の分割成分と 1 から k までの数字からなる一般順列の個数に等しいことがわかる.

さて次に，数の各種分割の個数を求める問題に移ろう．次の公式は p, p^* の定義より容易に得られる．

$$p(n) = p^*(n, r) = \sum_{k=1}^{n} p(n, k) \quad (n \leq r), \tag{2.49}$$

$$p(n) = p^*(n, n) = p^*(n, n-1) + 1. \tag{2.50}$$

n-k 分割

$$n = n_1 + n_2 + \cdots + n_k \quad (n_i \geq 1)$$

に対して，両辺から次のように k を引くと

$$n - k = (n_1 - 1) + (n_2 - 1) + \cdots + (n_k - 1) \quad ((n_i - 1) \geq 0)$$

となり，これは数 $n-k$ の k 個以下の和因子への分割である．逆に両辺に k を加える同様の操作により，数 $n-k$ の k 個以下の和因子への分割から n-k 分割が得られる．したがって，次の漸化式を得る．

$$p(n, k) = \sum_{i=1}^{k} p(n-k, i) \quad (n > k). \tag{2.51}$$

ただし，$p(i, i) = p(i, 1) = 1, p(i, j) = 0 \; (i < j)$ である．さらに，漸化式 (2.51) の右辺が $p^*(n-k, k)$ に等しいこと，すなわち，

$$p(n, k) = p^*(n-k, k)$$

に注意すれば，次の漸化式を得る．

$$p^*(n, k) = p^*(n, k-1) + p^*(n-k, k) \quad (n > k). \tag{2.52}$$

ただし，$p^*(i, 1) = 1$ である．これらの公式において，公式 (2.48) より，$p(n)$ 以外の p と p^* を q と q^* で置き換えた等式も成り立つことがわかる．

問 2.88 (1) 漸化式 (2.51) を用いて $p(7, 3)$ を求めよ．
(2) 漸化式 (2.49), (2.50), および (2.52) を用いて $p(7)$ を求めよ．

問 2.89 (1) $p(2n, n) = p(n)$ を証明せよ．
(2) (1) および数の分割数の計算結果 (旧版の付録 B.11.3 を参照するとよい)

を用いて，$p(38,19)$ の値を求めよ．

例 2.40 数 n の分割で，和因子が相異なる分割の個数と和因子がすべて奇数である分割の個数の関係を調べてみよう．$n=7$ のとき，和因子が相異なる分割は

$$7, \quad 6+1, \quad 5+2, \quad 4+3, \quad 4+2+1$$

であり，和因子がすべて奇数である分割は

$$7, 5+1+1, 3+3+1, 3+1+1+1+1, 1+1+1+1+1+1+1$$

であり，共にその個数は 5 で等しい．実は，これは一般に成立することが例 2.41 で示される．

次に数の分割の母関数について述べることにしよう．和因子の最大値が k 以下である数 n の分割全体の個数 $q^*(n,k)$ の通常母関数を考える．一般の重複特性式 (2.19) を振り返るならば，まず和因子 1 の重複特性式は

$$1+x+x^2+\cdots+x^{\lambda\cdot 1}+\cdots = \frac{1}{1-x}$$

となることがわかる．同様に，和因子 i $(2 \leq i \leq k)$ については，λ 個の i があれば項 $x^{\lambda\cdot i}$ があること，すなわち和因子 i の重複特性は

$$\alpha(k) = \begin{cases} 1 & (k=\lambda\cdot i, \lambda \geq 0) \\ 0 & \text{その他} \end{cases}$$

であるから，和因子 i の重複特性式は

$$1+x^i+x^{2\cdot i}+\cdots+x^{\lambda\cdot i}+\cdots = \frac{1}{1-x^i}$$

となる．したがって，$q^*(n,k) = p(n)$ $(n \leq k)$ に注意すれば，次の母関数を得る．

$$\prod_{i=1}^{k} \frac{1}{1-x^i} = \sum_{n=0}^{k} p(n)x^n + \sum_{n=k+1}^{\infty} q^*(n,k)x^n. \tag{2.53}$$

また, $n \geq k$ に対して $p(n,k) = q(n,k) = q^*(n,k) - q^*(n,k-1)$ であるから, $q^*(n,k)$ と $q^*(n,k-1)$ の各々の母関数の差を考えると,

$$\prod_{i=1}^{k} \frac{1}{1-x^i} - \prod_{i=1}^{k-1} \frac{1}{1-x^i} = x^k \prod_{i=1}^{k} \frac{1}{1-x^i}$$

となる. したがって, 母関数 (2.53) は $p(n,k)$ ($n \geq k$) の母関数にもなる.

$$\prod_{i=1}^{k} \frac{1}{1-x^i} = \sum_{n=k}^{\infty} p(n,k) x^{n-k}. \tag{2.54}$$

問 2.90 母関数 (2.53) および (2.54) を用いて $p(7), p(19), q^*(20,19), p(7,3), p(37,19)$, および $p(38,19)$ の値を求めよ.

例 2.41 例 2.40 の具体的事例が一般に成り立つこと, すなわち, 和因子が相異なる n の分割の個数 (今, dpp(n) で表す) と和因子がすべて奇数である n の分割の個数 (今, oddpp(n) で表す) が等しいことを, 母関数を用いて証明してみよう. 前者の和因子 i の重複特性式は $(1+x^i)$ であるから, 個数関数 dpp(n) に対する次の通常母関数を得る.

$$\prod_{i=1}^{\infty} (1+x^i) = \sum_{n=0}^{\infty} \text{dpp}(n) x^n. \tag{2.55}$$

ここで, 右辺を次のように変形すると,

$$\prod_{i=1}^{\infty} (1+x^i) = \prod_{i=1}^{\infty} \frac{1-x^{2i}}{1-x^i} = \prod_{i=1}^{\infty} \frac{1}{1-x^{2i-1}}$$

となる. 上の変形で, 第 2 式の分母の x の偶数乗の項を分子の各項と約すことから第 3 式が得られることに注意せよ. ところで, 右辺の式 (第 3 式) は個数関数 oddpp(n) の通常母関数であることがわかる. すなわち,

$$\prod_{i=1}^{\infty} \frac{1}{1-x^{2i-1}} = \sum_{n=0}^{\infty} \text{oddpp}(n) x^n. \tag{2.56}$$

したがって, dpp(n) = oddpp(n) を得る.

問 2.91 母関数 (2.55) と母関数 (2.56) が等しいことを用いて, 例 2.41 の結果を確認せよ.

問 2.92 (1) 方程式 $\lambda_1 + 2\lambda_2 + \cdots + n\lambda_n = n$ の非負整数解 $(\lambda_1, \lambda_2, \cdots, \lambda_n)$ の個数は $p(n)$ に等しいことを示せ.

(2) 連立方程式

$$\begin{cases} \lambda_1 + 2\lambda_2 + \cdots + n\lambda_n = n \\ \lambda_1 + \lambda_2 + \cdots + \lambda_n = k \end{cases}$$

の非負整数解 $(\lambda_1, \lambda_2, \cdots, \lambda_n)$ の個数は $p(n, k)$ に等しいことを示せ.

例 2.37 (2) と 2.38 (2) を振り返り,それらの一般的表現である第 2 種スターリング数 $_nS_k$ に関する公式 (2.36) を観察すると,問 2.92 (2) の結果から公式 (2.36) の有限和の項が $p(n, k)$ 個であることが分かる.また,問 2.92 (1) の結果からベル数 B(n) に関する公式 (2.37) の有限和の項数は公式 (2.36) を用いるとすれば,$p(n)$ であることが分かる.

ところでこれまでに,数の分割数を計算するための漸化式や母関数を示してきた.第 2 種スターリング数 $_nS_k$ の場合には比較的簡明な閉じた式 (2.38) があったが,数の分割数 $p(n, k)$ の場合にはそれに相当する閉じた式はないのであろうか.最近,野崎昭弘氏が文献 [21] でその存在を示している.一般式を示すには差分方程式の解法の知識が必要なので,ここではいくつか具体的な式を文献 [21] から紹介しておこう.

例 2.42

$$p(n, 2) = \frac{2n - 1 + (-1)^n}{4},$$

$$p(n, 3) = \frac{6n^2 - 7 - 9(-1)^n + 8(\omega^n + \omega^{2n})}{72}.$$

ただし,ω は 1 の 3 乗根 (複素数),すなわち $\omega = (-1 + \sqrt{3}i)/2$ である.また,関数 $\lfloor x \rfloor (= x$ 以下の最大の整数$)$ および $\{x\}(= x$ に最も近い整数$)$ を用いて

$$p(n, 2) = \left\lfloor \frac{n}{2} \right\rfloor,$$

$$p(n, 3) = \left\{ \frac{n^2}{12} \right\},$$

$$p(n,4) = \left\lfloor \frac{2n^3 + 6n^2 - 9(1-(-1)^n)n + 144}{288} \right\rfloor$$

となる．

問 2.93 例 2.42 の各公式を n $(1 \leq n \leq 10)$ に対して計算し，漸化式や母関数を用いた計算結果と比較せよ．

数の分割の最後に当たって，集合の分割に関する公式 (2.35) を，一般順列とタイプ λ の集合の分割の関係すなわち 2.6.1 節で述べた第 3 カテゴリーと第 1 カテゴリーの関係に基づき，導いたことを思い起そう．より具体的に述べれば，初め区別のつかない箱への分配を区別のつく箱への分配と考え，その後，箱の区別を無視することによって，公式 (2.35) を導いたわけである．これと同様な関係が組合せと数の分割の間にないであろうか．初めに，第 4 カテゴリーの区別のつかない箱を区別のつく箱と考えたとき何が起るかを考えよう．例 2.38 (1) において，箱の区別がつかないために，図 2.30 に示す (a), (b), (c) はすべて同じ配り方となり，対応する 7 の分割 $2+2+3, 2+3+2, 3+2+2$ はすべて同じものとなった．箱の区別がつくとするとこれら 3 つの分割は異なることになる．このような和因子の順序を考えた数 n の分割を n の**組成**と呼び，その個数を $\mathrm{comp}(n)$ で表す．さらに，k 個の和因子からなる n の組成を **n-k 組成**といい，その個数を $\mathrm{comp}(n,k)$ で表す．

例 2.43 5 の組成をすべて書き並べると

5,

$4+1$, $1+4$, $3+2$, $2+3$,

$3+1+1$, $1+3+1$, $1+1+3$, $2+2+1$, $2+1+2$, $1+2+2$,

$2+1+1+1$, $1+2+1+1$, $1+1+2+1$, $1+1+1+2$,

$1+1+1+1+1$

となり，

$$\mathrm{comp}(5) = \sum_{k=1}^{5} \mathrm{comp}(5,k) = 1+4+6+4+1 = 16$$

である.

例 2.43 から n の組成と組合せ数の関係を推測することができるであろう. n-k 組成全体と $n-1$ 元集合 $[n-1]$ の $(k-1)$ 元部分集合全体の間に次のように写像 f を定める. n-k 組成 $\sigma = n_1 + n_2 + \cdots + n_k$ に対して

$$f(\sigma) = \{n_1, n_1+n_2, \cdots, n_1+n_2+\cdots+n_{k-1}\}.$$

この写像 f は全単射であることが分かる (問 2.94 (1) およびその解答を参照). したがって次の公式を得る.

$$\mathrm{comp}(n,k) = \binom{n-1}{k-1}. \tag{2.57}$$

問 2.94 (1) 例 2.43 の写像 f が全単射であることを $n=5, k=3$ に対して試せ.

(2) $\mathrm{comp}(n) = 2^{n-1}$ を示せ.

(3) $\mathrm{comp}(n,k)$ が不定方程式 $\sum_{i=1}^{k} x_i = n$ の正の整数解の個数に等しいことを示せ.

公式 (2.57) から, n-k 組成の和因子の順序を無視することによって, n-k 分割の個数 $p(n,k)$ に関する公式を導くことができるであろうか. 一般順列数の公式 (2.14) からタイプ λ の公式 (2.35) を導いたときのようにはうまくはいかない. というのは, n-k 組成の構成和因子を考慮しなければならず, 一律に扱うことができないからである. むしろ, n-k 分割と n-k 組成の直接的関係および問 2.92 の結果, 公式 (2.57), 問 2.94 (2) の結果などから, さほど簡明でない次のような等式を得るのみである.

$$\sum_{\substack{\lambda_1+2\lambda_2+\cdots+n\lambda_n=n \\ \lambda_1+\lambda_2+\cdots+\lambda_n=k}} \frac{k!}{\lambda_1!\lambda_2!\cdots\lambda_n!} = \binom{n-1}{k-1},$$

$$\sum_{\lambda_1+2\lambda_2+\cdots+n\lambda_n=n} \frac{(\lambda_1+\lambda_2+\cdots+\lambda_n)!}{\lambda_1!\lambda_2!\cdots\lambda_n!} = 2^{n-1}.$$

問 2.95 上の等式を例 2.43 で試せ.

2.6.4 写像 12 相

これまで，ボールと箱のモデルをもとにして，ボールと箱の 4 通りの同異性とボールの箱への 3 通りの配り方 (任意の配り方，1 対 1 の配り方，上への配り方) から起る 12 通りのカテゴリーを中心に据えて，順列，組合せ，分割などの数え上げ組合せ論の初等的概念を取り扱ってきた．順列や組合せの項や本節 (2.6 節) の初めにも述べたように，ボールと箱を 2 つの集合 (仮に A と B とする) に抽象化すると，ボールの箱への配り方は集合 A から集合 B への写像としてとらえることができる．しかしながら，この数学的形式化にはまだ不完全なところがある．それは各ボールや各箱の同異性，すなわち "区別がつくか否か" という通常の言葉が用いられていることである．そこで，このことを数学的により明確に形式化することから始めよう．初めに "ボールの同異性" を考える．

例 2.44 図 2.8 の単射 $f\colon [3] \longrightarrow [5]$ と図 2.35 の単射 g は，特にそれらの定義域が相異なる 3 個のボールの抽象化である 3 元集合 $[3] = \{1, 2, 3\}$ であることを意識して捉えると，それぞれ 5-3 順列 412 と 421 を表していることはすでに述べた通りである．ところで，f と g の定義域である 3 元集合 $[3]$ の要素 2 と 3 を入れ替えると，f は g となり g は f となる．このことをより形式的に述べると次のようになる (置換のサイクル表現については付録 A.4 を参照)．集合 $[3]$ 上の置換 π すなわち全単射 $\pi\colon [3] \longrightarrow [3]$ ($\pi = (1)(23)$) が存在して，任意の $x \in [3]$ に対して $f(x) = g(\pi(x))$ となる．このことが 5-3 順列 412 と 421 の 2 と 1 の順序を無視して 412 と 421 が同じものとみなすこと，または集合 $[3]$ の要素 2 と 3 を同じものとみなすことの数学的定式化である．

問 2.96 f を例 2.44 と同じ単射とする．5-3 順列 $142, 124, 214, 241$ それぞれを表現している単射 g に対して，例 2.44 の π に相当する置換をサイクル表現でそれぞれ求めよ．

さてここで，例 2.44 および問 2.96 の結果をより一般的に述べることによって "ボールの同異性" に対する数学的により明確な定義を与えることにしよう．写像 $f, g\colon A \longrightarrow B$ に対して，集合 A 上の全単射 π が存在して，任意の $x \in$

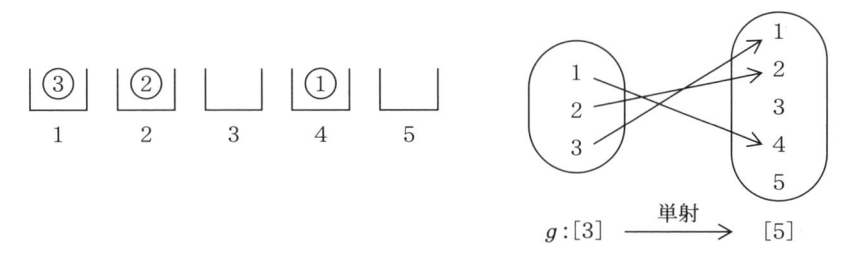

図 2.35　5-3 順列 421 の単射表現.

A に対して
$$f(x) = g(\pi(x))$$
となるとき，それらは集合 A 上の置換に関して**同等**であるといい，
$$f \sim g\ (A)$$
と書く．この関係 $\sim$ は集合 $\{f : A \longrightarrow B\}$ 上の同値関係であり (問 2.97 (1))，この同値類を考えることが A の要素を区別のつかないものとみなすこと，すなわち区別のつかないボールの配り方 (2.6.1 節で述べた第 2 カテゴリー) を考えることに相当する．

次に"箱の同異性"について考えよう．

例 2.45　図 2.29 に示されているボールの箱への配り方 (a) と (b) は集合 $[7]$ の分割 $\{\overline{1,2},\overline{3,4},\overline{5,6,7}\}$ に対応し，(c) は分割 $\{\overline{1,3},\overline{2,4},\overline{5,6,7}\}$ に対応することはすでに述べた通りである．箱に左から右へ $1,2,3$ と数字を付け，区別のつく箱と考えると，(a), (b), (c) は全射
$$f : [7] \longrightarrow [3]$$
の 1 つとなるから，それぞれ f_a, f_b, f_c で表すことにしよう．これらの値域である 3 元集合 $[3]$ の要素 1 と 2 を入れ替えると，f_a は f_b となり f_b は f_a となる．

このことをより形式的に述べると次のようになる．集合 $[3]$ 上の置換 σ すなわち全単射

$$\sigma\colon [3] \longrightarrow [3] \quad (\sigma = (12)(3))$$

が存在して，任意の $x \in [3]$ に対して

$$\sigma(f_a(x)) = f_b(x)$$

となる．このことが箱 1 と箱 2 の区別をなくし，配り方 (a) と (b) を同じものとみなすこと，すなわち (a) と (b) が集合 [7] の 1 つの分割に対応することの数学的定式化である．

例 2.45 をより一般的に述べることによって "箱の同異性" に対する数学的により明確な定義を与えることにしよう．写像 $f, g\colon A \longrightarrow B$ に対して，集合 B 上の全単射 σ が存在して，任意の $x \in A$ に対して

$$\sigma(f(x)) = g(x)$$

となるとき，それらは集合 B 上の置換に関して**同等である**といい，

$$f \sim g \; (B)$$

と書く．この関係 $\sim$ は集合 $\{f\colon A \longrightarrow B\}$ 上の同値関係であり (問 2.97 (2))，この同値類を考えることが B の要素を区別のつかないものとみなすこと，すなわちボールの区別のつかない箱への配り方 (2.6.1 節で述べた第 3 カテゴリー) を考えることに相当する．

次に "ボールと箱両方の同異性" について考えよう．

例 2.46 図 2.30 に示されているボールの箱への配り方 (a), (b), (c) はすべて数 7 の分割 $3+2+2$ に対応することはすでに述べた通りである．ボールに図 2.29 と同じように数字を付け，かつ箱に左から右へ $1, 2, 3$ と数字を付けると，区別のつくボールと区別のつく箱を考えることになり，(a), (b), (c) は全射

$$f\colon [7] \longrightarrow [3]$$

の 1 つとなる．それらをそれぞれ f_a, f_b, f_c で表すことにしよう．これらの定義域である 7 元集合 [7] の要素 2 と 3 を入れ替えると，f_a は f_c となり f_c は f_a となる．また値域である 3 元集合 [3] の要素 1 と 2 を入れ替えると，f_a は

f_b となり f_b は f_a となる．さらに，定義域である集合 [7] の要素 2 と 3 を入れ替え，値域である集合 [3] の要素 1 と 2 を入れ替えると，f_b は f_c となり f_c は f_b となる．

このことをより形式的に述べると次のようになる．集合 [7] 上の置換 π すなわち全単射

$$\pi \colon [7] \longrightarrow [7] \quad (\pi = (1)(23)(4)(5)(6)(7))$$

および集合 [3] 上の置換 σ すなわち全単射

$$\sigma \colon [3] \longrightarrow [3] \quad (\sigma = (12)(3))$$

が存在して，任意の $x \in [7]$ に対して

$$\sigma(f_b(x)) = f_c(\pi(x))$$

となる．つまり，集合 [7] 上の置換 π がボール 2 と 3 の区別をなくし，集合 [3] 上の置換 σ が箱 1 と 2 の区別をなくして，配り方 (a), (b), (c) をすべて同じものとみなすこと，すなわち (a), (b) および (c) が数 7 の 1 つの分割に対応することの数学的定式化である．

例 2.46 をより一般的に述べることによって "ボールと箱両方の同異性" に対する数学的により明確な定義を与えることにしよう．写像 $f, g \colon A \longrightarrow B$ に対して，集合 A 上の全単射 π および集合 B 上の全単射 σ が存在して，任意の $x \in A$ に対して

$$\sigma(f(x)) = g(\pi(x))$$

となるとき，それらは集合 A および集合 B 上の置換に関して**同等である**といい，

$$f \sim g \ (A \times B)$$

と書く．この関係 $\sim$ は集合 $\{f \colon A \longrightarrow B\}$ 上の同値関係であり (問 2.97 (3))，この同値類を考えることが A および B の要素を区別のつかないものとみなすこと，すなわち区別のつかないボールの区別のつかない箱への配り方 (2.6.1 節で述べた第 4 カテゴリー) を考えることに相当する．

問 2.97 集合 $\{f: A \longrightarrow B\}$ 上の次のそれぞれの関係は同値関係であることを示せ．

(1) $f \sim g\,(A)$,
(2) $f \sim g\,(B)$,
(3) $f \sim g\,(A \times B)$.

ここで，集合 $\{f: A \longrightarrow B\}$ 上の同値関係 $\sim$ と写像 f の 2 つの性質 (単射性および全射性) の関連について述べておこう．$f \sim g\,(A)$ であるとき，f が単射であるのは g が単射であるときかつこのときに限る．このとき，写像の単射性はこの同値関係と**両立する**という．他の 2 つの場合，すなわち $f \sim g\,(B)$ および $f \sim g\,(A \times B)$ であるときも同じことが成り立つ．同様に，全射性もこれらの同値関係と両立する．これらの証明は本書の範囲を少し超えていると思われるが問 2.98 で与えることにしよう．

問 2.98　(1) 写像の単射性は問 2.97 の同値関係 (1), (2) および (3) それぞれと両立することを示せ．
(2) 写像の全射性は問 2.97 の同値関係 (1), (2) および (3) それぞれと両立することを示せ．

これまでの考察により，同値関係 $\sim (A)$, $\sim (B)$, および $\sim (A \times B)$ はそれぞれ 2.6.1 節の初めに述べた第 2 カテゴリー，第 3 カテゴリー，第 4 カテゴリーに対する数学的により明確な定式化であること，さらに写像の単射性および全射性はそれぞれの同値関係と両立することが明らかになった．ここで，これらの抽象的性質に対する数え上げの視点からの具体的な意味を考えてみよう．

例えば，写像全体 $\{f: A \longrightarrow B\}$ 上の同値関係 $f \sim g\,(A)$ による同値類の個数はこの同等性に関して "異なる" 写像の個数，すなわち重複組合せの個数を意味する．また，写像の単射性がこの同値関係と両立するということは，$\{f\,|\,f: A \longrightarrow B\text{ は単射}\}$ 上の同値関係 $f \sim g\,(A)$ による同値類の個数はこの同等性に関して "異なる" 単射の個数，すなわち組合せの個数を意味する．さらに，写像の全射性がこの同値関係と両立するということは，$\{f\,|\,f: A \longrightarrow B\text{ は全射}\}$ 上の同値関係 $f \sim g\,(A)$ による同値類の個数はこの同等性に関し

て "異なる" 全射の個数，すなわち組成 (数の順序付き分割) の個数を意味する．他の 2 つの同値関係 $f \sim g\,(B)$ および $f \sim g\,(A \times B)$ についてもまったく同様なことが成り立つ．では，2.6.1 節の初めに述べた第 1 カテゴリー (相異なるボールの相異なる箱への分配) は上述の定式化の中でどのように解釈すれば得られるのであろうか．写像全体 $\{f: A \longrightarrow B\}$ 上の同値関係 $f \sim g\,(A \times B)$ において，A および B 上の置換として恒等写像のみを考える特別な場合から得られる．この特別な場合の同値関係による同値類はすべてただ 1 つの要素 (写像) から成っている．つまり，同値関係のことは忘れてただ単に，写像全体 $\{f: A \longrightarrow B\}$ を対象にして，任意の写像の個数，単射の個数，および全射の個数を求めればよいことになる．以上のことから，"写像 12 相" は写像の 12 通りの在り方を意味していることが分かるであろう．

ここで，写像 12 相の枠組みにおさまるこれまでの主な結果を表 2.1 にまとめてみよう．ただし，$|A|=k, |B|=n$ とし，"異"，"同" はそれぞれ "相異なる"，"区別がつかない" を表すものとする．また，写像 12 相の表は 4 行 3 列の 12 成分からなるので，第 1 行の各成分を第 1 相から第 3 相，第 2 行の各成分を第 4 相から第 6 相，第 3 行の各成分を第 7 相から第 9 相，第 4 行の各成分を第 10 相から第 12 相とする．すなわち，2.6.1 節の初めに述べた 1-(1), 1-(2), 1-(3) の各カテゴリーが第 1 相から第 3 相に，2-(1), 2-(2), 2-(3) の各カテゴリーが第 4 相から第 6 相に，3-(1), 3-(2), 3-(3) の各カテゴリーが第 7 相から第 9 相に，4-(1), 4-(2), 4-(3) の各カテゴリーが第 10 相から第 12 相に対応している．

ところで，通常の言葉で述べられる素朴な概念を数学的により抽象的な概念を用いて定めることにどのような意味があるのであろうか．ただ理解しにくくなるだけではないのかと思われる読者もいるであろう．写像 12 相の場合，集合 A と B 上の置換の概念を用いたわけであるが，この意味とその結果について少し触れておこう．

集合 A または B 上の置換全体は写像の合成演算のもとで群となり，これらの群から写像全体に作用する置換群が誘導される．写像 12 相の場合は第 1 から第 4 カテゴリーに対応する 4 種類の置換群が誘導され，各相の個数計算の問題が置換群論の土俵に乗ることになる．そこではコーシー-フロベニウスの

ボール (A)	箱 (B)	写像	単射	全射
異	異	1. n^k	2. $_n\mathrm{P}_k = (n)_k$	3. $\mathrm{S}(k,n)$
同	異	4. $_n\mathrm{H}_k = \left(\!\binom{n}{k}\!\right)$	5. $_n\mathrm{C}_k = \binom{n}{k}$	6. $\mathrm{comp}(k,n)$
異	同	7. $\sum_{i=1}^{n} {}_k\mathrm{S}_i$	8. $\begin{array}{l}1\ (k \leq n)\\ 0\ (k > n)\end{array}$	9. $_k\mathrm{S}_n$
同	同	10. $\sum_{i=1}^{n} p(k,i)$	11. $\begin{array}{l}1\ (k \leq n)\\ 0\ (k > n)\end{array}$	12. $p(k,n)$

表 2.1 写像 12 相の個数.

定理と呼ばれる置換群における個数計算に関する基本定理が重要な役割を果たすことになる．この定理によって統一的な視点と統一的な計算法が与えられ，第 1 から第 4 カテゴリーのような分類が理論的には表層的なものであることが分かる．例えば，公式 (2.7) や (2.38) を導くときに用いた関係式

$$_n\mathrm{C}_k = \frac{1}{k!} {}_n\mathrm{P}_k, \quad {}_k\mathrm{S}_n = \frac{1}{n!} \mathrm{S}(k,n)$$

などはコーシー-フロベニウスの定理のきわめて特別な場合として得られる．ただし，コーシー-フロベニウスの定理に基づく個々の具体的な計算が"楽"かどうかは別問題である．この辺のことは 3.2 節で明らかにする．

上に触れたことは集合 A および B 上の置換に関わること，すなわち写像 12 相の表の行 (ボールや箱の同異) に関わることであり，写像 $f: A \longrightarrow B$ の在り方すなわち写像 12 相の表の列 (ボールの箱への配り方) に関わることではないことに注意しよう．列の分類には 2.4 節で述べた"重複特性"が関わっていて，これを統一的に扱う方法としては母関数論が有効であることに気付くであろう．

2.7　母関数による扱い：その 2

2.4 節において，組合せ数や順列数などの数え上げ関数を係数としてもつ通常母関数や指数型母関数を扱った．そこでは，組合せや順列に関する対象の各

要素の重複特性がそれぞれの母関数を定める基本特性であった．集合や数の分割数についても同様の扱いによってそれぞれの母関数を求めることができた．本節においては，数え上げ関数に対する演算とそれに対応する母関数に対する演算を導入し，それらの結果を用いて漸化式で与えられている数え上げ関数の一般項を求めてみよう．数え上げ関数は通常，離散的数値関数または数列と呼ばれている．以下，特に断らない限り，母関数で通常母関数または指数型母関数を意味するものとする．

2.7.1 数え上げ関数とその母関数上の演算

数え上げ関数 $f(n)$ の母関数を $F(x)$ とする．任意の実数 λ に対して関数 f の**スカラー倍** λf を次のように定める．

$$\lambda f(n) = \lambda(f(n)).$$

このとき，その通常母関数は

$$\sum_{n \geq 0} \lambda f(n) x^n = \sum_{n \geq 0} \lambda(f(n)) x^n = \lambda \sum_{n \geq 0} f(n) x^n = \lambda F(x)$$

となる．指数型母関数の場合も同様である．すなわち，関数のスカラー倍の母関数は関数の母関数のスカラー倍となり，逆も成り立つ．

さらに，数え上げ関数 $g(n)$ の母関数を $G(x)$ とする．関数 f と g の**和** $f+g$ を次のように定める．

$$(f+g)(n) = f(n) + g(n).$$

このとき，その通常母関数は

$$\sum_{n \geq 0} (f+g)(n) x^n = \sum_{n \geq 0} (f(n) + g(n)) x^n$$
$$= \sum_{n \geq 0} f(n) x^n + \sum_{n \geq 0} g(n) x^n = F(x) + G(x)$$

となる．指数型母関数の場合も同様である．すなわち，関数の和の母関数はそれぞれの母関数の和となり，逆も成り立つ．

例 2.47 $f(n) = 2^n$, $g(n) = 3^n$ とする．

(1) $f(n)$ の通常母関数 $F(x)$ は
$$F(x) = \sum_{n \geq 0} 2^n x^n = \sum_{n \geq 0} (2x)^n = \frac{1}{1-2x}$$
である．

(2) $f(n)$ のスカラー倍 $5f(n)$ の通常母関数は $5F(x) = 5/(1-2x)$ となる．

(3) $f(n)$ と $g(n)$ の和の通常母関数は $1/(1-2x) + 1/(1-3x)$ となる．

(4) $5/(1-2x) + 1/(1-3x)$ は $5f(n) + g(n) = 5 \cdot 2^n + 3^n$ の通常母関数である．

ここで母関数論における無限級数に対する取り扱いについて少し触れておこう．例えば，
$$1 + z + z^2 + \cdots + z^n + \cdots$$
は解析的には $|z| < 1$ のもとで収束無限級数となり，$1/(1-z)$ に等しいことになるが，形式級数環の枠組みでは
$$(1-z)(1 + z + z^2 + \cdots + z^n + \cdots)$$
$$= 1 + z + z^2 + \cdots + z^n + \cdots - z - z^2 - \cdots - z^n - \cdots$$
$$= 1$$
となり，両辺を $1-z$ で割り
$$1 + z + z^2 + \cdots + z^n + \cdots = \frac{1}{1-z}$$
を得ることになる．ここではこれ以上深入りすることは止めるので，2.4 節の初めにも述べたように，母関数論の基礎については文献 [9] を参照してほしい．

数え上げ関数 f, g の母関数をそれぞれ $F(x), G(x)$ とするとき，積 $f(n) \cdot g(n)$ の母関数はそれぞれの母関数の積 $F(x) \cdot G(x)$ となるであろうか．これは成立しないことは容易に分かるであろう．そこで初めに，$F(x), G(x)$ をそれぞれ f, g の通常母関数とするとき，$F(x) \cdot G(x)$ の展開式の x^n の係数を考えてみよう．
$$F(x) \cdot G(x) = \left(\sum_{n \geq 0} f(n) x^n\right) \cdot \left(\sum_{n \geq 0} g(n) x^n\right)$$

$$= \sum_{n\geq 0}\left(\sum_{k=0}^{n} f(k)g(n-k)\right)x^n$$

となるから，$F(x)\cdot G(x)$ は数え上げ関数 $\sum_{k=0}^{n} f(k)g(n-k)$ の通常母関数であ数を $f*g(n)$ で表し，f と g の**たたみ込み**と呼ぶ．すなわち，

$$f*g(n) = \sum_{k=0}^{n} f(k)g(n-k) = \sum_{k=0}^{n} f(n-k)g(k)$$
$$= \sum_{i+j=n} f(i)g(j) \qquad (2.58)$$

である．したがって，関数のたたみ込みの通常母関数はそれぞれの通常母関数の積となり，逆も成り立つと言える．

指数型母関数の場合はどうであろうか．$F(x), G(x)$ をそれぞれ f, g の指数型母関数とするとき，$F(x)\cdot G(x)$ の展開式の $x^n/n!$ の係数を考えてみよう．

$F(x)\cdot G(x)$

$$= \left(\sum_{n\geq 0} f(n)\frac{x^n}{n!}\right)\cdot\left(\sum_{n\geq 0} g(n)\frac{x^n}{n!}\right)$$

$$= \left(\sum_{n\geq 0} \frac{f(n)}{n!}x^n\right)\cdot\left(\sum_{n\geq 0} \frac{g(n)}{n!}x^n\right) = \sum_{n\geq 0}\left(\sum_{i+j=n} \frac{f(i)}{i!}\frac{g(j)}{j!}\right)x^n$$

$$= \sum_{n\geq 0}\left(\sum_{i+j=n} \frac{n!}{i!\,j!}f(i)g(j)\right)\frac{x^n}{n!} = \sum_{n\geq 0}\left(\sum_{k=0}^{n} \binom{n}{k}f(k)g(n-k)\right)\frac{x^n}{n!}$$

となり，$F(x)\cdot G(x)$ は数え上げ関数 $\sum_{k=0}^{n}\binom{n}{k}f(k)g(n-k)$ の指数型母関数であることが分かる．

数え上げ関数 f と g のたたみ込み $f*g$ において $g(n)=1$ である?とき，定義式 (2.58) より

$$(f*1)(n) = \sum_{k=0}^{n} f(k)g(n-k) = \sum_{k=0}^{n} f(k)$$

となるが，これは f の**累積和**と呼ばれている．

例 2.48 分数式 $1/(6x^2 - 5x + 1)$ を通常母関数としてもつ数え上げ関数を求めてみよう．与えられた分数式の分母を因数分解し部分分数に展開すると，

$$\frac{1}{6x^2 - 5x + 1} = \frac{1}{(1 - 2x)(1 - 3x)} = \frac{3}{1 - 3x} - \frac{2}{1 - 2x}$$

となる．第2項はそれぞれ関数 $f(n) = 2^n$, $g(n) = 3^n$ の通常母関数 $1/(1-2x)$, $1/(1-3x)$ の積であるから，f と g のたたみ込み $\sum_{k=0}^{n} 2^k 3^{n-k}$ の通常母関数であり，右端の式は $3^{n+1} - 2^{n+1}$ の通常母関数である．したがって，求める数え上げ関数は

$$\sum_{k=0}^{n} 2^k 3^{n-k} = 3^{n+1} - 2^{n+1}$$

となる．また，上の等式は次の公式

$$a^{n+1} - b^{n+1} = (a - b) \sum_{k=0}^{n} a^k b^{n-k}$$

に $a = 3, b = 2$ を代入したものであることに注意せよ．

問 2.99 (1) 数え上げ関数 $f(n)$ の通常母関数を $F(x)$ とするとき，f の累積和の通常母関数を求めよ．

(2) 等比数列の和 $\sum_{k=0}^{n} 2^k = 2^{n+1} - 1$ の等式を母関数を用いて求めよ．

一般に，形式級数 $F(x)$ に対して

$$F(x) \cdot G(x) = 1$$

を満たす $G(x)$ が存在するとき，

$$G(x) = F(x)^{-1} = \frac{1}{F(x)}$$

と書くことに注意しよう．ただし，

$$1 = 1 + 0 \cdot x + 0 \cdot x^2 + \cdots + 0 \cdot x^n + \cdots$$

である．数え上げ関数に対するさらなる演算を定めることにしよう．数え上げ関数 f に対して f の **1 階差分** Δf または **前進差分** を次のように定め，Δ を

1 階差分演算子と呼ぶ.
$$\Delta f(n) = f(n+1) - f(n).$$
f の通常母関数を $F(x)$ とするとき, Δf の通常母関数は
$$\sum_{n \geq 0} \Delta f(n) x^n = \sum_{n \geq 0} f(n+1) x^n - \sum_{n \geq 0} f(n) x^n$$
$$= \frac{1}{x}(F(x) - f(0)) - F(x) \qquad (2.59)$$
となる. Δ の k 回繰り返し
$$\Delta^k f = \Delta(\Delta^{k-1} f)$$
を k **階差分演算子**と呼ぶ. 特に, $\Delta^k f(0)$ を 0 における f の k 階差分と呼ぶ. 次に, f の**後退差分** ∇f を次のように定め, ∇ を**後退差分演算子**と呼ぶ.
$$\nabla f(n) = \begin{cases} f(0) & (n=0) \\ f(n) - f(n-1) & (n \geq 1). \end{cases}$$
このとき, その通常母関数は
$$\sum_{n \geq 0} \nabla f(n) x^n = f(0) + \sum_{n \geq 1} f(n) x^n - \sum_{n \geq 1} f(n-1) x^n$$
$$= F(x) - xF(x) \qquad (2.60)$$
となる. さらに, f の**ずらし** Ef を次のように定め, E を**ずらし演算子**と呼ぶ.
$$Ef(n) = f(n+1).$$
このとき, その通常母関数は
$$\sum_{n \geq 0} Ef(n) x^n = \sum_{n \geq 0} f(n+1) x^n = \frac{1}{x}(F(x) - f(0)) \qquad (2.61)$$
となる.

これらの演算子の間に
$$\Delta = E - 1, \quad \nabla E = \Delta$$

が成り立つ (問 2.100). ただし，ここでは 1 は恒等演算子を表す．

問 2.100 $\Delta = E - 1$ および $\nabla E = \Delta$ が成り立つことを示せ．

例 2.49 数え上げ関数 $f(n) = 2^n$, $\Delta f(n) = 2^{n+1} - 2^n = 2^n$, および $Ef(n) = 2^{n+1}$ の通常母関数を上述の結果から求めてみよう．f の通常母関数は例 2.47 においてすでに示したように

$$F(x) = \frac{1}{1-2x}$$

である．Δf の母関数は公式 (2.59) より

$$\frac{1}{x}(F(x) - f(0)) - F(x) = \frac{1}{x}\left(\frac{1}{1-2x} - 1\right) - \frac{1}{1-2x}$$
$$= \frac{2}{1-2x} - \frac{1}{1-2x} = \frac{1}{1-2x}$$

となり，確かに $\Delta f(n) = 2^n = f(n)$ の通常母関数である．さらに，Ef の通常母関数は公式 (2.61) より

$$\frac{1}{x}(F(x) - f(0)) = \frac{1}{x}\left(\frac{1}{1-2x} - 1\right) = \frac{2}{1-2x}$$

となり，確かに $Ef(n) = 2^{n+1}$ の通常母関数である．

問 2.101 例 2.49 の f に対して，例 2.49 と同様に ∇f の通常母関数を求めよ．

例 2.50 公式 (2.59) および (2.61) を用いて，数え上げ関数 $f(n) = n$ の通常母関数

$$F(x) = \sum_{n \geq 0} nx^n$$

の閉じた形を求めてみよう．

$$\Delta f(n) = f(n+1) - f(n) = (n+1) - n = 1$$

であるから，Δf の通常母関数は $1/(1-x)$ となる．したがって，公式 (2.59) より，次の等式が成り立つ．

$$\frac{1}{x}(F(x) - f(0)) - F(x) = \frac{1}{1-x} \quad \text{より} \quad \left(\frac{1}{x} - 1\right)F(x) = \frac{1}{1-x}.$$

これを $F(x)$ について解いて，$F(x) = x/(1-x)^2$ を得る．また，

$$(\triangledown f)(n) = \begin{cases} f(0) = 0 & (n = 0) \\ f(n) - f(n-1) = n - (n-1) = 1 & (n \geq 1) \end{cases}$$

であるから，$\triangledown f$ の通常母関数は $x/(1-x)$ となる．したがって，公式 (2.60) より，次の等式が成り立つ．

$$F(x) - xF(x) = \frac{x}{1-x}.$$

これを $F(x)$ について解いて，

$$F(x) = \frac{x}{(1-x)^2}$$

を得る．

問 2.102 例 2.50 の f に対して，$Ef(n) = n+1$ であることを用いて，例 2.50 と同様に f の通常母関数の閉じた形を求めよ．

ところで，数え上げ関数 f の前進差分 Δf，後退差分 $\triangledown f$ またはずらし Ef の指数型母関数を f の指数型母関数を用いて表すことには触れなかったが，これらはできないのであろうか．結論を先に言えば，これまでに述べた形式級数のスカラー倍，和および積等の演算のみでは"できない"が，次に述べる"形式微分積分"の導入によって"できる"ことになる．

形式級数

$$F(x) = \sum_{n \geq 0} a_n x^n \quad (\text{一般に } a_n \text{ は複素数である})$$

に対して，その**形式導関数** $F'(x)$ を

$$F'(x) = \sum_{n \geq 0} n a_n x^{n-1} = \sum_{n \geq 0} (n+1) a_{n+1} x^n \tag{2.62}$$

によって定める．$F'(x)$ を $dF(x)/dx$ または $DF(x)$ で表すこともある．このとき，解析学でよく知られた"微分公式"が形式微分においてもまったく同様

に成り立ち，したがって "形式的微積分論" が展開できる．解析学 (の関数論) においては，級数は関数の一表現であり，その収束発散が論議の中心であるが，形式級数論においては，係数が有限回の形式的操作によって定まるかどうかが問題であり，この意味で形式級数列の "収束" の概念が導入される．

では，関数論と形式級数論の間にどのような関係があるのであろうか．これに対しては次の原理が成立する．

> "形式級数 $F(x)$ を x の関数とみなしたとき，その関数に関する恒等式は，その式に含まれる演算すべてが形式級数に対してもうまく定められるならば，形式級数の恒等式としてもそのまま成立する"

前にも述べたように，この辺の詳細については文献 [9] を参照してほしい．

問 2.103 次の公式は関数論的にも，また形式級数論的にも成り立つことを示せ．
$$\left(\sum_{n\geq 0}\frac{x^n}{n!}\right) \cdot \left(\sum_{n\geq 0}(-1)^n\frac{x^n}{n!}\right) = 1.$$

一般に，形式級数
$$F(x) = \sum_{n\geq 0} a_n x^n$$
の a_0 を $F(0)$ で表すことにする．$G(0)$ が与えられているとき，$G'(x) = F(x)$ となる $G(x)$ を $F(x)$ の**形式積分**と呼び，
$$\int F(x)\,dx$$
で表す．すなわち，
$$\int F(x)\,dx = G(0) + \sum_{n\geq 0}\frac{a_n}{n+1}x^{n+1} \tag{2.63}$$
である．また，このとき，$G(x) - G(0)$ を
$$\int_0^x F(x)\,dx$$
で表す．すなわち，

$$\int_0^x F(x)\,dx = G(x) - G(0) = \sum_{n \geq 0} \frac{a_n}{n+1} x^{n+1} \tag{2.64}$$

である．定義式 (2.62) から (2.64) において，数え上げ関数 $f(n)$ に対して $a_n = f(n)$，および $f(n)/n!$ とするとき，それぞれ f の通常母関数，指数型母関数の形式微分および形式積分となることに注意しよう．

さてここで，ずらし Ef，前進差分 Δf，および後退差分 ∇f の指数型母関数を考える．f の指数型母関数を $F(x)$ とする．定義式 (2.62) において，$a_n = f(n)/n!$ とおくとき，

$$F'(x) = \sum_{n \geq 0} (n+1) \frac{f(n+1)}{(n+1)!} x^n = \sum_{n \geq 0} f(n+1) \frac{x^n}{n!}$$

であるから，次の公式を得る．

$$\sum_{n \geq 0} Ef(n) \frac{x^n}{n!} = F'(x) \tag{2.65}$$

また，

$$\sum_{n \geq 0} (f(n+1) - f(n)) \frac{x^n}{n!} = \sum_{n \geq 0} f(n+1) \frac{x^n}{n!} - \sum_{n \geq 0} f(n) \frac{x^n}{n!}$$

であるから，次の公式を得る．

$$\sum_{n \geq 0} \Delta f(n) \frac{x^n}{n!} = F'(x) - F(x). \tag{2.66}$$

さらに，

$$f(0) + \sum_{n \geq 1} (f(n) - f(n-1)) \frac{x^n}{n!} = \sum_{n \geq 0} f(n) \frac{x^n}{n!} - \sum_{n \geq 0} f(n) \frac{x^{n+1}}{(n+1)!}$$

であり，定義式 (2.46) において，$a_n = f(n)/n!$ とおくと，

$$\int_0^x F(x)\,dx = \sum_{n \geq 0} \frac{f(n)}{(n+1)!} x^{n+1} = \sum_{n \geq 0} f(n) \frac{x^{n+1}}{(n+1)!}$$

であるから，次の公式を得る．

$$\sum_{n \geq 0} \nabla f(n) \frac{x^n}{n!} = F(x) - \int_0^x F(x)\,dx. \tag{2.67}$$

例 2.51 例 2.49 において，数え上げ関数 $f(n) = 2^n$, $Ef(n) = 2^{n+1}$, および $\Delta f(n) = 2^{n+1} - 2^n = 2^n$ の通常母関数を求めたが，ここでは，上述の結果からこれらの数え上げ関数の指数型母関数を求めてみよう．f の指数型母関数 $F(x)$ は

$$F(x) = \sum_{n \geq 0} 2^n \frac{x^n}{n!} = \sum_{n \geq 0} \frac{(2x)^n}{n!} = e^{2x}$$

である．Ef の指数型母関数は公式 (2.65) より

$$F'(x) = 2e^{2x}$$

となり，確かに $Ef(n) = 2^{n+1}$ の指数型母関数である．さらに，Δf の母関数は公式 (2.66) より

$$F'(x) - F(x) = 2e^{2x} - e^{2x} = e^{2x}$$

となり，確かに $\Delta f(n) = 2^n = f(n)$ の指数型母関数である．

問 2.104 例 2.51 の f に対して，例 2.51 と同様に $\triangledown f$ の指数型母関数を求めよ．

例 2.52 例 2.50 において，数え上げ関数 $f(n) = n$, $\Delta f(n) = (n+1) - (n) = 1$, および $\triangledown f$ の通常母関数を求めたが，ここでは，公式 (2.66) と (2.67) を用いてこれらの数え上げ関数の指数型母関数を求めてみよう．f の指数型母関数 $F(x)$ は

$$F(x) = \sum_{n \geq 0} n \frac{x^n}{n!} = \sum_{n \geq 1} \frac{x^n}{(n-1)!} = x \sum_{n \geq 0} \frac{x^n}{n!} = x\, e^x$$

である．Δf の母関数は公式 (2.66) より

$$F'(x) - F(x) = (1+x)e^x - x\, e^x = e^x$$

となり，確かに $\Delta f(n) = 1$ の指数型母関数である．さらに，$\triangledown f$ の指数的母関数は公式 (2.67) より

$$F(x) - \int_0^x F(x)\, dx = x\, e^x - (e^x - e^x - (-1)) = e^x - 1$$

となる．確かに ∇f の指数的母関数である．

問 2.105 例 2.52 の f に対して，例 2.52 と同様に Ef の指数型母関数を求めよ．

これまで数え上げ関数とその母関数に対する基本的演算について述べてきたが，ここに，たたみ込みや差分および形式微分などにかかわる少し進んだ公式を述べておくことにしよう．

初めに，公式 (2.22) を示したときに触れたが，2 項係数を拡張すること，すなわち 2 項定理 (2.20) を次のように形式級数論的に拡張しておく．$F(0) = 0$ を満たす形式級数 (より正確には形式べき級数)$F(x)$ と任意の複素数 λ に対して，次のように形式級数を定める．

$$(1 + F(x))^\lambda = \sum_{k \geq 0} \binom{\lambda}{k} F(x)^k. \qquad (2.68)$$

ただし，

$$\binom{\lambda}{k} = \frac{\lambda(\lambda-1)\cdots(\lambda-k+1)}{k!}, \quad \binom{\lambda}{0} = 1$$

である．公式 (2.68) は，$\lambda = n$ (負でない整数)，$F(x) = x$ のとき，公式 (2.20) になることは明らかであり，公式 (2.20) の自然な拡張になっていることが分かる．

問 2.106 公式 (2.22) を公式 (2.68) の特別な場合を用いて形式級数論的に導け．

例 2.53 等式

$$(1+x)^\lambda (1+x)^\mu = (1+x)^{(\lambda+\mu)}$$

から次の公式を導くことができる．

$$\sum_{i+j=n} \binom{\lambda}{i}\binom{\mu}{j} = \binom{\lambda+\mu}{n}. \qquad (2.69)$$

なぜなら，等式の左辺は数え上げ関数 $\binom{\lambda}{i}$ と $\binom{\lambda}{j}$ それぞれの通常母関数の

積であるから，その x^n の係数は定義式 (2.58) より，それらの関数のたたみ込み，すなわち公式 (2.69) の左辺であり，等式の右辺の x^n の係数は公式 (2.68) より，公式 (2.69) の右辺そのものであることから，公式 (2.69) は導かれる．

ここで，公式 (2.22) と公式 (2.69) を用いて，ここに初めて公表する次の公式を証明してみよう．

$$\sum_{i+j=m}(-1)^j\binom{x-n}{i}\binom{x-i}{j}=(-1)^m\binom{n}{m}. \tag{2.70}$$

ただし，x は不定元で，m は負でない整数である．x は不定元であるが整数の範囲で示せば十分である．

$$\sum_{i+j=m}(-1)^j\binom{x-n}{i}\binom{x-i}{j}=\sum_{i+j=m}\binom{x-n}{i}\left\{(-1)^j\binom{-(i-x)}{j}\right\}$$

({ } の部分に公式 (2.22) を用いて)

$$=\sum_{i+j=m}\binom{x-n}{i}\binom{i-x+j-1}{j}=\sum_{i+j=m}\binom{x-n}{i}\binom{m-x-1}{j}$$

(公式 (2.69) を用いて)

$$=\binom{x-n+m-x-1}{m}=\binom{-n+m-1}{m}$$

(公式 (2.22) において n を $-n$，k を m として)

$$=(-1)^m\binom{n}{m}.$$

以上のように簡明な証明を与えることができる．公式 (2.70) は左辺を x の多項式とみなしたとき，定数項以外の x のべきの係数がすべて 0 であることを示していることに注意せよ．

問 2.107 $n=5, m=4$ に対して，公式 (2.70) を試せ．

さてここで，恒等式 (2.44) と恒等式 (2.45) が互いに他の "反転" の形になっていたこと，すなわちベクトル $(x^1, x^2, \cdots, x^k)$ と $((x)_1, (x)_2, \cdots, (x)_k)$ を結

びつける第 2 種スターリング数と第 1 種スターリング数それぞれからなる三角行列 S と s が互いに他の逆行列となっていたことを思い起そう．このような関係で 2 項係数に関するより簡明な公式を述べることにしよう．

2 項係数 $\binom{k}{i}$ を $(k+1, i+1)$ 成分とする三角行列 (対角線の右上の成分すべてが 0) と $(-1)^{k-i}\binom{k}{i}$ を $(k+1, i+1)$ 成分とする三角行列が互いに他の逆行列になる (問 2.108) ことから，次の命題を得る．

$$a_k = \sum_{i=0}^{k} \binom{k}{i} b_i \iff b_k = \sum_{i=0}^{k} (-1)^{k-i} \binom{k}{i} a_i. \tag{2.71}$$

これは **2 項係数の反転公式**と呼ばれている．

問 2.108 2 項係数 $\binom{k}{i}$ を $(k+1, i+1)$ 成分とする三角行列と $(-1)^{k-i}\binom{k}{i}$ を $(k+1, i+1)$ 成分とする三角行列が互いに他の逆行列になることを示せ．

2 項係数の反転公式 (2.71) の典型的な応用を与えておこう．例 2.30 で述べた全射 $f: [n] \longrightarrow [k]$ の個数 $S(n, k)$ に関する公式 (2.26) を，公式 (2.71) を用いて導いてみよう．

まず，写像全体 $\{f: [n] \longrightarrow [k]\}$ を f の値域によって分類することから，容易に，公式 (2.71) の左辺に相当する次の等式が得られる．

$$k^n = \sum_{i=0}^{k} \binom{k}{i} S(n, i). \tag{2.72}$$

これは公式 (2.71) の左辺において $a_k = k^n$, $b_i = S(n, i)$ とおいた場合であり，これに反転公式を適用することにより，公式 (2.71) の右辺に相当する次の等式を得る．

$$S(n, k) = \sum_{i=0}^{k} (-1)^{k-i} \binom{k}{i} i^n = \sum_{i=0}^{k} (-1)^i \binom{k}{i} (k-i)^n.$$

これはまさに公式 (2.26) である．例 2.30 においては指数的母関数を用いて，例 2.34 においてはふるい分けの公式を用いて，公式 (2.26) を導いたわけであるが，これらの導き方と比較し，反転公式を用いた導き方はより簡明であることが分かるであろう．すなわち，簡明な等式を反転することによって，より複

雑な等式を得ることができるわけである．また，公式 (2.72) を次のように変形することによって，公式 (2.44) ($x=k, k=i$ の場合) が得られる．

$$k^n = \sum_{i=0}^{k} \binom{k}{i} S(n,i) = \sum_{i=0}^{k} \frac{(k)_i}{i!} S(n,i) = \sum_{i=0}^{k} \frac{S(n,i)}{i!}(k)_i = \sum_{i=0}^{k} {}_nS_i(k)_i.$$

2 項係数の反転公式 (2.71) のもう 1 つの応用例として，差分に関するある公式を示すことにしよう．$f(n)$ を数え上げ関数とする．まず次の等式を得る．

$$f(k) = E^k f(0) = (1+\Delta)^k f(0) = \sum_{i=0}^{k} \binom{k}{i} \Delta^i f(0). \qquad (2.73)$$

これは公式 (2.71) の左辺において $a_k = f(k)$, $b_i = \Delta^i f(0)$ と置いた場合であり，これを反転し，公式 (2.71) の右辺に相当する次の等式を得る．

$$\Delta^k f(0) = \sum_{i=0}^{k} (-1)^{k-i} \binom{k}{i} f(i). \qquad (2.74)$$

次のように直接変形し，この等式を得ることもできる．

$$\Delta^k f(0) = (E-1)^k f(0) = \sum_{i=0}^{k} (-1)^{k-i} \binom{k}{i} E^i f(0)$$

$$= \sum_{i=0}^{k} (-1)^{k-i} \binom{k}{i} f(i).$$

公式 (2.73) は $f(k)$ が 0 における f の差分列

$$f(0), \Delta f(0), \Delta^2 f(0), \cdots, \Delta^k f(0)$$

によって定まることを示し，公式 (2.74) は逆に 0 における f の k 階差分 $\Delta^k f(0)$ が関数値列

$$f(0), f(1), f(2), \cdots, f(k)$$

によって定まることを示している．

問 2.109 (1) $f(k) = k^4$ に対して，公式 (2.74) を用いて 0 における f の差分列 $f(0), \Delta f(0), \Delta^2 f(0), \cdots$ を求めよ．

(2) $f(k) = 3^k$ に対して，0 における f の差分列 $f(0), \Delta f(0), \Delta^2 f(0), \cdots$ を求めよ．

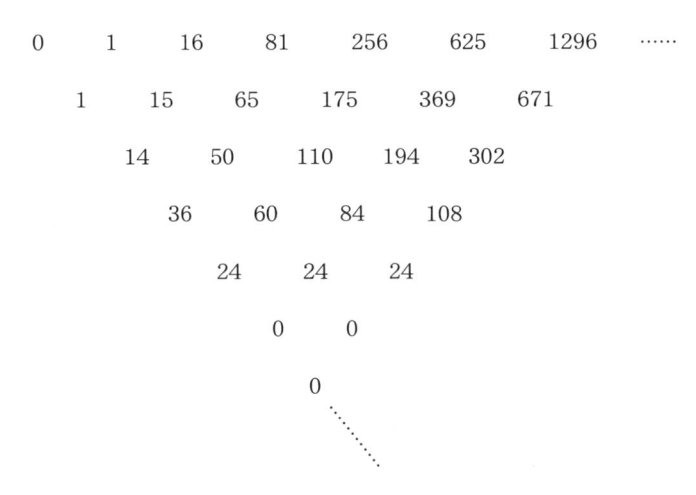

```
        0      1     16     81    256    625    1296  ......
            1     15     65    175    369    671
              14     50    110    194    302
                 36     60     84    108
                    24     24     24
                       0      0
                          0
```

図 2.36 問 2.109 (1) の差分列を求めるための差分表.

問 2.109 (1) の差分列は図 2.36 のように差分表を作ることによって求めることもできる．第 1 行は関数値列 $f(0), f(1), f(2), \cdots$ であり，第 $i+1$ 行は第 i 行の数値列に対する差分列である．その結果，求める差分列が 0 から右下に向かってできる．

問 2.109 (1) の差分列において，$i \geq 5$ のとき $\Delta^i f(0) = 0$ となることを説明しておこう．公式 (2.73) と問 2.109 (1) の結果から，次の恒等式を得る．

$$k^4 = \binom{k}{1} + 14\binom{k}{2} + 36\binom{k}{3} + 24\binom{k}{4} + \sum_{i=5}^{k} \Delta^i f(0) \binom{k}{i}.$$

この恒等式の両辺を k に関する多項式とみなすと，左辺は 4 次式であるから右辺も 4 次式でなければならない．$\binom{k}{i}$ は k に関して i 次式であるから，$i \geq 5$ なるある i に対して $\Delta^i f(0) \neq 0$ とすると，右辺は k に関する 5 次以上の式となり，これは 4 次式であることに反する．したがって，$i \geq 5$ のとき $\Delta^i f(0) = 0$ となる．

ところで，$f(m) = m^n$ に対して公式 (2.73) より，次の等式を得る．

$$m^n = \sum_{k=0}^{m} \binom{m}{k} \Delta^k 0^n. \tag{2.75}$$

ただし，$\Delta^k 0^n$ は $\Delta^k f(0)$ を表す．公式 (2.75) と公式 (2.72) ($k = m, i = k$ の場合) を m に関する多項式とみなし，これらの右辺を比較することにより，次の等式を得る．

$$S(n,k) = \Delta^k 0^n. \tag{2.76}$$

これより一般に，$k \geq n+1$ のとき $\Delta^k 0^n = 0$ となる．また，公式 (2.74) より

$$\Delta^k 0^n = \sum_{i=0}^{k} (-1)^{k-i} \binom{k}{i} i^n.$$

であり，これと公式 (2.76) から公式 (2.26) が得られることに注意せよ．

2 項係数の反転公式は組合せ論における反転公式の 1 つの具体例であり，より本質的な部分は順序集合上のメービウス関数によって把握され，MIT の G.-C. Rota によってその一般論が展開されるとともに，その後 Rota スクールの人々によって多くの成果が得られた．順序集合上のメービウス関数がいかなるのもであるかを概観するには文献 [11] を参照していただくことにし，本書の範囲を超えることになるので，ここではこれ以上深入りすることは止めることにしよう．

数え上げ関数とその差分の関係を示したので，ここに，形式べき級数の係数と形式微分の関係も述べて本節を終えることにしよう．定義式 (2.62) において，形式べき級数

$$F(x) = \sum_{n \geq 0} a_n x^n$$

に対して，その形式導関数 $F'(x)$ を定めたが，ここでその**形式 n 次導関数** $F^{(n)}(x)$ を

$$F^{(n)}(x) = \begin{cases} F(x) & (n = 0) \\ \{F^{(n-1)}(x)\}' & (n \geq 1) \end{cases}$$

によって定める．これを単に F の**形式 n 回微分**とも呼ぶ．このとき

$$a_n = \frac{F^{(n)}(0)}{n!} \tag{2.77}$$

が成り立つ．解析学においても，$F(x)$ を整級数とするとき同様の公式が成り

立つ．それは解析学において大変重要な公式の 1 つである．公式 (2.77) については，先に述べた形式級数論と関数論の間に成り立つ原理に注目すれば，その取り扱いは容易である．また，次のことに注意せよ．

$$f(n) = \begin{cases} F^{(n)}(0)/n! & (F \text{ が数え上げ関数 } f \text{ の通常母関数のとき}) \\ F^{(n)}(0) & (F \text{ が数え上げ関数 } f \text{ の指数型母関数のとき}). \end{cases}$$

例 2.54 例 2.47 で述べたように，数え上げ関数 $f(n) = 2^n$ の通常母関数 $F(x)$ は

$$\frac{1}{1-2x} = (1-2x)^{-1}$$

であるが，この $F(x)$ を関数論的に扱うと

$$F^{(n)}(x) = 2^n n! (1-2x)^{-(n+1)}$$

となり，確かに

$$f(n) = \frac{F^{(n)}(0)}{n!} = 2^n$$

となる．また，例 2.51 で述べたように，$f(n) = 2^n$ の指数型母関数 $F(x)$ は e^{2x} であった．実際，$e^{2x} = e^x \cdot e^x$ であり，e^x は数え上げ関数 $f(n) = 1$ の指数型母関数であるから，e^{2x} は指数型母関数の積と考えることができ，

$$\sum_{k=0}^{n} \binom{n}{k} f(k) f(n-k) = \sum_{k=0}^{n} \binom{n}{k} 1 \cdot 1 = (1+1)^n = 2^n$$

の指数型母関数となる．この $F(x) = e^{2x}$ を関数論的に扱うと

$$F^{(n)}(x) = 2^n e^{2x}$$

となり，確かに $f(n) = F^{(n)}(0) = 2^n$ となる．

問 2.110 $F(x) = 1/\sqrt{1-x}$ を指数型母関数とする数え上げ関数 $f(n)$ を形式級数論的に，および関数論的に求めよ．

2.7.2 漸化式の母関数による解法

数え上げ関数，一般に，数列が漸化式で与えられているとき，その一般項を求めることをその**漸化式を解く**といい，その解き方を解法と呼ぶ．

高校の教科書に載っているいくつかの漸化式の高校での解法から始めよう．通常，数列は a_n で表されるが，これまでの本書の流れから $f(n)$ で表すことにする．

例 2.55 漸化式

$$f(n) = \begin{cases} 0 & (n = 0) \\ f(n-1) + n & (n \geq 1) \end{cases}$$

を考える．

$$f(1) - f(0) = 1, f(2) - f(1) = 2, \cdots, f(n) - f(n-1) = n$$

であるから，辺々加えて

$$f(n) = \sum_{k=1}^{n} k + f(0) = \frac{1}{2}n(n+1)$$

を得る．これは $n = 0$ のときも与式を満たす．

例 2.56 漸化式

$$f(n) = \begin{cases} 0 & (n = 0) \\ 2f(n-1) + 3 & (n \geq 1) \end{cases}$$

を考える．

$$f(n) + 3 = 2(f(n-1) + 3) = \cdots = 2^n(f(0) + 3) = 3 \cdot 2^n$$

となるから，

$$f(n) = 3(2^n - 1)$$

を得る．これは $n = 0$ のときも与式を満たす．

例 2.57 漸化式

$$f(n) = \begin{cases} 0 & (n = 0) \\ 1 & (n = 1) \\ 5f(n-1) - 6f(n-2) & (n \geq 2) \end{cases}$$

を考える.

$$f(n) - \alpha f(n-1) = \beta(f(n-1) - \alpha f(n-2))$$

とおくと，与式と比較して

$$\alpha + \beta = 5, \quad \alpha \cdot \beta = 6$$

となり，これらは**特性方程式**と呼ばれる t に関する方程式

$$t^2 - 5t + 6 = 0$$

の解 (**特性解**と呼ばれる)，すなわち $\alpha = 2, \beta = 3$ である．したがって，

$$f(n) - 2f(n-1) = 3(f(n-1) - 2f(n-2))$$
$$= 3^2(f(n-2) - 2f(n-3)) = \cdots = 3^{n-1}(f(1) - f(0)) = 3^{n-1}$$

となり，

$$f(n) = 2f(n-1) + 3^{n-1}$$

を得る．さらに，これは

$$f(n) = 2f(n-1) + 3^{n-1} = 2^2 f(n-2) + 2 \cdot 3^{n-2} + 3^{n-1}$$
$$= \cdots = 2^{n-1}f(1) + 2^{n-2} \cdot 3 + \cdots + 2 \cdot 3^{n-2} + 3^{n-1}$$

となるから，

$$f(n) = \sum_{k=0}^{n-1} 2^{n-1-k} 3^k = 3^n - 2^n$$

を得る．これは $n = 0, 1$ のときも与式を満たす.

一般に，特性方程式の 2 つの解 α と β が異なるとき

$$f(n) = c_1\alpha^n + c_2\beta^n$$

となる.ただし,c_1 と c_2 は初期条件によって定まる定数である.上の例では,実際,初期条件 $f(0) = 0$ と $f(1) = 1$ より c_1 と c_2 に関する連立方程式

$$\begin{cases} c_1 + c_2 = 0 \\ 2c_1 + 3c_2 = 1 \end{cases}$$

を解いて,$c_1 = -1, c_2 = 1$ を得る.

問 2.111 次の漸化式の解を求めよ.

$$f(n) = \begin{cases} 0 & (n = 0) \\ 1 & (n = 1) \\ 4f(n-1) - 4f(n-2) & (n \geq 2). \end{cases}$$

例 2.55 や例 2.56 の漸化式を一般的に表せば,

$$af(n) + bf(n-1) = g(n) \tag{2.78}$$

となる.ただし,a, b は 0 でない定数,$g(n)$ は n の関数でその値は正とは限らない.この漸化式は**定数係数の 1 階線形漸化式**または**定数係数の 1 階線形差分方程式**と呼ばれている.

この漸化式に対する母関数による解法は次のようなものである.$f(n)$ の通常母関数を $F(x)$ で表し,$\sum_{n \geq 0} g(n)x^n$ を $G(x)$ で表す.漸化式 (2.78) の両辺に x^n を掛け,$n \geq 1$ なる n について加えると,

$$\sum_{n \geq 1}(af(n) + bf(n-1))x^n = \sum_{n \geq 1} g(n)x^n$$

となる.この等式の左辺は

$$a\sum_{n \geq 1} f(n)x^n + b\sum_{n \geq 1} f(n-1))x^n$$

$$= a(F(x) - f(0)) + bx\sum_{n \geq 1} f(n-1)x^{n-1}$$

のように変形でき，さらに
$$bx \sum_{n \geq 1} f(n-1)x^{n-1} = bx \sum_{n \geq 0} f(n)x^n = bxF(x)$$
となるから，結局，等式
$$a(F(x) - f(0)) + bxF(x) = G(x) - g(0)$$
を得る．これを $F(x)$ について解き，
$$F(x) = \frac{1}{a+bx}(G(x) - g(0) + af(0)) \tag{2.79}$$
となる．

この式を見れば，$G(x)$ が閉じた式になるならば $F(x)$ も閉じた式になることが分かる．このときは，母関数 $F(x)$ に対する基本操作により $f(n)$ を求めることができるならば，漸化式 (2.78) を解くことができる．

例 2.58 定数係数の 1 階線形漸化式の一般形 (2.78) において
$$a = 1, \quad b = -1, \quad g(n) = n, \quad f(0) = 0$$
とすると，例 2.55 の漸化式となる．例 2.50 より，
$$G(x) = \sum_{n \geq 0} g(n)x^n = \sum_{n \geq 0} nx^n = \frac{x}{(1-x)^2}$$
であるから，この漸化式の通常母関数 $F(x)$ は公式 (2.79) を用いれば，
$$F(x) = \frac{1}{1-x} \cdot G(x) = \frac{x}{(1-x)^3}$$
となる．ここで，$1/(1-x)$ は数え上げ関数 $h(n) = 1$ の通常母関数であること，および問 2.99 (1) の結果に注意すれば，$F(x)$ は $g(n) = n$ の累積和，すなわち
$$\sum_{k=0}^{n} k = \frac{1}{2}n(n+1)$$
の通常母関数であることが分かり，
$$f(n) = \frac{1}{2}n(n+1)$$

を得る．これはもちろん例 2.55 の漸化式の解である．

例 2.59 例 2.58 と同様に一般形 (2.78) において
$$a = 1, \quad b = -2, \quad g(n) = 3, \quad f(0) = 0$$
と置くと，例 2.56 の漸化式となる．
$$G(x) = \sum_{n \geq 0} g(n) x^n = 3 \sum_{n \geq 0} x^n = \frac{3}{1-x}$$
であるから，この漸化式の通常母関数 $F(x)$ は公式 (2.79) を用いれば，
$$F(x) = \frac{1}{1-2x} \cdot (G(x) - g(0))$$
$$= 3 \cdot x \cdot \frac{1}{1-x} \cdot \frac{1}{1-2x} = \frac{3x}{(1-x)(1-2x)}$$
となる．ここで，$1/(1-2x)$ は数え上げ関数 $h(n) = 2^n$ の通常母関数であるから，
$$\frac{1}{1-x} \cdot \frac{1}{1-2x}$$
は累積和
$$\sum_{k=0}^{n} h(k) = \sum_{k=0}^{n} 2^k = 2^{n+1} - 1$$
の通常母関数である．また，$F(x)$ の左辺の積の因子に 3 と x があることに注意すれば，$F(x)$ は数え上げ関数 $f(n) = 3(2^n - 1)$ の通常母関数であることが分かる．これはもちろん例 2.56 の漸化式の解である．

問 2.112 次の差分方程式の解を母関数による解法によって求めよ．
$$f(n) - 2f(n-1) = n.$$
ただし，初期条件は $f(0) = 0$ とする．

問 2.113 (1) 数え上げ関数 $f(n) = n^2$ の通常母関数を求めよ．
(2) 次の差分方程式の解を母関数による解法によって求めよ．

$$f(n) - 2f(n-1) = n^2.$$

ただし，初期条件は $f(0) = 0$ とする．

例 2.57 の漸化式を一般的に表せば，

$$af(n) + bf(n-1) + cf(n-2) = g(n) \tag{2.80}$$

となる．ただし，a, c は 0 でない定数，b は任意の定数，$g(n)$ は n の関数でその値は正とは限らない．この漸化式は**定数係数の 2 階線形漸化式**または**定数係数の 2 階線形差分方程式**と呼ばれている．

この漸化式に対する母関数による解法は次のようなものである．$f(n)$ の通常母関数を $F(x)$ で表し，$\sum_{n \geq 0} g(n)x^n$ を $G(x)$ で表す．漸化式 (2.80) の両辺に x^n を掛け，$n \geq 2$ なる n について加えると，

$$\sum_{n \geq 2}(af(n) + bf(n-1) + cf(n-2))x^n = \sum_{n \geq 2} g(n)x^n$$

となる．この等式の左辺は，漸化式 (2.78) の場合と同様に変形すれば，

$$a(F(x) - f(0) - f(1)x) + bx(F(x) - f(0)) + cx^2 F(x)$$

となり，右辺は $G(x) - g(0) - g(1)x$ となるから，等式

$$a(F(x) - f(0) - f(1)x) + bx(F(x) - f(0)) + cx^2 F(x)$$
$$= G(x) - g(0) - g(1)x$$

を得る．これを $F(x)$ について解き，

$$F(x) = \frac{1}{a + bx + cx^2}(G(x) - g(0) - g(1)x + a(f(0) + f(1)x) + bf(0)x) \tag{2.81}$$

となる．この式を見れば，$G(x)$ が閉じた式になるならば $F(x)$ も閉じた式になることが分かる．このときは，母関数 $F(x)$ に対する基本操作により $f(n)$ を求めることができるならば，漸化式 (2.80) を解くことができる．

例 2.60 定数係数の 2 階線形漸化式の一般形 (2.80) において

$$a = 1, \quad b = -5, \quad c = 6, \quad g(n) = 0, \quad f(0) = 0, \quad f(1) = 1$$

とすると，例 2.57 の漸化式となる．この漸化式の通常母関数 $F(x)$ を求めるために，公式 (2.81) を用いれば，

$$F(x) = \frac{x}{1 - 5x + 6x^2}$$

を得る．ここで，

$$\frac{x}{1 - 5x + 6x^2} = \frac{x}{(1-2x)(1+6x)} = \frac{1}{1-3x} - \frac{1}{1-2x}$$

であるから，例 2.47 等に注意すれば，$F(x)$ は $3^n - 2^n$ の通常母関数であることが分かる．したがって，

$$f(n) = 3^n - 2^n$$

を得る．これはもちろん例 2.57 の漸化式の解である．

例 2.61 一般形 2.80 において

$$a = 1,\ b = -4,\ c = 4,\ g(n) = 0,\ f(0) = 0,\ f(1) = 1$$

とおくと，問 2.111 の漸化式となる．この漸化式の通常母関数 $F(x)$ は公式 (2.81) を用いれば，

$$F(x) = \frac{x}{1 - 4x + 4x^2}$$

となる．ここで，

$$\frac{x}{1 - 4x + 4x^2} = x \cdot \frac{1}{(1-2x)^2}$$

であり，$1/(1-2x)$ は数え上げ関数 $h(n) = 2^n$ の通常母関数であるから，

$$\frac{1}{(1-2x)^2} = \frac{1}{1-2x} \cdot \frac{1}{1-2x}$$

はたたみ込み

$$\sum_{k=0}^{n} h(k)h(n-k) = \sum_{k=0}^{n} 2^k 2^{n-k} = \sum_{k=0}^{n} 2^n = (n+1)2^n$$

の通常母関数である．また，$F(x)$ の左辺の積の因子に x があることに注意すれば，$F(x)$ は数え上げ関数

$$f(n) = n2^{n-1}$$

の通常母関数であることが分かる．これはもちろん問 2.111 の漸化式の解である．

問 2.114 次の差分方程式の解を母関数による解法によって求めよ．

$$f(n) - 5f(n-1) + 6f(n-2) = 3.$$

ただし，初期条件は $f(0) = 0, f(1) = 1$ とする．

さてここで，例 1.6 ですでに示したフィボナッチ数列の一般項を母関数を用いて導いてみよう．

例 2.62 例 1.6 の漸化式は

$$f(n) - f(n-1) - f(n-2) = 0$$

であり，初期条件は $f(0) = 1, f(1) = 2$ であった．公式 (2.81) に

$a = 1,\ b = -1,\ c = -1,\ G(x) = 0,\ g(0) = g(1) = 0,\ f(0) = 1,\ f(1) = 2$

を代入し，$f(n)$ の通常母関数

$$F(x) = \frac{1+x}{1-x-x^2} = \frac{1}{1-x-x^2} + \frac{x}{1-x-x^2}$$

を得る．ここで

$$\frac{1}{1-x-x^2} = \frac{1}{\left(\dfrac{-1+\sqrt{5}}{2} - x\right)\left(\dfrac{1+\sqrt{5}}{2} + x\right)}$$

を部分分数に展開することを考える．一般に

$$\frac{1}{(c-x)(d+x)} = \frac{1}{c+d}\left(\frac{1}{c} \cdot \frac{1}{1-x/c} + \frac{1}{d} \cdot \frac{1}{1+x/d}\right)$$

であり，

とおくと，

$$c = \frac{-1+\sqrt{5}}{2}, \quad d = \frac{1+\sqrt{5}}{2}$$

$$c+d = \sqrt{5}, \quad \frac{1}{c} = \frac{1+\sqrt{5}}{2}, \quad \frac{1}{d} = -\frac{1-\sqrt{5}}{2}$$

となるから，$1/(1-x-x^2)$ は

$$h(n) = \frac{1}{\sqrt{5}}\left(\left(\frac{1+\sqrt{5}}{2}\right)^{n+1} - \left(\frac{1-\sqrt{5}}{2}\right)^{n+1}\right)$$

の通常母関数であることが分かる．したがって，$F(x)$ は $h(n) + h(n-1)$，すなわち

$$\frac{1}{\sqrt{5}}\left(\left(1+\frac{1+\sqrt{5}}{2}\right)\left(\frac{1+\sqrt{5}}{2}\right)^n - \left(1+\frac{1-\sqrt{5}}{2}\right)\left(\frac{1-\sqrt{5}}{2}\right)^n\right)$$

の通常母関数であり，

$$1 + \frac{1+\sqrt{5}}{2} = \frac{3+\sqrt{5}}{2} = \left(\frac{1+\sqrt{5}}{2}\right)^2,$$

$$1 + \frac{1-\sqrt{5}}{2} = \frac{3-\sqrt{5}}{2} = \left(\frac{1-\sqrt{5}}{2}\right)^2$$

であるから，確かに，例 1.6 で示した通り

$$f(n) = \frac{1}{\sqrt{5}}\left(\left(\frac{1+\sqrt{5}}{2}\right)^{n+2} - \left(\frac{1-\sqrt{5}}{2}\right)^{n+2}\right)$$

を得る．

問 2.115 (1) k 個の 0 と n 個の 1 がある．これらを 0 はどの 2 つも隣り合わないように 1 列に並べる並べ方の数を求めよ．
(2) n 桁の 2 元数列のなかで 0 が隣り合わないものの個数を求めよ．
(3) 例 1.6 および 2.62 で示したフィボナッチ数 $f(n)$ について，次の等式が成り立つことを示せ．

$$f(n) = \sum_{k=0}^{\lfloor (n+1)/2 \rfloor} \binom{n-k+1}{k}. \tag{2.82}$$

問 **2.116** 初期条件を $f(0) = 1$, $f(1) = 1$ としたときの例 2.62 の漸化式で定められるフィボナッチ数列の一般項を求めよ．

問 **2.117** 1 から n までの番号札を持った学生の集まりから，連続した番号を持った学生が入らないように，1 人以上の学生たちを 1 組選ぶ．この選び方は $s(n)$ 通りあるとする．
(1) $s(5)$ を求めよ．
(2) $s(n)$ に関する漸化式を求めよ．
(3) (2) の漸化式を母関数を用いて解け．

定数係数の 1 階および 2 階線形漸化式の定義式 (2.78) および (2.80) から推測できるように，これらを次のように一般化できる．

$$\sum_{i=0}^{k} a_i f(n-i) = g(n). \tag{2.83}$$

ただし，a_0, a_k は 0 でない定数，a_i $(1 \leq i \leq k-1)$ は任意の定数，$g(n)$ は n の関数でその値は正とは限らない．この漸化式は**定数係数 k 階線形漸化式**または**定数係数 k 階線形差分方程式**と呼ばれている．

この k 階漸化式も先に述べた 1 階および 2 階漸化式の場合と同様に母関数を用いて解くことができる．なお，母関数を用いない解法については文献 [12] と [24] を参照するとよい．

ところで，定数係数でない漸化式の一般的解法があるだろうか．定数係数の場合ほどの一般的な解法はないので，個々の漸化式の個性に応じた解法を考えることになる．以下，数え上げ組合せ論でよく知られている漸化式を例にして，それを示すことにしよう．まずこれまでにすでに述べたすれちがい順列数およびカタラン数の漸化式の解を母関数を用いて求めてみよう．

例 2.63 例 1.4 および 2.35 においてすれちがい順列数 $D(n)$ の漸化式が次のように与えられている．

$$D(n) = \begin{cases} 0 & (n = 1) \\ nD(n-1) + (-1)^n & (n \geq 2). \end{cases}$$

この漸化式は線形であるが定数係数ではない．この漸化式の母関数による解法には，母関数として通常母関数でなく指数型母関数を用いる．$D(n)$ の指数型母関数を $D(x)$ で表すとき，

$$D(x) = \sum_{n \geq 0} \frac{D(n)}{n!} x^n = 1 + \sum_{n \geq 1} \frac{nD(n-1) + (-1)^n}{n!} x^n$$

$$= 1 + \sum_{n \geq 1} \frac{D(n-1)}{(n-1)!} x^n + \sum_{n \geq 1} \frac{(-1)^n}{n!} x^n = 1 + xD(x) + (e^{-x} - 1)$$

$$= xD(x) + e^{-x}$$

となる．これを $D(x)$ について解き，

$$D(x) = \frac{1}{1-x} \cdot e^{-x} \tag{2.84}$$

を得る．したがって，$D(n)$ は e^{-x} を通常母関数としてもつ関数 $g(n) = (-1)^n/n!$ の累積和の $n!$ 倍，すなわち

$$D(n) = n! \left(\sum_{k=0}^{n} (-1)^k \frac{1}{k!} \right)$$

となる．これはまさに例 1.4 および (2.35) の公式である．

例 2.64 公式 (2.16) でカタラン数 C_n の漸化式が次のように与えられている．

$$C_n = \sum_{k=0}^{n-1} C_k \cdot C_{n-k-1}, \quad \text{ただし}, C_0 = 1 \text{ とする}.$$

この漸化式は線形ではない．C_n の通常母関数を $C(x)$ で表すとき，たたみ込みの定義に注意すれば，

$$C(x)^2 = \sum_{n \geq 0} \left(\sum_{k=0}^{n} C_k C_{n-k} \right) x^n = \sum_{n \geq 0} C_{n+1} x^n$$

となり，さらに，

$$C(x)^2 = \sum_{n \geq 0} C_{n+1} x^{n+1} = \sum_{n \geq 0} C_n x^n - C_0 = C(x) - C_0 = C(x) - 1$$

と変形できる．これを $C(x)$ について解き，

$$C(x) = \frac{1}{2x}(1 - \sqrt{1-4x}) \text{ または } \frac{1}{2x}(1 + \sqrt{1-4x})$$

を得る．後者の解の展開は $1/x$ を含み，$C(x)$ の定義にあわないので，前者を採用し，

$$C(x) = \frac{1}{2x}(1 - \sqrt{1-4x}) \tag{2.85}$$

とする．公式 (2.68) を用いると，

$$1 - \sqrt{1-4x} = 1 - \sum_{n \geq 0} \binom{1/2}{n}(-1)^n 4^n x^n$$

と変形することができる．ここで，

$$\binom{1/2}{n} = (-1)^{n-1}\frac{1 \cdot 3 \cdots (2n-3)}{2^n n!}$$

であり，

$$-\binom{1/2}{n}(-1)^n 4^n = \frac{2^n \cdot 1 \cdot 3 \cdots (2n-3)}{n!}$$

となるから，

$$C(x) = \frac{1}{2x}(1 - \sqrt{1-4x}) = \sum_{n \geq 0} \frac{2^n \cdot 1 \cdot 3 \cdots (2n-1)}{(n+1)!} x^n$$

を得る．さらに，上式の右辺に公式 (2.18) を適用すると，

$$C(x) = \sum_{n \geq 0} \frac{1}{n+1}\binom{2n}{n}x^n$$

となる．したがって，

$$C(n) = \frac{1}{n+1}\binom{2n}{n}$$

を得る．これはまさに例 2.22 で示したカタラン数の公式である．

問 2.118 次の漸化式を母関数を用いて解け．

$$\sum_{k=0}^{n} f(k)f(n-k) = 1.$$

ただし，$f(0) = 1$ とする．

例 2.65 次の定数係数でない線形漸化式を母関数を用いて解いてみよう．
$$f(n) = f(n-1) + (n-1)f(n-2).$$
ただし，$f(0) = f(1) = 1$ とする．例 2.63 の場合と同じく指数型母関数を用いる．

$$\begin{aligned}
F(x) &= f(0) + f(1)x + \sum_{n \geq 2} f(n)\frac{x^n}{n!} \\
&= 1 + x + \sum_{n \geq 2} (f(n-1) + (n-1)f(n-2))\frac{x^n}{n!} \\
&= 1 + x + \sum_{n \geq 2} f(n-1)\frac{x^n}{n!} + \sum_{n \geq 2} (n-1)f(n-2)\frac{x^n}{n!}
\end{aligned}$$

と変形し，両辺を x で (形式) 微分すると，

$$\begin{aligned}
F'(x) &= 1 + \sum_{n \geq 2} f(n-1)\frac{x^{n-1}}{(n-1)!} + \sum_{n \geq 2} f(n-2)\frac{x^{n-1}}{(n-2)!} \\
&= 1 + (F(x) - 1) + xF(x)
\end{aligned}$$

となる．さらに，これを変形し，

$$\frac{F'(x)}{F(x)} = 1 + x$$

とする．ここで，両辺を通常のように (形式) 積分し (これができることの詳細については文献 [9] を参照)，

$$\int \frac{F'(x)}{F(x)} = \int (1+x)\, dx$$

すなわち，

$$\log|F(x)| = x + \frac{x^2}{2} + c$$

を得る．$F(0) = f(0) = 1$ より $c = 0$ であるから，結局，$f(n)$ の指数型母関数は

$$F(x) = e^{x + x^2/2}$$

となる．次に，$F(x)$ を 2 つの指数型母関数の積，すなわち

$$F(x) = e^x \cdot e^{x^2/2}$$

と考える．e^x は $g(n) = 1$ の指数型母関数であり，$e^{x^2/2}$ は

$$e^{x^2/2} = \sum_{n \geq 0} \frac{(x^2/2)^n}{n!} = \sum_{n \geq 0} \frac{x^{2n}}{2^n n!} = \sum_{n:0 \text{ 以上の偶数}} \frac{n!}{2^{n/2}(n/2)!} \cdot \frac{x^n}{n!}$$

と変形できるので，

$$h(n) = \frac{n!}{2^{n/2}(n/2)!}$$

の指数型母関数であることが分かる．ここで，2.7.1 節で示した，指数型母関数の積を指数型母関数と考えたときの，その係数についての結果から，$f(n)$ は

$$f(n) = \sum_{k:0 \text{ から } n \text{ までの偶数}} \binom{n}{k} \frac{k!}{2^{k/2}(k/2)!}$$

となる．

例 2.65 の $f(n)$ は組合せ論における重要な概念であるヤング束の極大鎖，標準ヤング盤，および対称群の対合等の個数を表している重要な数え上げ関数の 1 つである．詳しくは文献 [9] を参照していただくことにし，本書の範囲を超えることになるので，これ以上深入りすることは止めることにしよう．なお，例 2.65 の中で与えられた母関数は，例 3.8 においてより一般的な公式から導く．

最後に，本章の題材は文献 [9] および [25] を参考にしたことを記しておく．

参考文献

[1] Herbert S. Wilf 著，西関隆夫・高橋敬訳，『アルゴリズムと計算量入門』，総研出版 (1988).

[2] 小林孝次郎他，"特集 1 : $P = NP$? 問題" LA シンポジウム会誌第 23 号 (1994).

[3] 戸田誠之助，"数え上げ問題の計算量理論" 数学セミナー Vol.32 no.9(384:1993.9) pp.39-43.

[4] L. G. Valiant, "*The complexity of enumeration and reliability problems*" SIAM J. COMPUT. Vol.8 No.3 (1979) pp.410 ∼ 421.

- [5] P. R. Cohen・E. A. Feigenbaum 編, 田中幸吉・淵一博監訳,『人工知能ハンドブック』, 共立出版 (1984).
- [6] O. Ore, "*The Four Color Problem*", Academic Press (1967).
- [7] C. L. リウ著, 伊理正夫・伊理由美訳,『組合せ数学入門 I』, 共立全書 (1972).
- [8] 国際数学オリンピック日本委員会編,『数学オリンピック問題と解答』, (財) 数学オリンピック財団 (1993).
- [9] リチャード・スタンレイ著, 成嶋弘・山田浩・渡辺敬一・清水昭信訳,『数え上げ組合せ論 I』, 日本評論社 (1990).
- [10] L. Lovász 著, 成嶋弘・土屋守正訳,『数え上げの手法』, 東海大学出版会 (1988).
- [11] 成嶋弘,『マイクロコンピュータハンドブック』(渡邊茂・正田英介・矢田光治編) の V 応用技法編・1 章 数理技法 (pp.823-833), オーム社 (1985).
- [12] S. スキエナ著, 植野義明訳,『Mathematica 組み合わせ論とグラフ理論』, アジソン ウェスレイ・トッパン (1992).
- [13] 成嶋弘, "情報オリンピックと初等中等情報教育について" 第 50 回 CAI 学会研究会 [特別講演](1994 年 12 月 10 日)：CAI 学会研究報告 Vol.94 No.4 (1994) pp.23-32.
- [14] 国際情報オリンピック (IOI) 日本委員会編,『国際情報オリンピック全問題-解説と解答』, IOI 日本委員会 (1994.11).
- [15] C. ベルジェ著, 野崎昭弘訳,『組合せ論の基礎』, サイエンス社 (1973).
- [16] リプシュッツ著, 成嶋弘監訳,『離散数学』, マグロウヒルブック (1984), オーム社 (1995).
- [17] E. Rodney Canfield, "*On the location of the maximum Stirling number(s) of the second kind*" Studies in Applied Math. 59(1978) pp.83-93.
- [18] D. E. Knuth 著, 廣瀬健訳,『The Art of Computer Programming 1 基本算法/基礎概念』, サイエンス社 (1978).
- [19] 一松信, "ベル数" 数学セミナー [Vol.25 no.11：創刊 300 号記念] 特集/かずかずの数 (300:1986.11) pp.48-49.
- [20] 仙波一郎著,『組合せアルゴリズム』, サイエンス社 (1989).
- [21] 野崎昭弘, "離散数学とはなにか" 数理科学 第 29 巻 9 号 (1991 年 9 月) pp.5 ～ 9：著者宛ての私信 (1991 年 3 月).
- [22] 成嶋弘,『コンピュータソフトウェア事典』(廣瀬健・高橋延匡・土居範久編) の

A 基礎理論・IV 組合せ論 (pp.24-32), 丸善 (1990).
- [23] C. L. Liu 著，成嶋弘・秋山仁訳,『離散数学入門』, マグロウヒルブック (1984), オーム社 (1995).
- [24] 須田宏著,『差分方程式・微分方程式』, 培風館 (1989).
- [25] 基礎数学研究会編,『理工系の基礎数学』の第 2 章 個数の計算・置換, 東海大学出版会 (1978).

第3章
置換群による同値類の数え上げ

3.1 コーシー-フロベニウスの定理について

　対象の名前の付け替えや回転によって '重なる' ものを，数学では，同じものとみなすときが少なからずある．異なる対象であるものが同じものである (同値である) とみなされるのは，正確に述べれば，対象の集合 A 上に付録 A.3.1「関係」で述べられている同値関係が定められるときである．ある特別な性質や構造に注目し，それ以外を無視してその性質や構造を調べたいときに，数学ではよく用いる手法である．

　集合 A 上のある要素を他の要素にうつす操作 '置換' は数学では，18 世紀末，ラグランジュ(1736 ～ 1813) 等によって高次方程式の解法が試みられた頃から，代数方程式の解 (根) の置換とその間の演算いわゆる置換群として注目されはじめた．アーベル (1802 ～ 1829) はその置換群の考えを用いて，一般に 5 次以上の方程式の代数的解法 (四則演算とべき根を求める操作を有限回用いて解を求めること) が存在しないことを証明した．さらに，若くしてその命を決闘で閉じたガロア (1811 ～ 1832) は代数方程式と群の構造関係を抽象的に解明した．その後，その研究はガロア理論として発展し，近代代数学への道を開いた画期的な業績となった．一方，コーシー (1789 ～ 1857) は置換群そのものの研究を進め，さらに，ケーリー (1821 ～ 1895)，クロネッカー (1823 ～ 1891)，フロベニウス (1849 ～ 1917) 等によって，群の概念が抽象的に解明され，抽象代数学の基礎が確立された．このように置換群の概念とその理論は現代数学にとってきわめて重要なものとなっている (文献 [1], 文献 [2])．

　さて本題に戻り，代数方程式の解法の研究にその源を持つ置換群の成果が，数え上げ組合せ論にとってどのような意義があり，またどのように有効なので

あろうか．第 2 章「初等的数え上げ」で扱った具体的な素材，例えば円順列，一般円順列，分割数，組合せと順列の関係式，第 2 種スターリング数と全射数の関係式，さらには写像 12 相の個々の公式など，一見それぞれきわめて個性的と思われる式を，共通のより一般的な定理や公式から導くことはできないであろうか．その期待に応えるのがコーシー-フロベニウスの定理である．

コーシー-フロベニウスの定理は，その歴史的経緯が P.M. ノイマン (文献 [3]) によって正しく指摘された 1970 年代末までは，"Burnside の補題" と呼ばれていた．置換群作用のもとでの同値類の数え上げ論はこの定理に始まり，ポーリャ-レッドフィールドによる置換群の輪指標 (または巡回置換指数) を母関数論的に用いた手法の展開，さらにド・ブリュイジンの一般化などによって，1900 年代の前半に確立され，ポーリャ理論と呼ばれるようになった．その後 1970 年代になって対称式との関係で，指数公式やたたみ込み公式の概念が展開され (文献 [4])，さらにはジョイアル (文献 [5]) による圏 (カテゴリー) 論的形式級数の数え上げ論が新たに展開され，現在に至っている (文献 [6])．

コーシー-フロベニウスの定理を述べるにあたって，置換，一般の群，置換群の定義およびそれらの基本知識を学ぶことにしよう．第 2 章の 2.3.1 節において，n-元集合 $[n] = \{1, 2, \cdots, n\}$ に対して単射 $f : [n] \longrightarrow [n]$ を n 次の**置換**とよんだ．また，2.6.4 節「写像 12 相」において，ボールと箱の同異性を数学的に明確に形式化するときに，ボールの集合 (A とする) および箱の集合 (B とする) 上の単射を考えて，写像の集合 $\{f : A \longrightarrow B\}$ 上の同値関係を定めたことを思い起こそう．

ここでは n-元集合 $[n]$，ボールの集合 A，箱の集合 B などを，より一般に対象の有限集合 Ω で表す．集合 Ω 上の全単射 $\alpha : \Omega \longrightarrow \Omega$ を Ω の**置換**とよぶ．有限集合の置換は全単射である必要がなく，単射または全射でよい (問 3.1 を参照)．

問 3.1 集合 X 上の写像 $f : X \longrightarrow X$ に対して，次の問に答えよ．
(1) f が全射であるが単射ではない例をあげよ．
(2) f が単射であるが全射ではない例をあげよ．
(3) 集合 X が有限のとき，f が全射または単射であるならば f は全単射であることを証明せよ．

G を空でない集合とし，G の任意の 2 つの要素 a, b に対して，G の要素 c を対応づける演算 $a \circ b = c$ が定められ，次の 3 条件を満たすとする．

(1) G の任意の要素 a, b, c に対して，
$$(a \circ b) \circ c = a \circ (b \circ c) \quad (結合律)$$

(このとき $(G, \circ)$ を**半群**という)．

(2) G のある要素 e が存在して，G の任意の要素 a に対して，
$$a \circ e = e \circ a = a \quad (単位元の存在)．$$

(3) G の任意の要素 a に対して，G のある要素 b が存在して，
$$a \circ b = b \circ a = e \quad (逆元の存在)．$$

このとき，組 $(G, \circ)$ を**群**という．(2) の e を**単位元**，(3) の b を a の**逆元**とよぶ．単位元はただ一つ存在し，a の逆元は a に対して一意に定まる (問 3.2 を参照)．また (2) および (3) は次の条件に弱めてもよい (問 3.3 を参照)．

(4) G のある要素 e が存在して，G の任意の要素 a に対して，
$$a \circ e = a \quad (右単位元の存在)．$$

(5) G の任意の要素 a に対して，G のある要素 b が存在して，
$$a \circ b = e \quad (右逆元の存在)．$$

問 3.2 群 $(G, \circ)$ において，次のことを証明せよ．

(1) 任意の要素 a, b, c に対して，次の簡約法則が成り立つ．
$$a \circ b = a \circ c \Longrightarrow b = c, \quad b \circ a = c \circ a \Longrightarrow b = c.$$

(2) 単位元はただ一つ存在する．

(3) a の逆元は a に対して一意に定まる．

問 3.3 群 $(G, \circ)$ において，条件 (4) と (5) から条件 (2) と (3)，すなわち次の条件 (6) と (7) が得られることを証明せよ．

(6) G のある要素 e が存在して，G の任意の要素 a に対して，

$$e \circ a = a \quad (左単位元の存在).$$

(7) G の任意の要素 a に対して，G のある要素 b が存在して，

$$b \circ a = e \quad (左逆元の存在).$$

さらに次の条件 (8) を満たすとき，群 $(G, \circ)$ は**可換群**または**アーベル群**とよばれる．

(8) G の任意の要素 a, b に対して，

$$a \circ b = b \circ a \quad (交換律).$$

特に，群 $(G, \circ)$ の演算 $\circ$ として乗法 $\cdot$ を考えるときは，群 $(G, \cdot)$ は**乗法群**とよばれ，要素 a の逆元は a^{-1} で表される．以下，群として乗法群を考え，混乱が起こらないときは演算記号 $\cdot$ を省略し，任意の要素 a, b に対して $a \cdot b$ と書く代わりに ab と書く．

群 G の部分集合 H が G における演算に関して群をつくるとき，H を G の**部分群**という．群 G の部分集合 H が部分群をつくるための必要十分条件は，次の (1) と (2) が成立することである (問 3.4 (1) を参照).

(1) $a \in H, b \in H \Longrightarrow ab \in H,$
(2) $a \in H \Longrightarrow a^{-1} \in H.$

また (1) と (2) は次の (3) にまとめることができる (問 3.4 (2) を参照).

(3) $a \in H, b \in H \Longrightarrow ab^{-1} \in H.$

問 3.4 群 G において，次のことを証明せよ．
(1) G の部分集合 H が部分群となるための必要十分条件は上記の条件 (1) と (2) が成立することである．
(2) 上記の条件 (1) と (2) は上記の条件 (3) にまとめることができる．

Ω の置換全体を考え，$\mathfrak{S}(\Omega)$ で表す．任意の置換 σ, τ に対して乗法 $\tau \cdot \sigma$ をそれらの合成写像 $\tau \cdot \sigma$ によって定める．すなわち，

$$\tau \cdot \sigma : \Omega \longrightarrow \Omega \quad (\tau \cdot \sigma(x) = \tau(\sigma(x)))$$

である．このとき，組 $(\mathfrak{S}(\Omega), \cdot)$ は群となり (問 3.5 を参照)，$\mathfrak{S}(\Omega)$ またはその部分群を Ω の**置換群**とよぶ．特に，$\Omega = [n]$ のとき，$\mathfrak{S}(\Omega)$ を n 次の**対称群**とよび，$\mathfrak{S}_n$ で表す．以下，置換 σ, τ に対して $\tau \cdot \sigma$ を σ と τ の**積**とよび，$\cdot$ を省略して $\tau\sigma$ で表す．

問 3.5 組 $(\mathfrak{S}(\Omega), \cdot)$ は群となることを証明せよ．

Ω の置換の輪 (サイクルともいう)，巡回置換，さらに置換の輪表現 (サイクル表現ともいう)，巡回置換表現などを一般性を失わないので，主に $\mathfrak{S}_n$ の置換について述べ説明しておく．付録 A.4 節「グラフと探索」の項で，$\mathfrak{S}_n$ の置換，すなわち n 次の置換のグラフ，およびそのグラフにおける長さ k の**輪** (**サイクル**ともいう) の定義，さらには「任意の置換は互いに素ないくつかの輪からなる」(問 3.6 参照) ことについて述べてあるが，ここではこれらについてより詳しく述べる．

n 次の置換 σ の長さ k $(k \geq 1)$ の**輪**とは，

$$i \longrightarrow \sigma(i) \longrightarrow \sigma^2(i) \longrightarrow \cdots \longrightarrow \sigma^{k-1}(i) \longrightarrow \sigma^k(i) = i$$

のことである．ただし，$\sigma^0(i) = i, \sigma^p(i) = \overbrace{\sigma(\cdots(\sigma(i))\cdots)}^{p\,\text{回}}$ であり，k は $\sigma^k(i) = i$ となる最初の k である．この輪を $(i\,\sigma(i)\,\cdots\,\sigma^{k-1}(i))$ で表す．

問 3.6 任意の n 次の置換は互いに素ないくつかの輪からなることを証明せよ．

置換をその各輪を書き並べることによって表すことを，置換の**輪表現** (または**サイクル表現**) という．通常，n 次の置換 σ は

$$\sigma = \begin{pmatrix} 1 & 2 & \cdots & n \\ \sigma(1) & \sigma(2) & \cdots & \sigma(n) \end{pmatrix}$$

のように表すが，例えば，6 次の置換

$$\sigma = \begin{pmatrix} 1 & 2 & 3 & 4 & 5 & 6 & 7 & 8 & 9 \\ 5 & 4 & 3 & 6 & 1 & 2 & 9 & 8 & 7 \end{pmatrix}$$

の輪表現は，輪の長さの小さい順に並べれば，

$$\sigma = (3)(8)(15)(79)(246)$$

となる．置換が**巡回置換**であるとは，そのグラフの長さ 2 以上の輪がただ一つ (他はすべて長さ 1 の輪) からなるときをいう．置換を長さ 1 の輪 (すなわち要素が不動であるもの) をすべて除いて表すことにすれば，単位元 (すなわち恒等写像) 以外の置換はすべて巡回置換の積として表すことができる．これを置換の**巡回置換表現**という．これは置換の輪表現において，長さ 1 の輪を除き，他の各輪の間に積演算が入っているものと考えればよい．すなわち，演算付の輪表現とみればよい．

問 3.7 次の置換の輪表現および巡回置換表現を求めよ．

$$\sigma = \begin{pmatrix} 1 & 2 & 3 & 4 & 5 & 6 & 7 & 8 \\ 1 & 5 & 6 & 4 & 2 & 7 & 8 & 3 \end{pmatrix}.$$

さてここで，コーシー-フロベニウスの定理を述べることができる．G を Ω の置換群とする．Ω の任意の要素 x, y に対して，G の要素 σ が存在し，$\sigma(x) = y$ となるとき，$x \equiv y$ と定める．この関係 $\equiv$ は Ω 上の同値関係であり，Ω の要素はこの関係によって同値類にクラス分けされる (問 3.8 を参照)．このときの同値類を G の**軌道**とよぶ．Ω の要素 x を含む軌道を O_x で表し，G の軌道全体，すなわち，G による Ω 上の同値類全体を Ω/G で表す．また，Ω の要素 x を不変に保つ G の要素の集合

$$\{\sigma \in G \mid \sigma(x) = x\}$$

を G_x で表す．G_x は G の部分群となり，

$$|G_x| \cdot |O_x| = |G| \tag{3.1}$$

が成り立つ (問 3.9 を参照)．逆に，G の要素 σ によって不動である Ω の要素の集合

$$\{x \in \Omega \mid \sigma(x) = x\}$$

を Ω_σ で表す．ここで，$|\Omega_\sigma|$ は σ のグラフの長さ 1 の輪の個数であることに

注意せよ. この個数を c_1 で示す. このとき, G の軌道の個数すなわち G による Ω 上の同値類の個数に関する次の公式を得る. これが**コーシー-フロベニウスの定理**である.

$$|\Omega/G| = \frac{1}{|G|} \sum_{\sigma \in G} |\Omega_\sigma| = \frac{1}{|G|} \sum_{\sigma \in G} c_1(\sigma). \tag{3.2}$$

コーシー-フロベニウスの定理の証明を述べる前に, 次の問 3.8 および問 3.9 を与えておこう.

問 3.8 Ω 上の関係 $\equiv$ は同値関係であることを証明せよ.

問 3.9 Ω の置換群 G に関して次のことを証明せよ.
(1) G_x は G の部分群である.
(2) 等式 (3.1) が成り立つ.

ここで, コーシー-フロベニウスの定理の証明を与えておこう. 公式 (3.1) から, Ω/G の任意の要素すなわち Ω 上の G の軌道を O とするとき, O の任意の要素 x, y に対して $|O_x| = |O_y|$ であることに注意すれば, O の任意の要素 x に対して次式が成り立つ.

$$|G_x| = \frac{|G|}{|O|}. \tag{3.3}$$

また, Ω と Ω の置換群 G の間に次のように定められる関係 R を考える.

$$xR\sigma \iff \sigma(x) = x.$$

この関係全体 $\{xR\sigma \mid \sigma(x) = x\}$ を二通りに数えることができる. G_x と Ω_σ の定義を思い起こせば, 一つ目は $\sum_{x \in \Omega} |G_x|$ であり, 二つ目は $\sum_{\sigma \in G} |\Omega_\sigma|$ であり, 次の等式を得る.

$$\sum_{x \in \Omega} |G_x| = \sum_{\sigma \in G} |\Omega_\sigma|. \tag{3.4}$$

等式 (3.4) を簡単な例で説明しておこう. 平面上の格子点の関係

$$P = \{(1,1), (1,2), (2,2), (2,3), (3,1), (3,2), (3,3)\}$$

に対して，第 1 座標の点の集合を X とし，第 2 座標の点の集合を Y とする．$i \in X$ に対して $Y_i = \{j \mid (i,j) \in P\}$, $j \in Y$ に対して $X_j = \{i \mid (i,j) \in P\}$ と定めるとき，

$$\sum_{i=1}^{3} |Y_i| = 2+2+3 = 7, \quad \sum_{j=1}^{3} |X_j| = 2+3+2 = 7$$

であり，$\sum_{i=1}^{3} |Y_i| = \sum_{j=1}^{3} |X_j|$ であることがわかる．

本題に戻る．ここでまず式 (3.3) に注意して，次のように式を変形する．

$$\sum_{x \in \Omega} |G_x| = \sum_{O \in \Omega/G} \sum_{x \in O} |G_x| = \sum_{O \in \Omega/G} |G| = |\Omega/G||G|.$$

すなわち，

$$|\Omega/G| = \frac{1}{|G|} \sum_{x \in \Omega} |G_x|$$

を得る．ここで式 (3.4) を用いれば，次のように公式 (3.2) すなわちコーシー-フロベニウスの定理を得る．

$$|\Omega/G| = \frac{1}{|G|} \sum_{\sigma \in G} |\Omega_\sigma| = \frac{1}{|G|} \sum_{\sigma \in G} c_1(\sigma).$$

コーシー-フロベニウスの定理を具体的な問題に応用するにあたって，適用し易くするために，公式 (3.2) の一変形を与えておこう．$(H, *)$ を群とする．$(H, *)$ の任意の要素 α に対して，α によって誘導される Ω の置換 ($\tilde{\alpha}$ で表す) が対応し，**準同型条件**と呼ばれる次の条件を満たしているとする．$\alpha, \beta \in H$ に対して，

$$\widetilde{\beta * \alpha} = \tilde{\beta} \cdot \tilde{\alpha}.$$

ここで・は置換の積演算すなわち写像の合成演算である．このとき，

$$\{\tilde{\alpha} \mid \alpha \in H\}$$

を $G(H)$ で表すと，次の命題が成り立つ．

命題 3.1 $G(H)$ は Ω の置換群である．

$G(H)$ を群 H によって誘導された Ω の置換群と呼ぶ (問 3.10 を参照). さらに, Ω の任意の要素 x, y に対して, H の要素 α が存在して, $\tilde{\alpha}(x) = y$ となるとき, $x \equiv y$ と定める. この関係 $\equiv$ は Ω 上の同値関係である (問 3.11 を参照). このときの同値類全体を Ω/H で表す. 定義から明らかに, Ω/H は群 H によって誘導された置換群 $G(H)$ の軌道全体 $\Omega/G(H)$ と等しい. すなわち,

$$\Omega/H = \Omega/G(H)$$

(問 3.12 を参照). $\Omega/G(H)$ に対して, コーシー-フロベニウスの定理 (公式 (3.2)) を直接適用するならば, 次式を得る.

$$|\Omega/G(H)| = \frac{1}{|G(H)|} \sum_{\sigma \in G(H)} |\Omega_\sigma| = \frac{1}{|G(H)|} \sum_{\sigma \in G(H)} c_1(\sigma).$$

また, H の要素 α で (Ω の置換 $\tilde{\alpha}$ として) Ω の要素 x を不変に保つものの集合

$$\{\alpha \in H \mid \tilde{\alpha}(x) = x\}$$

を H_x で表す. H_x は H の部分群となり,

$$|H_x| \cdot |O_x| = |H| \tag{3.5}$$

が成り立つ (問 3.13 を参照). 逆に, H の要素 α (Ω の置換 $\tilde{\alpha}$ として) によって不動である Ω の要素の集合

$$\{x \in \Omega \mid \tilde{\alpha}(x) = x\}$$

を Ω_α で表す. ここで重要なことは, コーシー-フロベニウスの定理の一変形として, 次の公式 3.6 が得られることである.

$$|\Omega/H| = \frac{1}{|H|} \sum_{\alpha \in H} |\Omega_\alpha| = \frac{1}{|H|} \sum_{\alpha \in H} c_1(\tilde{\alpha}). \tag{3.6}$$

問 3.10 命題 3.1 を証明せよ.

問 3.11 群 H によって誘導された関係 $x \equiv y$ は Ω 上の同値関係となることを証明せよ.

問 3.12 等式 $\Omega/H = \Omega/G(H)$ を証明せよ．

問 3.13 群 H に関して次のことを証明せよ．
(1) H_x は H の部分群である．
(2) 等式 (3.5) が成り立つ．

ここで，コーシー-フロベニウスの定理の一変形である公式 (3.6) の証明を与えておこう．まず，Ω/H の任意の同値類すなわち Ω 上の $G(H)$ の軌道を O とするとき，公式 (3.3) を得たときと同様に，公式 (3.5) から，O の任意の要素 x に対して次の公式を得る．

$$|H_x| = \frac{|H|}{|O|}. \tag{3.7}$$

また，Ω と群 H の間に次のように定められる関係 R を考える．

$$xR\alpha \iff \tilde{\alpha}(x) = x.$$

このとき，公式 (3.4) を得たときと同様にして，次の式を得る．

$$\sum_{x \in \Omega} |H_x| = \sum_{\alpha \in H} |\Omega_\alpha|. \tag{3.8}$$

ここでまず式 (3.7) に注意して，次のように式を変形する．

$$\sum_{x \in \Omega} |H_x| = \sum_{O \in \Omega/H} \sum_{x \in O} |H_x| = \sum_{O \in \Omega/H} |H| = |\Omega/H||H|.$$

すなわち，

$$|\Omega/H| = \frac{1}{|H|} \sum_{x \in \Omega} |H_x|$$

を得る．ここで式 (3.8) を用いれば，次のように公式 (3.6) すなわちコーシー-フロベニウスの定理の一変形を得る．

$$|\Omega/H| = \frac{1}{|H|} \sum_{\alpha \in H} |\Omega_\alpha| = \frac{1}{|H|} \sum_{\alpha \in H} c_1(\tilde{\alpha}).$$

3.2 写像 12 相をコーシー-フロベニウスの定理からみると

コーシー-フロベニウスの定理の，数学的対象への広範囲にわたる応用について，その大パノラマを述べる紙面の余裕はないので，ここでは第 2 章で述べた写像 12 相をコーシー-フロベニウスの定理の枠組みで捉え，箱庭的なその小宇宙を示すことにしよう．はじめに，その準備として二つの公式を与えておく．

まず，第 2 章で素朴な組合せ論的な論法によって求めた公式 (2.35) を公式 (3.5) の適用によって再度求めてみよう．集合 $[n] = \{1, 2, \cdots, n\}$ の分割全体を PL_n で表す．$[n]$ の対称群 $\mathfrak{S}_n$ すなわち $[n]$ の置換全体からなる群を考える．PL_n の要素 π と $\mathfrak{S}_n$ の要素 σ に対して，$\tilde{\sigma}(\pi) = \{\sigma(B) \mid B \in \pi\}$ と定めることによって，PL_n の置換群 $\{\tilde{\sigma} \mid \sigma \in \mathfrak{S}_n\}$ が誘導される．この置換群を $G(\mathfrak{S}_n)$ で表す (問 3.14 を参照)．はじめに，PL_n の要素 π に対して，公式 (3.1) を適用することを考える．公式 (3.1) を適用すると，

$$|O_\pi| = \frac{|G(\mathfrak{S}_n)|}{|G(\mathfrak{S}_n)_\pi|}$$

となるが，$G(\mathfrak{S}_n)$ は $\mathfrak{S}_n$ と必ずしも同型ではないし (問 3.15 を参照)，$|G(\mathfrak{S}_n)|$ や $|G(\mathfrak{S}_n)_\pi|$ の計算が簡明であるとは限らない．そこで公式 3.5 を適用してみよう．ここで，$H = \mathfrak{S}_n$ であることに注意すれば，

$$|H| = |\mathfrak{S}_n| = n!$$

であり，また分割 π のタイプ (82 ページ参照) を $[\lambda_1, \lambda_2, \cdots, \lambda_n]$ とすると，

$$|H_\pi| = \prod_{i=1}^{n} (i!)^{\lambda_i} (\lambda_i!)$$

であることがわかる (問 3.16 を参照)．ここで $P[\lambda_1, \lambda_2, \cdots, \lambda_n] = |O_\pi|$ に注意すれば，公式 (3.5) より，第 2 章では素朴な組合せ論的手法を用いて与えた公式 (2.35) を得る．

$$\mathrm{P}[\lambda_1, \lambda_2, \cdots, \lambda_n] = |O_\pi| = \frac{n!}{\prod_{i=1}^{n} \lambda_i! (i!)^{\lambda_i}}. \tag{3.9}$$

問 3.14 $G(\mathfrak{S}_n)$ は実際に PL_n の置換群となることを証明せよ．

問 3.15 一般に，$G(\mathfrak{S}_n)$ は $\mathfrak{S}_n$ と (群として) 同型であるとは限らないことを示せ．

問 3.16 公式 (3.9) を $\pi = \{\overline{1,2}, \overline{3,4}, \overline{5,6,7}\}$ に対して例証せよ．

次に，写像 12 相をコーシー-フロベニウスの定理の枠組みで捉えるにあたっての重要な公式を与えておこう．A, B を有限集合とし，A から B への写像全体の集合 $\{f : A \longrightarrow B\}$ を $\mathscr{F}(A, B)$ で表し，A, B 上の置換群をそれぞれ $G(A), G(B)$ で表す．$\mathscr{F}(A, B)$ の要素 f, g に対して，直積群 $G(A) \times G(B)$ (問 3.17 を参照) の要素 (σ, τ) が存在し，

$$\tau(f(a)) = g(\sigma(a)) \quad (a \in A)$$

となるとき，f と g は ($G(A) \times G(B)$ に関して) 同じ**パターン**または**図式**であるといい，$f \sim g$ と書く (図 3.1 参照)．この定義は 2.6.4 節「写像 12 相」の項で述べた写像の"同等である"の定義と同じであることを思い起こそう．したがって，$\mathscr{F}(A, B)$ 上の関係 $\sim$ は同値関係であり，また，写像の単射性や全射性がこの関係と両立することもわかる．

$$\begin{array}{ccc} a & \xrightarrow{f} & f(a) \\ \sigma \downarrow & & \downarrow \tau \\ \sigma(a) & \xrightarrow{g} & x \end{array} \quad \tau(f(a)) = g(\sigma(a))$$

図 3.1 $f \sim g$ の図式．

さてここで同値関係 $\sim$ を直積群 $G(A) \times G(B)$ によって誘導される $\mathscr{F}(A, B)$ 上の置換によって捉え直そう．直積群 $G(A) \times G(B)$ の要素 $\alpha = (\sigma, \tau)$ および $\mathscr{F}(A, B)$ の要素 f, g に対して，

$$\tau(f(a)) = g(\sigma(a)) \quad (a \in A)$$

であるとき，$\tilde{\alpha}(f) = g$ と定める．このとき，

$$G(G(A) \times G(B)) = \{\tilde{\alpha} \mid \alpha \in G(A) \times G(B)\}$$

は $\mathscr{F}(A,B)$ 上の置換群となる (問 3.18 を参照). 故に, $\mathscr{F}(A,B)$ 上の同値関係 $\sim$ による同値類全体 $\mathscr{F}(A,B)/G(A)\times G(B)$ と群 $G(A)\times G(B)$ によって誘導された置換群 $G(G(A)\times G(B))$ の軌道全体 $\mathscr{F}(A,B)/G(G(A)\times G(B))$ は等しい. すなわち,

$$\mathscr{F}(A,B)/G(A)\times G(B) = \mathscr{F}(A,B)/G(G(A)\times G(B))$$

である. このことから, 公式 (3.6) を適用して, 次の公式 (3.10) を得る.

$$|\mathscr{F}(A,B)/G(A)\times G(B)|$$
$$= \frac{1}{|G(A)|\times|G(B)|}\sum_{\alpha\in G(A)\times G(B)}|\mathscr{F}(A,B)_\alpha|. \quad (3.10)$$

ただし, $\mathscr{F}(A,B)_\alpha$ は $G(A)\times G(B)$ の要素 α (Ω の置換 $\tilde{\alpha}$ として) によって不動である $\mathscr{F}(A,B)$ の要素の集合

$$\{f\in\mathscr{F}(A,B)\mid \tilde{\alpha}(f)=f\}$$

を表す. 重要なことは, $|\mathscr{F}(A,B)_\alpha|$ に対する次のような具体的な計算式が得られることである.

$$|\mathscr{F}(A,B)_\alpha| = \prod_{1\leq k}\left(\sum_{i\mid k}id_i\right)^{c_k}. \quad (3.11)$$

ただし, $\alpha=(\sigma,\tau)$ で, c_k, d_i はそれぞれ A 上の置換 σ, B 上の置換 τ の長さ k, i の輪の個数であり, $i\mid k$ は i が 1 と k を含む k の約数をわたることを示す (以下, n 次の置換 σ の各長さの輪の個数列 $\langle c_1, c_2,\cdots, c_n\rangle$ を $\mathrm{cyc}\langle\sigma\rangle$ で表し, この記号を用いることもある). この公式を導くためには, 定義から直ちにわかる次の事実に注目すればよい.

$$\tilde{\alpha}(f)=f \iff \forall a\in A\ (f(\sigma(a))=\tau(f(a))).$$

このことからさらに, $f\in\mathscr{F}(A,B)_{(\sigma,\tau)}$ であるためには σ の長さ $k\geq 1$ の各輪の各要素 a について $f(\sigma^i(a))=\tau^i(f(a))$ $(1\leq i\leq k)$ であることが必要十分であることがわかる. 特に, $f(\sigma^k(a))=f(a)=\tau^k(f(a))$ を満たすためには, $f(a)$ の取り得る値は τ のその長さが k の約数である輪の要素であることが必要十分であることに注意するとよい (問 3.19 を参照).

問 3.17 群 $(G, \cdot), (G', \cdot)$ に対し，集合としての G と G' の直積 $G \times G'$ を考え，$G \times G'$ の任意の要素 $\alpha = (\sigma, \tau), \alpha' = (\sigma', \tau')$ に対して

$$\alpha * \alpha' = (\sigma \cdot \sigma', \tau \cdot \tau')$$

と乗法 $*$ を定めるとき，$(G \times G', *)$ は群となることを証明せよ．

問 3.17 の群 $(G \times G', *)$ を (群 $(G, \cdot)$ と $(G', \cdot)$ の**直積群**と呼ぶ．

問 3.18 $G(G(A) \times G(B))$ は $\mathscr{F}(A, B)$ 上の置換群であることを証明せよ．

問 3.19 A 上の置換

$$\sigma = (1)(2)(3)(45)(67)(89\,10)$$

B 上の置換

$$\tau = (1)(2)(34)(56)(789)$$

に対して，$|\mathscr{F}(A, B)_{(\sigma, \tau)}|$ を公式 (3.11) を用いて計算し，また，$\mathscr{F}(A, B)_{(\sigma, \tau)}$ の要素もいくつか具体的に示せ．

$G(A)$ と $G(B)$ が具体的に与えられたとき，公式 (3.10) と公式 (3.11) を用いて，$\mathscr{F}(A, B)/G(A) \times G(B)$ すなわち $\mathscr{F}(A, B)/G(G(A) \times G(B))$ を求めることができる．公式 (3.11) は，化学構造物，グラフ，オートマトンなど有限写像系の同型でないものの数え上げに本質的な役割を果すものである．

準備が整ったので，本節のはじめに述べたように，コーシー-フロベニウスの定理の広範囲にわたる応用について，その大パノラマを述べる紙面の余裕はないが，ここでは第 2 章で述べた写像 12 相をコーシー-フロベニウスの定理の枠組みで捉え，箱庭的なその小宇宙を示すことにしよう．

3.2.1 第 1 相「写像全体」

まず第 1 相をコーシー-フロベニウスの定理の枠組みで考えてみよう．すでに 2.6.4 節 (104 ページ) においてふれているのであるが，集合 A ($|A| = k$), B ($|B| = n$) 及び $G(A) \times G(B)$ として $\{(e_A, e_B)\}$ (e_A は A の恒等置換，e_B は B の恒等置換を表す) を考え，公式 (3.10) と公式 (3.11) を適用してみよう．

$|G(A)| \times |G(B)| = 1$, $G(A) \times G(B)$ は (e_A, e_B) のみで，e_A の長さ i の輪の個数 c_i, e_B の長さ j の輪の個数 d_j はそれぞれ

$$c_1 = k, c_i = 0 \ (i \neq 1), \quad d_1 = n, d_j = 0 \ (j \neq 1)$$

であるから，次の結果を得る．

$$\begin{aligned}
&|\mathscr{F}(A,B)/G(G(A) \times G(B))| \\
&= \mathscr{F}(A,B)/G(A) \times G(B)| \\
&= \frac{1}{|G(A)| \times |G(B)|} \sum_{\alpha \in G(A) \times G(B)} |\mathscr{F}(A,B)_\alpha| \\
&= |\mathscr{F}(A,B)_{(e_A,e_B)}| = (d_1)^{c_1}(d_1+d_2)^{c_2} \cdots \\
&= n^k.
\end{aligned}$$

これは $G(A) \times G(B) = \{(e_A, e_B)\}$ による $\mathscr{F}(A,B)$ の各同値類，言い換えれば置換群 $G(G(A) \times G(B))$ による $\mathscr{F}(A,B)$ の各軌道が $\mathscr{F}(A,B)$ の各写像一つからなることから，同値類すなわち軌道全体の個数は写像全体の個数 $|\mathscr{F}(A,B)| = n^k$ に等しいことを意味している．

3.2.2　第 1 相から第 4 相-第 7 相-第 10 相

表 2.1 (写像 12 相の個数) の第 1 相「写像」の列，すなわち，第 4 相「重複組合せ数」，第 7 相「ベル数」，第 10 相「数の分割数」などを，公式 (3.10) と公式 (3.11) を用いて，具体的に計算してみよう．2.6.1 節で述べたように，第 4 相「重複組合せ」はボールと箱の第 2 カテゴリー，すなわち，区別のつかない k 個のボールの相異なる n 個の箱への分配のカテゴリーに入る．そして，それは 2.6.4 節で数学的に明確に形式化されたように，$\mathscr{F}(A,B)$ の要素に対する A 上の置換によって導入される同等性による同値類によって定められる．これはさらに，$\mathscr{F}(A,B)$ ($|A|=k$, $|B|=n$) 上の置換群 $G(\mathfrak{S}(A) \times \{e_B\})$ による同値類を考えることになる．はじめに，公式 (3.10) と公式 (3.11) を適用して，3-2 重複組合せ数 $\left(\!\binom{3}{2}\!\right)$ を求めてみよう．

$$\left(\!\binom{3}{2}\!\right) = |\mathscr{F}([2],[3])/G(\mathfrak{S}_2 \times \{e_{[3]}\})|$$

$$= |\mathscr{F}([2],[3])/\mathfrak{S}_2 \times \{e_{[3]}\}|$$

$$= \frac{1}{|\mathfrak{S}_2 \times \{e_{[3]}\}|} \sum_{\alpha \in \mathfrak{S}_2 \times \{e_{[3]}\}} |\mathscr{F}([2],[3])_\alpha|$$

$$= \frac{1}{2!}\Big(|\mathscr{F}([2],[3])_{((1)(2),(1)(2)(3))}| + |\mathscr{F}([2],[3])_{((12),(1)(2)(3))}|\Big)$$

$$= \frac{1}{2}(3^2 + 3) = 6.$$

これは当然，重複組合せ数の (初等的な) 公式 (2.11) による計算の結果

$$\left(\!\!\binom{3}{2}\!\!\right) = \frac{3 \times 4}{2!} = 6$$

に等しい．

問 3.20 (1) 上述の 3-2 重複組合せ数の計算において，

$$|\mathscr{F}([2],[3])_{((1)(2),(1)(2)(3))}| = 3^2, \quad |\mathscr{F}([2],[3])_{((12),(1)(2)(3))}| = 3$$

であることを確認せよ．

(2) 公式 (3.10) と公式 (3.11) を用いて，3-3 重複組合せ数 $\left(\!\!\binom{3}{2}\!\!\right)$ を計算せよ．

公式 (3.10) と公式 (3.11) の適用になれたところでさらに，これらの公式を用いて n-k 重複組合せ数の公式 (2.11) を与えてみよう．はじめに公式 (3.10) から次の式を得る．

$$\left(\!\!\binom{n}{k}\!\!\right) = |\mathscr{F}([k],[n])/G(\mathfrak{S}_k \times \{e_{[n]}\})|$$

$$= |\mathscr{F}([k],[n])/\mathfrak{S}_k \times \{e_{[n]}\}|$$

$$= \frac{1}{k!} \sum_{\alpha \in \mathfrak{S}_k \times \{e_{[n]}\}} |\mathscr{F}([k],[n])_\alpha|. \tag{3.12}$$

ここで，$\alpha = (\sigma, e_{[n]})$ に対して

$$\operatorname{cyc}\langle\sigma\rangle = \langle c_1, c_2, \cdots, c\rangle, \quad \operatorname{cyc}\langle e_{[n]}\rangle = \langle n, 0, \cdots, 0\rangle$$

に注意して公式 (3.11) を適用すると，次の式を得る．

$$\sum_{\alpha\in\mathfrak{S}_k\times\{e_{[n]}\}}|\mathscr{F}([k],[n])_\alpha| = \sum_{(\sigma,e_{[n]})\in\mathfrak{S}_k\times\{e_{[n]}\}} n^{(c_1+c_2+\cdots+c_k)}$$

$$= \sum_{i=1}^{k} c(k,i)n^i. \tag{3.13}$$

ただし，$c(k,i)$ は 2.6.2 節 (88 ページ) で定めた記号で，ちょうど i 個の輪をもつ $\mathfrak{S}_k$ の要素の個数を表す．σ の輪の総数 $(c_1+c_2+\cdots+c_k)$ を i と置くことによって最後の式が得られることに注意せよ．ここで，第 2 章の公式 (2.46) を思い出そう．公式 (2.46) において，x, n, k をそれぞれ n, k, i と置くことによって次式を得る．

$$\sum_{i=1}^{k} c(k,i)n^i = n(n+1)(n+2)\cdots(n+k-1).$$

この式を式 (3.13) に代入し，さらにその結果を式 (3.12) に代入すると次の式を得る．

$$\left(\!\!\binom{n}{k}\!\!\right) = \frac{n(n+1)(n+2)\cdots(n+k-1)}{k!}.$$

これはまさに n-k 重複組合せ数の公式 (2.11) である．このように，置換群という抽象的な枠組みの中で得られたコーシー-フロベニウスの定理という一般的な公式から，重複組合せ数の初等的公式が導かれるとは，思いも及ばなかったであろう．この辺が数学の不思議な醍醐味であり，おもしろさではないであろうか．

次に，第 7 相「ベル数」B(3) を第 4 相の場合と同様の考察によって求めてみよう．

$$B(3) = |\mathscr{F}([3],[3])/\{e_{[3]}\}\times\mathfrak{S}_3|$$

$$= \frac{1}{|\{e_{[3]}\}\times\mathfrak{S}_3|}\sum_{\alpha\in\{e_{[3]}\}\times\mathfrak{S}_3}|\mathscr{F}([3],[3])_\alpha|$$

$$= \frac{1}{3!}\Big(|\mathscr{F}([3],[3])_{((1)(2)(3),(1)(2)(3))}| + |\mathscr{F}([3],[3])_{((1)(2)(3),(1)(23))}|$$

$$+ |\mathscr{F}([3],[3])_{((1)(2)(3),(2)(13))}| + |\mathscr{F}([3],[3])_{((1)(2)(3),(3)(23))}|$$

$$+ |\mathscr{F}([3],[3])_{((1)(2)(3),(123))}| + |\mathscr{F}([3],[3])_{((1)(2)(3)),(132)}|\Big)$$

$$= \frac{1}{6}(3^3 + 3(1^3)) = 5.$$

これは当然，ベル数の (初等的な) 公式 (2.37) などによる計算 (この場合は計算するまでもないが) の結果，

$$\mathrm{B}(3) = {}_3S_1 + {}_3S_2 + {}_3S_3 = 1 + 3 + 1 = 5$$

に等しい．

問 3.21 (1) 上述のベル数 B(3) の計算において，

$$|\mathscr{F}([3],[3])_{((1)(2)(3),(1)(23))}| = 1^3$$

であることを確認せよ．

(2) 公式 (3.10) と公式 (3.11) を用いて，${}_3S_1 + {}_3S_2 = 1 + 3 = 4$ を求めよ．

本節の最後に，第 10 相「数の分割数」$p(2)$ を第 4 相や第 7 相と同様の考察によって求めてみよう．

$$p(2) = |\mathscr{F}([2],[2])/\mathfrak{S}_2 \times \mathfrak{S}_2|$$

$$= \frac{1}{|\mathfrak{S}_2 \times \mathfrak{S}_2|} \sum_{\alpha \in \mathfrak{S}_2 \times \mathfrak{S}_2} |\mathscr{F}([2],[2])_\alpha|$$

$$= \frac{1}{2! \cdot 2!} \Big(|\mathscr{F}([2],[2])_{((1)(2),(1)(2))}| + |\mathscr{F}([2],[2])_{((1)(2),(12))}|$$

$$+ |\mathscr{F}([2],[2])_{((12),(1)(2))}| + |\mathscr{F}([2],[2])_{((12),(12))}|\Big)$$

$$= \frac{1}{4}(2^2 + 0 + 2^1 + (2 \cdot 1)^1) = 2.$$

これは当然，数の分割数の (初等的な) 公式 (2.49) などによる計算 (この場合は計算するまでもないが) の結果，

$$p(2) = 1 + 1 = 2$$

に等しい．

問 3.22 (1) 上述の数の分割数 $p(2)$ の計算において,
$$|\mathscr{F}([2],[2])_{((12),(12))}| = (2\cdot 1)^1$$
であることを確認せよ.

(2) 公式 (3.10) と公式 (3.11) を用いて, $p(3,1)+p(3,2)=1+1=2$ を求めよ.

3.2.3 第 2 相「単射」から第 5 相-第 8 相-第 11 相

n-k 組合せ数の公式 (2.7) を素朴な組合せ論的論法で求めたときの, n-k 組合せ数 $_n\mathrm{C}_k$ と n-k 順列数 $_n\mathrm{P}_k$ の関係式はコーシー-フロベニウスの定理のきわめて特別な適用によって得られることについては, すでに 2.6.4 節 (106 ページ) でふれているが, ここで実際にそのことを示してみよう. 2.6.1 節で述べたように, n-k 組合せはボールと箱の第 2 カテゴリー, すなわち区別のつかない k 個のボールの相異なる n 個の箱への分配のカテゴリーに入る. そしてそれは 2.6.4 節で数学的に明確に形式化されたように, $\mathscr{F}(A,B)$ の要素に対する A 上の置換によって導入される同等性による同値類によって定められる. これはさらに $\mathscr{F}(A,B)$ ($|A|=k$, $|B|=n$) 上の置換群 $G(\mathfrak{S}(A)\times\{e_B\})$ による同値類を考えることになる. この写像の同等性は, すなわち, この置換群の作用は第 2 章で示したように, 写像の単射性と両立するので, 置換群の作用する範囲を $\mathscr{F}(A,B)$ の部分集合である A から B への単射全体 ($\mathscr{IF}(A,B)$ で表す) に制限しても, 公式 (3.6) を適用できる.

特に, $|\mathscr{IF}(A,B)_{(e_A,e_B)}| = {}_n\mathrm{P}_k$ であり, $|\mathscr{IF}(A,B)_\alpha| = 0$ ($\alpha \neq (e_A,e_B)$) であることに注意すれば, 次のように求める関係式が得られる.

$$\begin{aligned}
{}_n\mathrm{C}_k &= |\mathscr{IF}(A,B)/G(\mathfrak{S}(A)\times\{e_B\})| \\
&= |\mathscr{IF}(A,B)/\mathfrak{S}(A)\times\{e_B\}| \\
&= \frac{1}{|\mathfrak{S}(A)\times\{e_B\}|}\sum_{\alpha\in\mathfrak{S}(A)\times\{e_B\}}|\mathscr{IF}(A,B)_\alpha| \\
&= \frac{1}{k!}({}_n\mathrm{P}_k + 0 + \cdot + 0)
\end{aligned}$$

$$= \frac{1}{k!} {}_n\mathrm{P}_k.$$

第 8 相はボールと箱の第 3 カテゴリー，すなわち，相異なる k 個のボールの区別のつかない n 個の箱への分配のカテゴリーに入る．そしてそれは，2.6.4 節で数学的に明確に形式化されたように，$\mathscr{F}(A,B)$ ($|A|=k, |B|=n$) の要素に対する，B 上の置換によって導入される同等性による同値類によって定められる．第 5 相の場合と同様に，$\mathscr{F}(A,B)$ 上の置換群 $G(\{e_A\} \times \mathfrak{S}(B))$ の作用を単射全体 $\mathscr{IF}(A,B)$ に制限しても，公式 (3.6) を適用できる．

具体的な数値 $k=3, n=5$ に対して計算してみよう．ここで一般性を失わずに $A=[3], B=[5]$ と置くことができる．$|\mathscr{IF}([3],[5])_{(e_{[3]},e_{[5]})}| = {}_5\mathrm{P}_3$ であり，$|\mathscr{IF}([3],[5])_{(e_{[3]},(1)(2)(3)(45))}| = 3!$ で，$\mathfrak{S}_{[5]}$ の要素で長さ 1 の輪がちょうど 3 個からなる他の置換についても同様である．$\mathfrak{S}_{[5]}$ の他の要素 α については，$|\mathscr{IF}([3],[5])_\alpha| = 0$ である．長さ 1 の輪がちょうど 3 個からなる $\mathfrak{S}_{[5]}$ の置換は ${}_5\mathrm{C}_3 = 10$ 個あることに注意すれば，次のように計算できる．

$$|\mathscr{IF}([3],[5])/G(\{e_{[3]}\} \times \mathfrak{S}_5)| = |\mathscr{IF}([3],[5])/\{e_{[3]}\} \times \mathfrak{S}_5|$$
$$= \frac{1}{5!}({}_5\mathrm{P}_3 + 10 \cdot 3!) = \frac{120}{120} = 1.$$

この結果は当然，表 2.1 (写像 12 相の個数) の第 8 相の値に一致する ($k > n$ に対して 0 は明らかである)．

問 3.23 $k=2, n=6$ に対して，公式 (3.6) を適用して第 8 相を確認せよ．

次に第 11 相を考える．第 11 相はボールと箱の第 4 カテゴリー，すなわち区別のつかない k 個のボールの区別のつかない n 個の箱への分配のカテゴリーに入る．第 8 相の場合と同様の考察により，単射全体 $\mathscr{IF}(A,B)$ に作用する置換群 $\mathfrak{S}(A) \times \mathfrak{S}(B)$ を考え，公式 3.6 を適用すればよい．

具体的な数値 $k=2, n=3$ に対して計算してみよう．ここで一般性を失わずに $A=[2], B=[3]$ と置くことができる．$|\mathscr{IF}([2],[3])_{(e_{[2]},e_{[3]})}| = {}_3\mathrm{P}_2 = 6$ であり，$\tau = (1)(23), (2)(13), (3)(12)$ に対して $|\mathscr{IF}([2],[3])_{((12),\tau)}| = 2$ で，$\mathfrak{S}_2 \times \mathfrak{S}_3$ の他の要素 α については，$|\mathscr{IF}([2],[3])_\alpha| = 0$ である．したがって，次のように計算できる．

$$|\mathscr{I}\mathscr{F}([2],[3])/\mathfrak{S}_2 \times \mathfrak{S}_3| = \frac{1}{2! \times 3!}(6 + 3 \cdot 2) = \frac{12}{12} = 1.$$

この結果は当然，表 2.1 (写像 12 相の個数) の第 11 相の値に一致する ($k > n$ に対して 0 は明らかである)．

問 3.24 $k = n = 3$ に対して，公式 (3.6) を適用して第 8 相を確認せよ．

3.2.4 第 3 相「全射」から第 6 相-第 9 相-12 相

表 2.1 (写像 12 相の個数) の第 3 相「全射」の列，すなわち，第 6 相「数の組成」，第 9 相「2 種スターリング数」，第 12 相「数の分割」などを，コーシー-フロベニウスの定理 (公式 (3.6)) を適用し，具体的に計算してみよう．2.6.1 節で述べたように，n-k 組成はボールと箱の第 2 カテゴリー，すなわち区別のつかない k 個のボールの相異なる n 個の箱への分配のカテゴリーに入り，2 種スターリング数 $_k S_n$ はボールと箱の第 3 カテゴリー，すなわち，相異なる k 個のボールの区別のつかない n 個の箱への分配のカテゴリーに入り，数の k-n 分割はボールと箱の第 4 カテゴリー，すなわち区別のつかない k 個のボールの区別のつかない n 個の箱への分配のカテゴリーに入る．これらは 2.6.4 節で数学的に明確に形式化されたように，$\mathscr{F}(A, B)$ の要素に対する A および B 上の置換によって導入される同等性による同値類によって定められ，さらに各々に対応する $\mathscr{F}(A, B)$ ($|A| = k, |B| = n$) 上の置換群による同値類を考えることになる．この写像の同等性は，すなわち各々の置換群の作用は第 2 章で示したように，写像の全射性と両立するので，置換群の作用する範囲を $\mathscr{F}(A, B)$ の部分集合である A から B への全射全体 ($\mathscr{I}\mathscr{F}(A, B)$ で表す) に制限しても，公式 (3.6) を適用できる．

はじめに第 6 相を考えるために，3-2 組成 comp(3, 2) を具体的に計算してみよう．全射全体 $\mathscr{I}\mathscr{F}([3],[2])$ に作用する置換群 $\mathfrak{S}_3 \times e_{[2]}$ を考え，公式 (3.6) を適用すればよい．$|\mathscr{I}\mathscr{F}([3],[2])_{(e_{[3]}, e_{[2]})}| = \mathrm{S}(3, 2)$ であり，公式 (2.26) より，$\mathrm{S}(3, 2) = 6$ である．また，$\mathfrak{S}_3 \times e_{[2]}$ の他の要素 α についても，表 3.1 に示されるとおりである．

したがって，次のように計算できる．

表 3.1 第 6 相計算例.

	(1)(2)(3)	(1)(23)	(2)(13)	(3)(12)	(123)	(132)
(1)(2)	6	2	2	2	0	0

$$|\mathscr{SF}([3],[2])/\mathfrak{S}_3 \times e_{[2]}| = \frac{1}{3!}(6 + 3 \cdot 2) = \frac{12}{6} = 2.$$

この結果は当然，3-2 組成は $1+2, 2+1$ の 2 個であり，また公式 (2.57) による計算結果 3-2 組成数 $\mathrm{comp}(3,2) = 2$ と一致する．

問 3.25 $k = 4, n = 2$ に対して，公式 (3.6) を適用して第 6 相を計算せよ．

次に第 9 相を考える．すなわち，2.6.2 節 (106 ページ) でふれているが，公式 (2.38) を求めたときの，第 2 種スターリング数 $_k\mathrm{S}_n$ と全射数 $\mathrm{S}(k,n)$ の関係式が得られることを示す．$|A| = k, |B| = n$ に対して，$|\mathscr{SF}(A,B)_{(e_A,e_B)}| = \mathrm{S}(k,n)$ であり，$|\mathscr{SF}(A,B)_\alpha| = 0 \ (\alpha \neq (e_A, e_B))$ であることに注意すれば，次のように求める関係式が得られる．

$$\begin{aligned}
_k\mathrm{S}_n &= |\mathscr{SF}(A,B)/\{e_A\} \times \mathfrak{S}(B)| \\
&= \frac{1}{|\{e_A\} \times \mathfrak{S}(B)|} \sum_{\alpha \in \{e_A\} \times \mathfrak{S}(B)} |\mathscr{SF}(A,B)_\alpha| \\
&= \frac{1}{n!}(\mathrm{S}(k,n) + 0 + \cdots + 0) \\
&= \frac{1}{n!}\mathrm{S}(k,n).
\end{aligned}$$

最後に第 12 相を考えるために，3-2 分割 $p(3,2)$ を具体的に計算してみよう．表 3.1 に $|\mathscr{SF}([3],[2])_{(\sigma,(12))}| = 0 \ (\sigma \in \mathfrak{S}_3)$ を加えればよい．したがって，次のように計算できる．

$$|\mathscr{SF}([3],[2])/\mathfrak{S}_3 \times \mathfrak{S}_2| = \frac{1}{12}(6 + 3 \cdot 2) = \frac{12}{12} = 1.$$

この結果は当然，3-2 分割は $1+2$ の 1 個のみで，$p(3,2) = 1$ と一致する．

問 3.26 $k=4, n=2$ に対して，公式 (3.6) を適用して第 12 相を計算せよ．

以上のように，「写像 12 相」をコーシー-フロベニウスの定理からみると，「12 相」ではなく，第 1 相「写像全体」，第 2 相「単射全体」，第 3 相「全射全体」それぞれを基盤とする 3 系列であり，定義域 A および B 上の置換群の在り様に応じ，公式 3.6 を用いて，重複組合せ数の初等的公式を導くことや各系列を計算できることがわかる．すなわち，第 2 章の終わりでも述べたことであるが，コーシー-フロベニウスの定理と呼ばれる置換群における個数計算に関する基本定理によって，統一的な視点と統一的な計算法が与えられ，第 1 から第 4 カテゴリーのような分類が理論的には表層的なものであることが分かる．ただし，コーシー-フロベニウスの定理に基づく個々の具体的な計算が"楽"かどうかは別問題である．本節のはじめに述べたように，コーシー-フロベニウスの定理の，箱庭的なその小宇宙を示すことができたであろうか．

3.3 一般円順列をコーシー-フロベニウスの定理からみると

第 i 種 $(1 \leq i \leq m)$ のものが n_i 個ずつ全部で n 個あり，同一種のものはすべて同じものとする．以下 n 個のものとはこれら n 個のものをさす．このとき，n 個のものの通常の順列すなわち一般順列については，2.3.7 節で述べた．また，n 個のものを，各々の相対的な位置関係のみを考えて，円形に並べる並べ方すなわち円順列や一般円順列についても，2.3.3 節や 2.3.7 節の例 2.18 で述べた．ここでは，例 2.18 でふれたように，円順列や一般円順列などをコーシー-フロベニウスの定理 (公式 3.6) を用いて求めてみよう．

基本的には円形に配置されたものの (時計まわりの) 回転による同値性を考えることになる．これは集合 $[n]$ 上の特別な置換群，すなわち巡回置換 $\sigma = (123\cdots n)$ によって生成される置換群 $\{\sigma, \sigma^2, \cdots, \sigma^n = e\}$ (巡回群と呼び，$\mathfrak{C}_n$ で表す) を円形配置に作用させることである．正確に述べれば，1 から n まで番号付けられ円形に並べられた n 個の各場所に，n 個のものをちょうど 1 個配置する円形配置全体 ($\boldsymbol{C}$ で表す) を考え，$\boldsymbol{C}$ 上の関係 $\equiv$ を $C_1 \equiv C_2$ であるのは，$\mathfrak{C}_n$ の要素 σ が存在して $\tilde{\sigma}(C_1) = C_2$ であるときと定めることである．

ただし，$\tilde{\sigma}(C_1)$ は σ が円形配置 C_1 の各場所の番号に作用するものとする．この関係 $\equiv$ は $\boldsymbol{C}$ 上の同値関係であり，この同値関係による同値類全体 $\boldsymbol{C}/\mathfrak{C}_n$ が一般円順列全体ということになる．したがって，巡回群 $\mathfrak{C}_n$ によって誘導される $\boldsymbol{C}$ の置換群 $G(\mathfrak{C}_n)$ を考え，公式 (3.6) を適用すればよい．ここで，$\mathfrak{C}_n$ の要素 α に対して

$$\boldsymbol{C}_\alpha = \{C \in \boldsymbol{C} \mid \tilde{\alpha}(C) = C\}$$

であること，および一般順列数または多項係数の公式 (2.14) より

$$|\boldsymbol{C}| = \mathrm{C}(n_1, n_2, \cdots, n_m) = \frac{n!}{n_1! n_2! \cdots n_m!}$$

あることに注意して，いくつかの計算例を示そう．

例 3.2 円順列の公式 (2.5) を導いてみよう．ここで，n 個のものはすべての i に対して $n_i = 1$ である．また，

$$|\boldsymbol{C}| = \mathrm{C}(1, 1, \cdots, 1) = n!, \quad |\boldsymbol{C}_e| = n!, \quad |\boldsymbol{C}_\alpha| = 0 \ (\alpha \neq e)$$

であるから (e は $\mathfrak{C}_n$ の単位元)，次式を得る．

$$\mathrm{cir}(n) = |\boldsymbol{C}/G(\mathfrak{C}_n)| = |\boldsymbol{C}/\mathfrak{C}_n| = \frac{1}{n}(n! + 0 + \cdots + 0)$$
$$= (n-1)!.$$

これは当然，円順列の公式 (2.5) である．

例 3.3 例 2.18 で扱った「2 個の白の碁石と 3 個の黒の碁石からなる円順列」および「白と赤と青それぞれ 1 個，2 個，3 個のビーズからなる円順列」について計算してみよう．はじめの円順列は，$n_1 = 2, n_2 = 3$ なる 5 個のものの円形配置全体 $\boldsymbol{C}$ とその上に作用する巡回群 $\mathfrak{C}_5$ を考えればよい．

$$|\boldsymbol{C}| = \mathrm{C}(2, 3) = \frac{5!}{2! \cdot 3!} = 10$$

であり，

$$|\boldsymbol{C}_e| = 10, \quad |\boldsymbol{C}_\alpha| = 0 \ (\alpha \neq e)$$

であるから，求める円順列の個数は

$$|C/G(\mathfrak{C}_5)| = |C/\mathfrak{C}_5| = \frac{1}{5}(10 + 0 + \cdots + 0) = 2$$

となり，これは当然，例 2.18 での計算結果と一致する．あとの円順列は，$n_1 = 1, n_2 = 2, n_3 = 3$ なる 6 個のものの円形配置全体 C とその上に作用する巡回群 $\mathfrak{C}_6$ を考えればよい．

$$|C| = \mathrm{C}(1,2,3) = \frac{6!}{2! \cdot 3!} = 60$$

であり，

$$|C_e| = 60, \quad |C_\alpha| = 0 \ (\alpha \neq e)$$

であるから，求める円順列の個数は

$$|C/G(\mathfrak{C}_6)| = |C/\mathfrak{C}_6| = \frac{1}{6}(60 + 0 + \cdots + 0) = 10$$

となり，これは当然，例 2.18 での計算結果と一致する．

例 3.4 例 2.18 で扱った「白，赤，青それぞれ 2 個のビーズからなる円順列」について計算してみよう．$n_1 = n_2 = n_3 = 2$ なる 6 個のものの円形配置全体 C とその上に作用する巡回群 $\mathfrak{C}_6$ を考えればよい．

$$|C| = \mathrm{C}(2,2,2) = \frac{6!}{2! \cdot 2! \cdot 2!} = 90$$

であり，

$$|C_e| = 90, \quad |C_{(14)(25)(36)}| = 6, \quad |C_\alpha| = 0 \ (\alpha \neq e, (14)(25)(36))$$

であるから，求める円順列の個数は

$$|C/G(\mathfrak{C}_6)| = |C/\mathfrak{C}_6| = \frac{1}{6}(90 + 6 + 0 + \cdots + 0) = 16$$

となり，これは当然，例 2.18 での計算結果と一致する．

問 3.27 例 3.4 における $C_{(14)(25)(36)}$ の 6 個の円形配置を列挙せよ．

例 3.5 腕輪の問題と呼ばれている問題を考える．異なる m 色のビーズが

各色とも十分にたくさんあるとする．素数 p に対して，p 個のビーズからなる腕輪をつくる．二つの腕輪は，回転によって互いに他と同じものになれば，区別できないものとする．ただし，裏返すことはできないものとする．このとき，異なる腕輪が何個できるかという問題である．この問題は，番号 1 から p までの各場所に m 色のどの色のビーズもおくことのできる円形配置全体 C とその上に作用する巡回群 $\mathfrak{C}_p$ を考えればよい．

$$|C| = m^p$$

であり，

$$|C_e| = m^p, \ |C_\alpha| = m \ (\alpha \neq e)$$

であるから，求める腕輪の個数は

$$|C/G(\mathfrak{C}_p)| = |C/\mathfrak{C}_p| = \frac{1}{p}(m^p + m + \cdots + m)$$

$$= \frac{1}{p}(m^p + (p-1)m)$$

となる．この結果から $\frac{1}{p}(m^p + (p-1)m) = \frac{1}{p}m(m^{p-1} - 1) + m$ は整数であるから，「m が p で割り切れなければ，$(m^{p-1} - 1)$ が p で割り切れる」という命題を得る．これは数論の**フェルマの小定理**と呼ばれているものである．

問 3.28 例 3.5 における $C_\alpha \ (\alpha \neq e)$ の m 個の円形配置を列挙せよ．

3.4 ポーリャ-レッドフィールドの方法

3.1 節のはじめにもふれたポーリャ-レッドフィールドの方法の概略および本書の範囲内での応用について述べる．ポーリャとレッドフィールドは，それぞれ独立に 1920 年代の後半から 1930 年代にかけて，コーシー-フロベニウスの定理を，写像の集合 $\mathscr{F}(A, B)$ の定義域 A に作用する置換群による同値類の個数計算に適用し，その際，置換群に対して，置換の各長さの輪の個数列を多変数多項式の指数に添えた多項式表現を導入し，それらに対する母関数論的手法

を展開した (文献 [15], 文献 [16]). その中心的役割を果たすものが, 次のように定められる多変数多項式で, 置換群の**輪指標**または**巡回置換指数**と呼ばれているものである. 置換群 G に対して,

$$\mathrm{Cyc}(G) = \frac{1}{|G|} \sum_{\alpha \in G} x_1{}^{c_1(\alpha)} x_2{}^{c_2(\alpha)} \cdots x_n{}^{c_n(\alpha)}$$

ただし, $c_i(\alpha)$ は α の長さ i の輪の個数であり, n は十分大きくとるものとする. この多変数多項式を $P_G(x_1, x_2, \cdots, x_n)$ または $Z(G)$ で表すときもある. 次にいくつかの具体的な置換群の輪指標を与え, その応用として, 第 2 章で与えたいくつかの初等的公式を求めてみよう.

対称群 $\mathfrak{S}_n$ の輪指標は次のとおりである.

$$\mathrm{Cyc}(\mathfrak{S}_n) = \frac{1}{n!} \sum_{\alpha \in \mathfrak{S}_n} x_1{}^{c_1(\alpha)} x_2{}^{c_2(\alpha)} \cdots x_n{}^{c_n(\alpha)} \tag{3.14}$$

上式の右辺の和を, 各 $\alpha \in \mathfrak{S}_n$ について, $\mathfrak{S}_n$ の台集合 $[n]$ のある要素たとえば 1 を含む輪の長さによって, まとめなおすと, 次の漸化式を得る (問 3.29 を参照).

$$n \cdot \mathrm{Cyc}(\mathfrak{S}_n) = \sum_{i=1}^{n} x_i \cdot \mathrm{Cyc}(\mathfrak{S}_{n-i}) \tag{3.15}$$

ただし, $\mathrm{Cyc}(\mathfrak{S}_0) = 1$ とする. 次に, $\mathrm{Cyc}(\mathfrak{S}_n)$ の母関数

$$\mathfrak{S}(z) = \sum_{n=0}^{\infty} \mathrm{Cyc}(\mathfrak{S}_n) z^n$$

を考える. 両辺を z で (形式) 微分し, 漸化式 (3.15) を用いて式変形した後, (形式) 積分すると, 対称群の輪指標の母関数として次式を得る (問 3.30 を参照).

$$\mathfrak{S}(z) = \exp(x_1 z + x_2 \frac{z^2}{2} + \cdots) = \exp\left(\sum_{i=1}^{\infty} x_i \frac{z^i}{i}\right) \tag{3.16}$$

ただし, e^f の代わりに記法 $\exp(f)$ を用いている.

問 3.29 対称群の輪指標から漸化式 (3.15) を求める過程を式変形によって示せ.

問 3.30 対称群の輪指標の母関数 (3.16) を求める過程を式変形によって示せ．

ここで，対称群の輪指標の母関数 (3.16) から，$\mathfrak{S}_n$ の要素でちょうど k 個の輪を持つものの個数で符号なしスターリング数とも呼ばれている $c(n,k)$ に関する公式 (2.46)，$\mathfrak{S}_n$ の要素で長さ 1 の輪のないものの個数ですれちがい順列数またはかく乱列数と呼ばれている $D(n)$ の母関数 (2.84)，$\mathfrak{S}_n$ の要素 σ で $\sigma^2 = e$ を満たす対合と呼ばれているものの個数の母関数 (例 2.65) などを求めてみよう．

以下，置換群 G の輪指標 $\mathrm{Cyc}(G)$ の変数 x_i に式 f を代入することを $\mathrm{Cyc}(G)(x_i \to f)$ で表す．

例 3.6 符号なしスターリング数 $c(n,k)$ に関する公式 (2.46) や第 4 相「重複組合せ数」をコーシー-フロベニウスの定理 (公式 (3.6)) を用いて求めたことなどを，母関数 (3.16) から導いてみよう．はじめに公式 (3.14) から，

$$\mathrm{Cyc}(\mathfrak{S}_n)(x_i \to x \ (i = 1, 2, \cdots)) = \frac{1}{n!} \sum_{\alpha \in \mathfrak{S}_n} x^{\sum_{i=1}^{n} c_i(\alpha)}$$

$$= \frac{1}{n!} \sum_{k=0}^{n} c(n,k) x^k$$

となり，これを母関数 (3.16) に適用すると，

$$\sum_{n=0}^{\infty} \left(\frac{1}{n!} \sum_{k=0}^{n} c(n,k) x^k \right) z^n = \exp(x(-\log(1-z))) = (1-z)^{-x}$$

$$= \sum_{n=0}^{\infty} \binom{x+n-1}{n} z^n = \sum_{n=0}^{\infty} \left(\!\binom{x}{n}\!\right) z^n$$

となる．上述の式変形は例 2.25 において公式 (2.21) を導いたときと同様であることに注意せよ．ここで両辺の z^n の"係数"を比較して，次の式を得る．

$$\frac{1}{n!} \sum_{k=0}^{n} c(n,k) x^k = \left(\!\binom{x}{n}\!\right)$$

これより公式 (2.46) を得る．また，x, n, k をそれぞれ n, k, i と置くことによって，第 4 相「重複組合せ数」をコーシー-フロベニウスの定理 (公式 (3.6))

を用いて求めたときの式を得る．

例 3.7 すれちがい順列数 $D(n)$ の母関数 (2.84) を母関数 (3.16) から導いてみよう．すれちがい順列数 $D(n)$ は $\mathfrak{S}_n$ の要素で長さ 1 の輪のないものの個数と一致することに注意すれば，

$$D(n) = n!\mathrm{Cyc}(\mathfrak{S}_n)(x_1 \to 0, x_i \to 1 \ (i \neq 1))$$

である．これを母関数 (3.16) に適用すると，

$$\sum_{n=0}^{\infty} D(n) \frac{z^n}{n!} = \exp\left(-z + z + \frac{z^2}{2} + \frac{z^3}{3} + \cdots\right)$$

$$= \exp(-z)\exp(-\log(1-z)) = \frac{1}{1-z}e^{-z}$$

を得る．これは第 2 章で求めた $D(n)$ の母関数 (2.84) に等しい．

例 3.8 $\mathfrak{S}_n$ の対合の総数 (i_n で表す) の母関数を母関数 (3.16) から導いてみよう．i_n は $\mathfrak{S}_n$ の要素 σ で $\sigma^2 = e$ を満たすものの個数であることに注意すれば，

$$i_n = n!\mathrm{Cyc}(\mathfrak{S}_n)(x_1 \to 1, x_2 \to 1, x_i \to 0 \ (i \neq 1, 2))$$

である．これを母関数 (3.16) に適用すると，

$$\sum_{n=0}^{\infty} i_n \frac{z^n}{n!} = \exp\left(z + \frac{z^2}{2}\right)$$

を得る．例 2.65 で求めた母関数に等しい．

第 3 章の最後に，3.2 節で述べた $\mathscr{F}(A, B)$ 上の図式関係 $\sim$ による同値類 (軌道) の個数に関する公式 (3.10) と公式 (3.11) の輪指標による表現およびその応用についてふれておこう．

3.4.1 ポーリャ-レッドフィールドの定理

はじめに $\mathscr{F}(A, B)$ 上の図式関係 $\sim$ で，特に，B 上の置換群 $G(B)$ が単位元 e_B のみの場合を考える．ここでは，$G(A) \times \{e_B\}$ を $G(B)$ と同一視できる．B の各要素 b に対して，ある**重み** (または**表示式**) $w(b)$ (b の適当な表示

式でその全体は環をなすもの) を対応させ，さらに $f \in \mathscr{F}(A,B)$ の**重み** (表示式) $W(f)$ を

$$W(f) = \prod_{a \in A} w(f(a))$$

によって定め，$\mathscr{F}(A,B)/G(A)$ の要素すなわち図式 (軌道) $[f]$ に対して，$f, g \in [f]$ ならば $W(f) = W(g)$ であるから，図式 $[f]$ の**重み** (表示式) $W([f])$ を $W(f)$ で定めることができる．このとき，**ポーリャ-レッドフィールドの定理**と呼ばれている次の公式を得る．

$$\sum_{[f] \in \mathscr{F}(A,B)/G(A)} W([f])$$
$$= \mathrm{Cyc}(G(A))\left(x_i \to \sum_{b \in B} (w(b))^i \ (i = 1, 2, \cdots)\right) \tag{3.17}$$

公式 (3.17) において，特に任意の $b \in B$ に対して $w(b) = 1$ とすると，左辺は $|\mathscr{F}(A,B)/G(A)|$ に等しく，右辺は

$$\mathrm{Cyc}(G(A))(x_i \to |B| \ (i = 1, 2, \cdots))$$
$$= \frac{1}{|G(A)|} \sum_{\sigma \in G(A)} |B|^{c_1(\sigma)+c_2(\sigma)+\cdots}$$

となるから，次の式を得る．

$$|\mathscr{F}(A,B)/G(A)| = \frac{1}{|G(A)|} \sum_{\sigma \in G(A)} |B|^{c_1(\sigma)+c_2(\sigma)+\cdots}$$

これは公式 (3.10) と (3.11) において，$G(B) = \{e_B\}$，すなわち $d_1 = |B|$，$d_i = 0$ $(i \neq 1)$ と置いて得られる結果と一致する．

例 3.9 次の場合にポーリャ-レッドフィールドの定理 (公式 (3.17)) を適用し，結果に 1 つの解釈を与えてみよう：

$$A = \{1, 2, 3\}, \quad B = \{1, 2\},$$
$$w(1) = r, \quad w(2) = w,$$
$$G(A) = \{e, (2)(3)\}.$$

$G(A)$ の輪指標は

$$\text{Cyc}(G(A)) = \frac{1}{2}(x_1^3 + x_1 x_2)$$

であるから，公式 (3.17) の右辺は

$$\text{Cyc}(G(A))(x_1 \to (r+w), x_2 \to (r^2+w^2), x_3 \to (r^3+w^3))$$
$$= \frac{1}{2}((r+w)^3 + (r+w)(r^2+w^2))$$
$$= r^3 + 2r^2w + 2rw^2 + w^3$$

となる．この結果は次のように解釈できる．

2 色 (r：赤, w：白) のダンゴがそれぞれ 3 個以上あり，これらを用いて上下の区別のつかない 3 個のダンゴからなる「串ダンゴ」を作るとき，できる「串ダンゴ」の様子，すなわち，3 個とも赤のものが 1 種類，赤 2 個・白 1 個のものが 2 種類，赤 1 個・白 2 個のものが 2 種類，3 個とも白のものが 1 種類，全部で 6 ($r = w = 1$ 代入の結果) 種類できることを示している．

問 3.31 次の場合にポーリャ-レッドフィールドの定理 (公式 (3.17)) を適用せよ．

$$A = \{1, 2, 3\}, \quad B = \{r_1, r_2, g\},$$
$$w(r_1) = w(r_2) = r, \quad w(g) = g,$$
$$G(A) = \{e, (123), (132)\}$$

例 3.10 ここで再び，例 3.5 で扱った腕輪の問題を考える．巡回群 $\mathfrak{C}_n$ の輪指標は次の式で与えられる．

$$\text{Cyc}(\mathfrak{C}_n) = \frac{1}{n} \sum_{k|n} \varphi(k) x_k^{n/k} \tag{3.18}$$

ここで，$\varphi(k)$ は例 2.36 で述べたオイラー関数で，k と互いに素な k 以下の正の整数の個数であり，その計算式は公式 (2.34) で与えられている．m 色のビーズがたくさんあるとする．このとき，n (素数とは限らない) 個のビーズか

らなる腕輪の場合は，$|A| = n$, $|B| = m$, $G(A) = \mathfrak{C}_n$ を考えればよいから，公式 (3.18) より，異なる腕輪の個数は次の式で与えられる．

$$\mathrm{Cyc}(\mathfrak{C}_n)(x_i \to m \ (i = 1, 2, \cdots)) = \frac{1}{n} \sum_{k|n} \varphi(k) m^{n/k}.$$

特に，n が素数 p のとき，$k|p$ となる k は 1 と p のみであるから，$\varphi(1) = 1$，$\varphi(p) = p - 1$ であることに注意すれば，例 3.5 の結果と一致する．

問 3.32 3 色のビーズがたくさんあるとする．このとき，6 個のビーズからなる異なる腕輪の個数を求めよ．

3.4.2 ド・ブリュイジンの定理

つぎに，公式 (3.11) を (形式) 偏微分と指数関数によって表し，その結果を用いて公式 (3.10) を輪指標によって表現し，第 7 相「ベル数」や第 11 相「数の分割数」などに関する計算に適用してみよう．公式 (3.11) の積に関する各項は (形式) 偏微分と指数関数を用いて，次のように表すことができる．

$$(d_1)^{c_1} = \left(\frac{\partial}{\partial z_1}\right)^{c_1} e^{d_1 z_1} \bigg|_{z_1 = 0}$$

$$(d_1 + 2d_2)^{c_2} = \left(\frac{\partial}{\partial z_2}\right)^{c_2} e^{(d_1 + 2d_2) z_2} \bigg|_{z_2 = 0}$$

$$\cdots$$

$$\left(\sum_{i|k} i d_i\right)^{c_k} = \left(\frac{\partial}{\partial z_k}\right)^{c_k} e^{\left(\sum_{i|k} i d_i\right) z_k} \bigg|_{z_k = 0}$$

したがって，

$$|A| = k, \ |B| = n,$$
$$\mathrm{cyc}\langle\sigma\rangle = \langle c_1, c_2, \cdots, c_k\rangle, \ \mathrm{cyc}\langle\tau\rangle = \langle d_1, d_2, \cdots, d_n\rangle$$

に対して，公式 (3.11) を次のように表すことができる．

$$|\mathscr{F}(A, B)_{(\sigma, \tau)}|$$

$$= \left(\frac{\partial}{\partial z_1}\right)^{c_1} \left(\frac{\partial}{\partial z_2}\right)^{c_2} \cdots \left(\frac{\partial}{\partial z_k}\right)^{c_k} (e^{d_1 \tilde{z}_1} e^{d_2 \tilde{z}_2} \cdots e^{d_k \tilde{z}_k}) \Big|_{z_i=0 \ (1 \leq i \leq k)}$$

ただし，$\tilde{z}_i = i \sum_{1 \leq j,\, i\cdot j \leq k} z_{i\cdot j}$ である．これより次のように，公式 (3.10) の輪指標表現を得る．これはド・ブリュイジンの定理と呼ばれている（文献 [17]）．

$$|\mathscr{F}(A,B)/G(A) \times G(B)|$$
$$= \mathrm{Cyc}(G(A))\left(x_i \to \frac{\partial}{\partial z_i} \ (1 \leq i \leq k)\right)$$
$$\times \mathrm{Cyc}(G(B))(x_i \to e^{\tilde{z}_i} \ (1 \leq i \leq n)) \Big|_{z_i=0 \ (1 \leq i \leq k)} \quad (3.19)$$

ただし，$|A| = k$, $|B| = n$ で，$i \cdot j \leq k$ のとき $\tilde{z}_i = i \sum_{j \geq 1} z_{i\cdot j}$, $i > k$ のとき $\tilde{z}_i = 0$ である．さて 3.2.2 節で，第 7 相「ベル数」をコーシー–フロベニウスの定理 (公式 (3.10) と公式 (3.11)) を用いて求めたが，ここではド・ブリュイジンの定理を用いて求めてみよう．

$$\mathrm{Cyc}(\{e_{[3]}\}) = x_1^3, \quad \mathrm{Cyc}(\mathfrak{S}_3) = \frac{1}{6}(x_1^3 + 3x_1 x_2 + 2x_3)$$

であるから，

$$B(3)$$
$$= |\mathscr{F}([3],[3])/\{e_{[3]}\} \times \mathfrak{S}_3|$$
$$= \mathrm{Cyc}(\{e_{[3]}\})\left(x_1 \to \frac{\partial}{\partial z_1},\ x_2 \to \frac{\partial}{\partial z_2},\ x_3 \to \frac{\partial}{\partial z_3}\right)$$
$$\times \mathrm{Cyc}(\mathfrak{S}_3)(x_1 \to e^{z_1+z_2+z_3},\ x_2 \to e^{2z_2},\ x_3 \to e^{3z_3}) \Big|_{z_1=z_2=z_3=0}$$
$$= \left(\frac{\partial}{\partial z_1}\right)^3 \cdot \frac{1}{6}(e^{3(z_1+z_2+z_3)} + 3e^{z_1+z_2+z_3} e^{2z_2} + 2e^{3z_3}) \Big|_{z_1=z_2=z_3=0}$$
$$= \frac{1}{6}(3^3 + 3) = 5$$

となる．これは当然，3.2.2 節の結果と一致する．

問 3.33 公式 (3.19) を用いて，$_3S_1 + {}_3S_2 = 1 + 3 = 4$ を求めよ．

公式 (3.19) を用いたベル数の具体的な計算を観察すると，ベル数の輪指標と (形式) 偏微分を用いた一般式は次のように与えられることがわかる．

$$B(k) = \left(\frac{\partial}{\partial z}\right)^k \mathrm{Cyc}(\mathfrak{S}_n)(x_1 \to e^z, x_i \to 1 \ (i \neq 1))\bigg|_{z=0} \tag{3.20}$$

ただし，$n \geq k$ であり，これを満たすすべての n について公式 (3.20) が成り立つ．また，式 (3.20) に含まれる輪指標の変数は z のみであるから，これに作用する微分は偏微分 $(\partial/\partial z)^k$ でなく常微分 $(d/dz)^k$ でもよい．

コーシー–フロベニウスの定理 (公式 (3.10) と公式 (3.11)) の直接的適用による計算とその母関数論的扱いであるド・ブリュイジンの定理 (3.19) の輪指標しかも指数関数的表現と (形式) 偏微分を用いた形式計算のよしあしはいかがなものであろうか．ここにいたって，第 2 章で与えたベル数の母関数 (2.43) を，公式 (3.20) および対称群の輪指標の母関数 (3.16) から得られる次の公式を用いて，求めてみよう．

$x_i \ (i = 1, 2, \cdots)$ のうちの有限個を除きすべてが 1 に等しいとき，次が成り立つ．

$$\lim_{n \to \infty} \mathrm{Cyc}(\mathfrak{S}_n) = \exp\left(\sum_{i=1}^{\infty} \frac{x_i - 1}{i}\right) \tag{3.21}$$

問 3.34 公式 (3.16) を用いて，公式 (3.21) を導け．

さて，公式 (3.20) は $B(k)$ が $\mathrm{Cyc}(\mathfrak{S}_n)(x_1 \to e^z, x_i \to 1 \ (i \neq 1))$ の級数展開 (マクローリン展開) における $z^k/k!$ の係数であることを意味している．しかも $n \geq k$ なる任意の n に対して成り立つ．したがって，公式 (3.21) より

$$\lim_{n \to \infty} \mathrm{Cyc}(\mathfrak{S}_n)(x_1 \to e^z, x_i \to 1 \ (i \neq 1)) = \exp(e^z - 1)$$

であるから，ベル数 $B(k)$ の母関数として次の式を得る．

$$\sum_{k=0}^{\infty} B(k) \frac{z^k}{k!} = \exp(e^z - 1)$$

これは当然，第 2 章で与えたベル数の母関数 (2.43) と一致する．

最後に，ド・ブリュイジンの定理 (公式 (3.19)) を用いた第 10 相「数の分割数」の計算例を示そう．3.2.2 節でコーシー-フロベニウスの定理を直接適用することによって求めた $p(2)$ についてためす．

$$\mathrm{Cyc}(\mathfrak{S}_2) = \frac{1}{2}(x_1^2 + x_2)$$

であるから，

$$\begin{aligned}
p(2) &= |\mathscr{F}([2],[2])/\mathfrak{S}_2 \times \mathfrak{S}_2| \\
&= \mathrm{Cyc}(\mathfrak{S}_2)\left(x_1 \to \frac{\partial}{\partial z_1}, x_2 \to \frac{\partial}{\partial z_2}\right) \\
&\quad \times \mathrm{Cyc}(\mathfrak{S}_2)(x_1 \to e^{z_1+z_2}, x_2 \to e^{2z_2})\bigg|_{z_1=z_2=z_3=0} \\
&= \frac{1}{2}\left(\left(\frac{\partial}{\partial z_1}\right)^2 + \frac{\partial}{\partial z_2}\right) \cdot \frac{1}{2}(e^{2(z_1+z_2)} + e^{2z_2})|_{z_1=z_2=0} \\
&= \frac{1}{4}(2^2 + 2 + 2) = 2
\end{aligned}$$

となる．これは当然，3.2.2 節の結果と一致する．

問 3.35 公式 (3.19) を用いて，$p(3,1) + p(3,2) = 1 + 1 = 2$ を求めよ．

以上のようなプレゼンテーションによって，コーシー-フロベニウスの定理が内包している数学的小宇宙を垣間見ることができたであろうか．この後の数え上げ組合せ論の展開は，先にも述べたように，1970 年代になって対称式との関係で，指数公式やたたみ込み公式の概念が展開され (文献 [4])，さらにはジョイアル (文献 [5]) による圏 (カテゴリー) 論的形式級数の数え上げ論が新たに展開され，現在に至っている (文献 [6])．

参考文献

[1] 日本数学会編集,『岩波 数学辞典 第 3』, 岩波書店 (1985).
[2] 一松信・竹之内脩編,『改訂増補 新数学辞典』, 大阪書籍 (1991).

[3] P. M. Neumann, "*A lemma that is not Burnside's*" Math. Scientist 4(1979) pp.133-141.

[4] R. Stanley,『Enumerative Combinatorics Vol.2』, Cambridge Univ. Press (1999).

[5] Joyal, "*Une théorie combinatorie des séries formelles*" Advan. in Math. 42(1981) pp.1-82.

[6] 成嶋弘, "*Cycle indexes, symmetric functions, and exponential formulas* (1)" 京大数解研講究録 670 (1988 年 9 月)『組合せ論とその周辺の研究』pp.106-128.

[7] C. L. リウ著, 伊理正夫・伊理由美訳,『組合せ数学入門 I 』, 共立全書 (1972).

[8] リチャード・スタンレイ著, 成嶋弘・山田浩・渡辺敬一・清水昭信訳『数え上げ組合せ論 I 』, 日本評論社 (1990).

[9] H. Narushima, "*A Survey of Enumerative Combinatorial Theory and A Problem*" Proc. Fac. Sci. Tokai Univ. XIV(1978) pp.1-10.

[10] L. Lovász 著, 成嶋弘・土屋守正訳,『数え上げの手法』, 東海大学出版会 (1988).

[11] 成嶋弘,『コンピュータソフトウェア事典』(廣瀬健・高橋延匡・土居範久編) の A 基礎理論・IV 組合せ論 (pp.24-32), 丸善 (1990).

[12] C. L. Liu 著, 成嶋弘・秋山仁訳,『離散数学入門』, マグロウヒルブック (1984), オーム社 (1995).

[13] C. ベルジェ著, 野崎昭弘訳,『組合せ論の基礎』, サイエンス社 (1973).

[14] 浅野啓三・永尾汎著,『群論』, 岩波書店 (1965).

[15] G. Pólya, "*Kombinatorische Anzahlbestimmungen für Gruppen, Graphen, und Chemische Verbindungen*" Acta Math. 68(1937) pp.145-253.

[16] J. H. Redfield, "*The theory of group-reduced distributions*" Amer. J. Math. 49(1927) pp.433-455.

[17] N. G. De Bruijin, "*Recent developments in enumeration theory*" Proc. Internat. Congress Math. (Nice 1970) 3(1971) pp.193-199.

問の解答

2.1. 樹形図を描くことによって，ヤクルト，オリックスそれぞれの勝つ場合が 9 通り，7 通りであることがわかる．

2.2. 各格子点において上下左右の 4 方向に進む可能性を試し，止る状態では止る．これを樹形図を描きながら調べて行く．対称性により原点から右に進んだ場合を考える．次に左または右に進むと止る状態になり，上または下に進むとさらに先に進むことができる．対称性により上に進んだ場合を考える．以下，各格子点で左，左，下，下，右，右と一通りだけ先に進むことができ，他の場合はすべて止る状態となる．したがって，右上後の異なる経路の個数は $3 \times 6 + 4 = 22$ 通りあり，右下後も同様に 22 通りある．すなわち原点から右に進んだ場合は $22 + 22 + 1 + 1 = 46$ 通りあることになる．原点から上，下，左の各方向に進んだ場合も同様であるから，求める経路の個数は $46 \times 4 = 184$ となる．

2.3. 初めに
$$2550 - 2050 = 500, \ 3550 - 2050 = 1500, \ 3550 - 2550 = 1000$$
の 3 個の数の最大公約数 500 を求める．
$$2050 = 500 \times 4 + 50, \ 2550 = 500 \times 5 + 50, \ 3550 = 500 \times 7 + 50$$
となるから，500 の約数で 50 の約数でない数を求めればよい．
$$500 = 2^2 \times 5^3, \ 50 = 2^1 \times 5^2$$
であるから，
$$2^0 \times 5^3 = 125, \ 2^1 \times 5^3 = 250, \ 2^2 \times 5^0 = 4, \ 2^2 \times 5^1 = 20,$$
$$2^2 \times 5^2 = 100, \ 2^2 \times 5^3 = 500$$
の 6 個の数が求めるものである．

2.4. $x \in [a_n, a_{n+1}]$ のときかつこのときのみ $f(x)$ は最小値

$$\sum_{i=n+1}^{2n} a_i - \sum_{i=1}^{n} a_i$$

をとる．

2.5. 最小の色数は 2 で，図 3.2 に示す 5 通りの三角形分割が求めるものである．

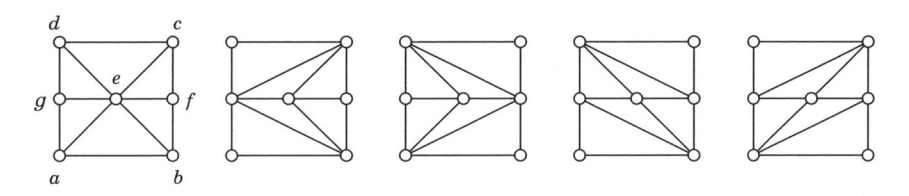

図 **3.2** 問 2.5 の解答．

2.6. $\sum_{k=2}^{10} k = 55 - 1 = 54$.

2.7. 次の通りである．

$$|X| + |Y| + |Z| = |A \times B| + |A \times C| + |B \times C|$$
$$= |A| \times |B| + |A| \times |C| + |B| \times |C|$$
$$= 2 \times 3 + 2 \times 4 + 3 \times 4 = 26.$$

2.8. $[n] \times [n-1] \times \cdots \times [n-k+1]$.

2.9. 図 3.3 に示す．

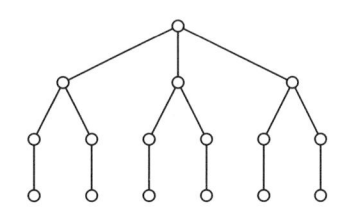

図 **3.3** 問 2.9 の解答．

2.10. 公式 (2.1) と階乗の定義より容易である．

2.11. 次の通りである．

$$\begin{pmatrix} 1 & 2 & 3 & 4 \\ 2 & 1 & 4 & 3 \end{pmatrix}, \begin{pmatrix} 1 & 2 & 3 & 4 \\ 2 & 3 & 4 & 1 \end{pmatrix}, \begin{pmatrix} 1 & 2 & 3 & 4 \\ 2 & 4 & 1 & 3 \end{pmatrix}, \begin{pmatrix} 1 & 2 & 3 & 4 \\ 3 & 1 & 4 & 2 \end{pmatrix}.$$

以下，2行目のみを示す．3412, 3421, 4123, 4312, 4321．

2.12. 樹形図で考えればすぐにわかる．$cabd$ が13番目であり，$cdab$ は17番目となる．また，15番目は $cbad$ となる．

2.13. 初め特定の2人を1人と考えて4人の順序を，次にその2人の順序を考えればよい．

$$4! \times 2! = 48.$$

2.14. k 個の $[n]$ の直積，すなわち $[n]^k$．

2.15. 集合 A の各要素を選ぶか選ばないかの2通り，したがって $2^{|A|}$ (例2.9も参照)．

2.16. 天秤への n 個の各おもりの置き方は，左の皿に置くか右の皿に置くかどちらの皿にも置かないかの3通りあり，さらに左右対称であることおよび $0g$ の場合は除くことに注意すれば，答は $(3^n-1)/2$ となる．また，$1+3+\cdots+3^{n-1} = (3^n-1)/2$ に注意せよ．

2.17. $\log_{10} 90^{17} = 17\log_{10} 90 = 33.2214$ より，34桁となる．

2.18. 初めに，n 桁の3元数列の問について考える．2だけなるものと0か1を少なくとも1個含むものに分ける．前者は1を偶数個 (0も偶数に入れる) 含むもので，ただ1個のみである．後者をさらに2のある位置によってクラス分けし，各クラスについて考える．例えば，クラス $k22k\cdots k2k$ ($k=0$ または1) は，3個の2を除いて考えれば，$n-3$ 桁の2元数列となる．例2.8と同様にして，このクラスで1を偶数個含むものはこのクラスの要素の $1/2$ であることがわかる．このことは各クラスについて成立するので，結局，後者全体の $1/2$, すなわち後者の場合，$(3^n-1)/2$ 個が1を偶数個含むことになる．したがって，求める個数は

$$1 + \frac{3^n-1}{2} = \frac{3^n+1}{2}$$

となる．

次に，n 桁の 4 元数列の場合も同様に考えて，求める個数は

$$2^n + \frac{4^n - 2^n}{2} = \frac{2^n + 4^n}{2}$$

となる．

2.19. 図 3.4 にしめす．

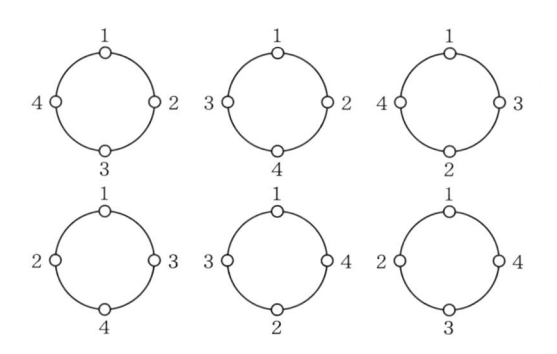

図 **3.4** 問 2.19 の解答．

2.20. (1) 初めに特定の 2 人を 1 人と考えて 5 人の円順列を，次に 2 人の順序を考える．

$$4! \times 2! = 48.$$

(2) 初めに特定の 3 人を 1 人と考えて 4 人の円順列を，次に 3 人の順序を考える．

$$3! \times 3! = 36.$$

2.21. 問 2.19 の上の列の 3 通り．

2.22. 次の通りである．

$$\{1,2,3\},\ \{1,2,4\},\ \{1,2,5\},\ \{1,3,4\},\ \{1,3,5\},$$
$$\{1,4,5\},\ \{2,3,4\},\ \{2,3,5\},\ \{2,4,5\},\ \{3,4,5\}.$$

2.23. 図 3.5 に示すように，1 個の組合せから $3! = 6$ 個の順列ができ，逆に 6 個の順列が 1 個の組合せになる．

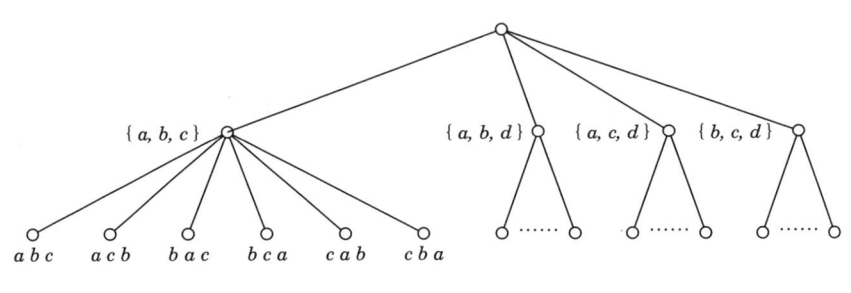

図 3.5 問 2.23 の解答.

2.24. 公式 (2.8) は $k = n - (n-k)$ に注意すればよい．公式 (2.9) について，右辺は

$$\frac{(n-1)!}{(n-k-1)!k!} + \frac{(n-1)!}{(n-k)!(k-1)!} = (n-1)! \cdot \frac{(n-k)+k}{(n-k)!k!} = \frac{n!}{(n-k)!k!}$$

のように左辺になる．

2.25. 例 2.9 を言い換えれば，n-k 組合せ全体と集合 $\{f : [n] \longrightarrow \{0,1\} \mid |f^{-1}(1)| = k\}$ の間に 1 対 1 対応 (全単射) が存在することになり，これに対して k が 1 から n までの和 (集合演算) を考えればよい．また，公式 (2.10) に $a = b = 1$ を代入すればよい．

2.26. 証明その 1：公式 (2.7) と問 2.25 の結果を用いる．

$$\sum_{k=0}^{n} k \,_nC_k = \sum_{k=1}^{n} k \,_nC_k = \sum_{k=0}^{n-1} (k+1) \,_nC_{k+1}$$

$$= \sum_{k=0}^{n-1} (k+1) \frac{n(n-1)\cdots(n-k)}{(k+1)!}$$

$$= \sum_{k=0}^{n-1} n \frac{(n-1)(n-2)\cdots(n-k)}{k!}$$

$$= n \sum_{k=0}^{n-1} {}_{n-1}C_k = n\, 2^{n-1}.$$

証明その 2：公式 (2.8) と (2.9) および問 2.25 の結果を用いる．記法 $\binom{n}{k}$ で表す．$n = $ 奇数のとき，

$$\sum_{k=1}^{n} k\binom{n}{k} = \sum_{k=1}^{(n-1)/2} \left(k\binom{n}{k} + (n-k)\binom{n}{n-k} \right) + n\binom{n}{n}$$

$$= n \sum_{k=1}^{(n-1)/2} \binom{n}{k} + n\binom{n}{n}$$

$$= n \sum_{k=1}^{(n-1)/2} \left(\binom{n-1}{k-1} + \binom{n-1}{k} \right) + n\binom{n-1}{n-1}$$

$$= n \sum_{k=0}^{n-1} \binom{n-1}{k}$$

$$= n 2^{n-1}.$$

$n =$ 偶数のとき、k の折り返し点に注意し、$k =$ 奇数のときと同様に変形すればよい。

2.27. (1) $_{12}C_{10} = {}_{12}C_2 = 66$.

(2) 土屋君と大矢さんのカップルを招待客に含まない場合 $_{10}C_6$ 通り，含む場合 $_{10}C_4$ 通り，したがって

$$_{10}C_6 + {}_{10}C_4 = 420.$$

(3) 真下君も鶴岡君も含まない場合 $_{10}C_5$ 通り，2 人のうち 1 人のみ含む場合 $2 \times {}_{10}C_4$ 通り，したがって

$$_{10}C_5 + 2 \times {}_{10}C_4 = 672.$$

または 2 人とも含む場合を除いて，

$$_{12}C_5 - {}_{10}C_3 = 672.$$

2.28. 次のように求められる．

$$\sum_{k=3}^{12} {}_{12}C_k = \sum_{k=0}^{12} {}_{12}C_k - ({}_{12}C_0 + {}_{12}C_1 + {}_{12}C_2) = 2^{12} - 79 = 4017.$$

2.29. $_{52}C_5 = 2598960$ より，(1) ロイヤル・ストレート・フラッシュ：約 1.539×10^{-6}，(2) ストレート・フラッシュ：約 1.385×10^{-5}，(3) フォー・カード：約 2.401×10^{-4}，(4) フルハウス：約 1.441×10^{-3}，(5) フラッシュ：約 1.965×10^{-3}，(6) ストレート：約 3.925×10^{-3}，(7) スリー・カード：約

2.113×10^{-2}, (8) ツー・ペア：約 4.754×10^{-2}, (9) ワン・ペア：約 4.226×10^{-1}.

2.30. (1) ${}_nC_2 - n = n(n-3)/2$.

(2) 1 個の交点は 2 本の対角線すなわち 4 個の頂点からできるので，求める交点の個数は ${}_nC_4$ である．また，1 交点が 2 本の対角線とかかわり，それぞれの対角線の線分を 1 つ増やすので，求める線分の個数は $({}_nC_2 - n) + 2\,{}_nC_4$ となる（厳密には交点の個数に関する帰納法による）．

(3) すべての三角形は ${}_nC_3$ 個，これから 1 辺のみを含む三角形 $(n-4)n$ 個（図 3.6(a)）および 2 辺を含む三角形 n 個（図 3.6(b)）を引けばよい．すなわち，

$$ {}_nC_3 - (n-4)n - n = \frac{1}{6}n(n-4)(n-5). $$

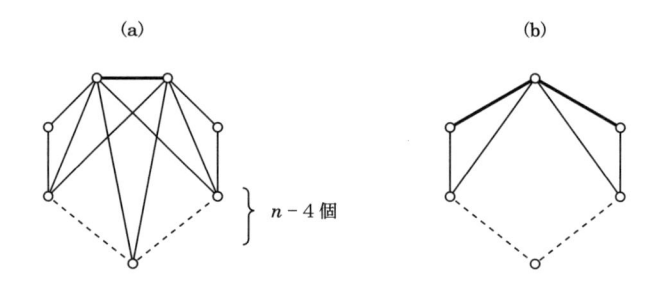

図 **3.6** 問 2.30 (3) の三角形.

2.31. 表 3.2 に示す．

a	$\{1,1,1\}$	$\{1,1,2\}$	$\{1,2,2\}$	$\{2,2,2\}$
$f(a)$	$\{1,2,3\}$	$\{1,2,4\}$	$\{1,3,4\}$	$\{2,3,4\}$

表 **3.2** 問 2.31 の解.

2.32. (1) 左辺に対して公式 (2.11) および (2.9) を順に適用し，右辺に対して公式 (2.11) を適用すればよい．

(2) 公式 (2.9) の組合せ論的証明と同様の論法を用いればよい．すなわち，k

個のものの中に特定なもの a を含む場合と含まない場合とに分けて考えればよい．

2.33. 式変形による証明は，左辺に公式 (2.11)，公式 (2.8) を順に適用し，右辺に公式 (2.11) を適用すればよい．また，公式 (2.11) の組合せ論的証明に用いた $n-1$ 個の仕切り記号 | がここでは n 個あると考え，n 個の仕切り記号 | と k 個の記号 ○ からなる順列の記号 | と記号 ○ を入れ替え，$k = (k+1) - 1$ 個の仕切り記号 | と n 個の記号 ○ からなる新順列をつくり，元の順列と新順列の対応を考えればその対応は明らかに 1 対 1 であること，および新順列と $(k+1)$-n 重複組合せは 1 対 1 に対応することより，組合せ論的証明が得られる．

2.34. (1), (2), (3) ともに ${}_6\mathrm{H}_3 = {}_8\mathrm{C}_3 = 56$ である．

2.35. (2) を先に求める．$x_i - c_i = y_i$ $(1 \leq i \leq n)$ と変数変換し，例 2.15 の場合に帰着すればよい．求める個数は

$$ {}_n\mathrm{H}_{k-(c_1+c_2+\cdots+c_n)} $$

である．

(1) (2) の結果に $c_i = 1$ $(1 \leq i \leq n)$ を代入して

$$ {}_n\mathrm{H}_{k-n} = {}_{k-1}\mathrm{C}_{k-n} = {}_{k-1}\mathrm{C}_{n-1} $$

を得る．

2.36. 組合せ論的証明は，$\sum_{i=1}^{n} x_i \leq k$ の非負整数解の集合が $0 \leq j \leq k$ に対する $k+1$ 個の方程式 $\sum_{i=1}^{n} x_i = j$ の各非負整数解の集合の和に等しいことから得られる．式変形による証明は公式 (2.12) を用いればよい．

2.37. (1) 〜 (4) すべて ${}_6\mathrm{H}_3 = 56$ である．

2.38. (1) 組合せ数の積において前項の分母の一部と引き続く項の分子が消し合うことに注意すればよい．

(2) 一般順列を第 1 順列とよぶことにし，同一種のものをすべて異なると考え相異なる n 個のものからできる順列を第 2 順列とよぶことにする．1 つの第 1 順列から $n_1! n_2! \cdots n_m!$ 個の第 2 順列ができ，また逆も成り立つことに

2.39. (1) C(2,3,4) = 1260, (2) C(3,3,3) = 1680, (3) C(3,3,3)+C(4,3,2) + C(3,4,2) + C(4,4,1) + C(5,3,1) + C(3,5,1) = 1680 + 2 × 1260 + 630 + 2 × 504 = 5838. また，数式処理ソフト Mathematica を用いて直接計算するかまたは $(x+y+x)^9$ を展開して求めてもよい．

2.40. (1) C(2,3,1,2) = 1680, (2) C(1,1,1,1) + C(2,2,2,2) = 24 + 2520 = 2544, (3) C(1,1,1) + C(2,2,2) = 6 + 90 = 96.

2.41. Mathematica を用いて計算すると次のようになる．
(1) C(13,13,13,13) = 53644737765488792839237440000,
(2) 4 × C(9,13,13,13) = 56671511685030177309158400,
(3) $_{13}C_7$ × C(6,7,13,13) = 248758938358854481958400.

2.42. 図 3.7 にしめす．

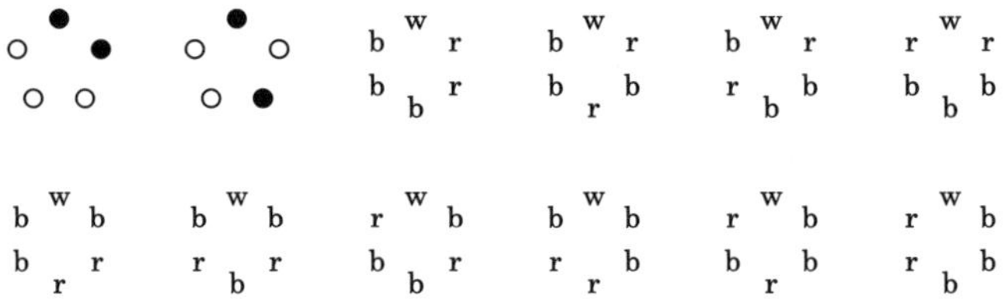

図 **3.7**　問 2.42 の解答．

2.43. 多重集合 $\{1^2, 2^3, 3^4\}$ のすべての要素からなる一般順列の個数であり，

$$\frac{9!}{2!3!4!} = 1260$$

となる．

2.44. (2) を先に解く．奇遇 (1-0) パターンのパスカルの三角形 OAB に含まれる 1, 0 の個数をそれぞれ $f(m), g(m)$ で表す．ただし，$f(0) = 1$ である．例 2.20 より，漸化式

$$f(m) = 3f(m-1) \quad (m \geq 1)$$

が得られ，$f(m) = 3^m$ $(m \geq 0)$ となる．ところで，三角形 OAB に含まれる 0 と 1 すべての個数は

であるから,
$$\sum_{k=1}^{2^m} k = \frac{2^m(2^m+1)}{2} = 2^{m-1}(2^m+1)$$

$$g(m) = 2^{m-1}(2^m+1) - f(m) = 2^{m-1}(2^m+1) - 3^m \quad (m \geq 0)$$

となる.

(1) (2) の結果を用いて $g(6) = 2^5(2^6+1) - 3^6 = 1351$ を得る.

2.45. (1) $C(2,3) = {}_5C_2 = 10$.

(2) 点 (a,b) が原点となるように平行移動して考えればよい. すなわち, x と y からなる長さ $(c-a)+(d-b)$ の文字列で x を $(c-a)$ 個含むもの (または y を $(d-b)$ 個含むもの) の個数に等しいから,

$$C(c-a, d-b) = {}_{(c+d-a-b)}C_{(c-a)} = \frac{(c+d-a-b)!}{(c-a)!(d-b)!}.$$

または, 点 (a,b) を頂点とし, 半直線 $x=a$ $(y \geq b)$ と $y=b$ $(x \geq a)$ を 2 辺とするパスカルの三角形を考えてもよい.

(3) 関数 C の対称性に注意し, 動的計画法の手法すなわち漸化式の深さ優先計算の途中で一度定まった関数値とそのときの変数値を記憶しておき, 対称性も考慮して同じ変数値が現れたときは同じ計算を繰り返すことなく, 記憶しておいたその関数値を利用するとよい.

$C(2,2,2) = 3C(1,2,2), \quad C(1,2,2) = C(0,2,2) + 2C(1,1,2),$

$C(0,2,2) = 2C(0,1,2), \quad C(1,1,2) = 2C(0,1,2) + C(1,1,1),$

$C(1,1,1) = 3C(0,1,1),$

$\cdots\cdots\cdots\cdots$

$C(0,0,2) = 1, \quad C(0,0,1) = 1$ より $C(0,1,1) = 2, \quad C(0,1,2) = 3,$

$C(1,1,1) = 6, \quad C(1,1,2) = 12, \quad C(0,2,2) = 6,$

$C(1,2,2) = 30, \quad C(2,2,2) = 90.$

2.46. 例えば, 点 $(5,3)$ と点 $(4,4)$ すなわち $n=4, k=3$ に対して, ${}_5H_3$

$= 35$, $_4\mathrm{H}_4 = 35$ および $_5\mathrm{H}_3 = \sum_{k=0}^{3} {_4\mathrm{H}_k} = 1 + 4 + 10 + 20 = 35$ である.

2.47. (1)〜(4) すべて n 次のカタラン数 $\dfrac{1}{n+1}{}_{2n}\mathrm{C}_n$.

2.48. 問 2.47 (3) における $n+1$ 次単項式の $n+1$ 個の文字と完全二分平面植木の $n+1$ 個の葉を対応させ, 左括弧 "(" と右括弧 ")" の対と 2 分点を対応させる (具体例は問 2.49 の解答を参照). このとき, 問 2.47 (3) の単項式全体と $2(n+1)$ 個の頂点からなる完全二分平面植木全体の間に 1 対 1 対応が存在することがわかる. したがって, 求める個数は n 次のカタラン数 $\dfrac{1}{n+1}{}_{2n}\mathrm{C}_n$ となる.

2.49. 図 3.8 にしめす.

(1)

1 1 - 1 1 - 1 1 1 - 1 - 1 - 1

(2) $((a_1 \cdot a_2) \cdot a_3) \cdot (a_4 \cdot a_5)$

(3)

(4)

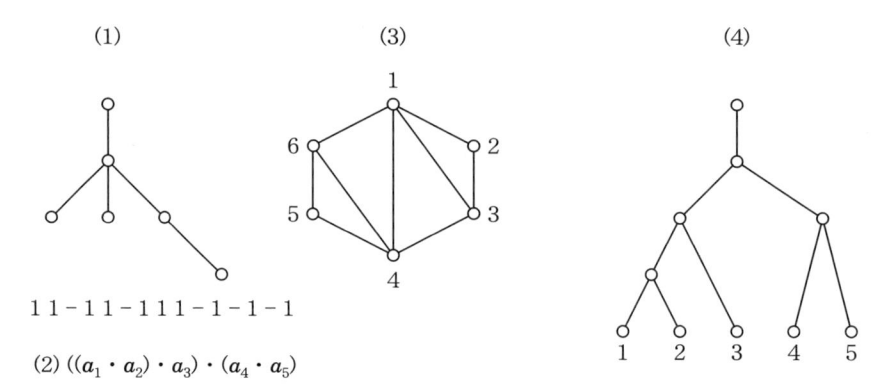

図 **3.8** 問 2.49 の解答.

2.50. (1) 例 2.23 において x 軸の負の方向に 1 だけ平行移動したものを考えればよい. すなわち, 例 2.23 の結果において, $m-1$ を m で, m を $m+1$ で置き換えればよい. したがって, 求める個数は

$$_{m+k}\mathrm{C}_k - {}_{m+k}\mathrm{C}_{k-1}$$

となる.

(2) (1) の結果を用いる. $m + k = 2n$ と置き, k を n から 0 まで加えると

$$_{2n}\mathrm{C}_n - {}_{2n}\mathrm{C}_{n-1} + {}_{2n}\mathrm{C}_{n-1} - {}_{2n}\mathrm{C}_{n-2} + \cdots + {}_{2n}\mathrm{C}_1 - {}_{2n}\mathrm{C}_0 + {}_{2n}\mathrm{C}_0 = {}_{2n}\mathrm{C}_n$$

が得られる (問 2.50 (2) の事実は渡辺敬一氏と山田淑子さんによって示され, ここに与えられている証明は著者によるものである).

2.51. 図 2.23 (b) に示されている原点から点 $(6,6)$ への第 2 種の格子路の点 K の座標は $(4,4)$ (すなわち, $k=3$) であるから, 原点と点 K 以外では $y=x$ 上の点を通らない原点から点 K までの格子路の個数は点 $(1,0)$ から点 $(4,3)$ への第 1 種の格子路の個数と一致し, この個数は原点から点 $(3,3)$ への第 2 種の格子路の個数 $C_3=5$ となる (その 5 個の格子路は図 2.24 に示されている). また, 点 K から点 $(6,6)$ までの格子路は原点から点 $(2,2)$ への第 2 種の格子路と考えることができるので, その個数は $C_2=2$ となる. したがって, 点 K が点 $(4,4)$ である場合, 原点から点 $(6,6)$ への第 2 種の格子路の個数は $C_3 \cdot C_2 = 5 \cdot 2 = 10$ となる. $k=0$ から 5 まで変るので, カタラン数 C_6 は次のように求められる.

$$C_6 = C_0 \cdot C_5 + C_1 \cdot C_4 + C_2 \cdot C_3 + C_3 \cdot C_2 + C_4 \cdot C_1 + C_5 \cdot C_0$$
$$= 1 \cdot 42 + 1 \cdot 14 + 2 \cdot 5 + 5 \cdot 2 + 42 \cdot 1 = 132.$$

これは当然, 公式 $C_6 = {}_{12}C_6/7 = 132$ と一致する.

さて, 図 2.23 (b) に示されている原点から点 $(6,6)$ への第 2 種の格子路を x-y 記法で表すと, $xxyxxyyyxyxy$ であるから, これに対応する平衡括弧式は 6 次の平衡括弧式 $(()(()))()()$ となる. この括弧式の最初の左括弧とこれに対応する $k+1=4$ 番目の右括弧を取り除くと, 左側に 3 次の平衡括弧式と右側に 2 次の平衡括弧式の 2 つの平衡括弧式からなっている平衡括弧式となる. このことに注目すれば, 第 2 種の格子路の場合と同様に C_6 を再帰的に計算できる.

2.52. P_{m+2} を C_m で置き換えればよい. すなわち, $P_{n+2}, P_{k+2}, P_{n-k+1}, P_2$ はそれぞれ C_n, C_k, C_{n-k-1}, C_0 となり, 漸化式 (2.17) は漸化式 (2.16) と一致する.

2.53. (1) $n+2$ 個の頂点からなる平面植木の個数を T_{n+2} で表す. 図 3.9(a) に示す $n+2$ 個の頂点からなる平面植木の部分木 T_1 の頂点の個数を $k+1$ とするとき, 部分木 T_2 の頂点の個数は $n-k$ となり, 可能な部分植木 (s, T_1) と (r, T_2) の個数はそれぞれ T_{k+2} と T_{n-k+1} となるから, 次の漸化式を得る.

$$T_{n+2} = \sum_{k=0}^{n-1} T_{k+2} \cdot T_{n-k+1}, \quad \text{ただし}, T_2 = 1 \text{ とする}.$$

(2) $2(n+1)$ 個の頂点からなる完全二分平面植木の個数を B_n で表す．図 3.9(b) に示す $2(n+1)$ 個の頂点からなる完全二分平面植木の部分木 (s, T_1) の頂点の個数を $2(k+1)$ とするとき，部分木 (r, T_2) の頂点の個数は $2(n-k)$ となり，それぞれの可能な部分木の個数は B_k と B_{n-k-1} となるから，次の漸化式を得る．

$$B_n = \sum_{k=0}^{n-1} B_k \cdot B_{n-k-1}, \quad \text{ただし}, B_0 = 1 \text{ とする}.$$

それぞれの漸化式は漸化式 (2.16) に一致することに注意せよ．

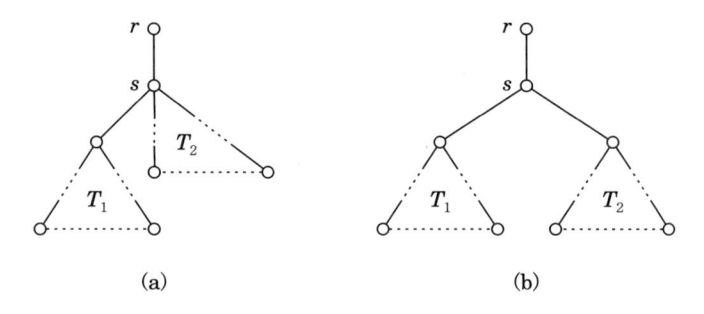

図 3.9 問 2.53 の説明．

2.54. n に関する帰納法により証明する．$n = k$ のとき，公式が成立すると仮定する．すなわち，

$$2k(2k-1)\cdots(k+1) = 2^k(2k-1)(2k-3)\cdots 3 \cdot 1.$$

$n = k+1$ のとき，

$$\text{右辺} = 2(k+1)(2k+1)2k(2k-1)\cdots(k+2)$$
$$= 2(2k+1)2k(2k-1)\cdots(k+2)(k+1)$$

(ここで、帰納法の仮定を用いて)

$$= 2(2k+1)2^k(2k-1)(2k-3)\cdots 3 \cdot 1$$

$$= 2^{k+1}(2k+1)(2k-1)\cdots 3\cdot 1 = 左辺.$$

2.55. 図 2.26 に示されている例で説明する．数の三角形は完全二分木であるから，上から下へ規則に従い数を加え辿っていくとき，三角形の辺上の数を加えるとき以外は，ある頂点の左上の頂点が持っている数 (の和) と右上の頂点が持っている数 (の和) の大きい方の数をその頂点の数に加え記録していけばよい．図 2.26 の例に対する結果を図 3.10 に示す．正確なプログラムに興味のある読者は文献 [1] を参照するとよい．

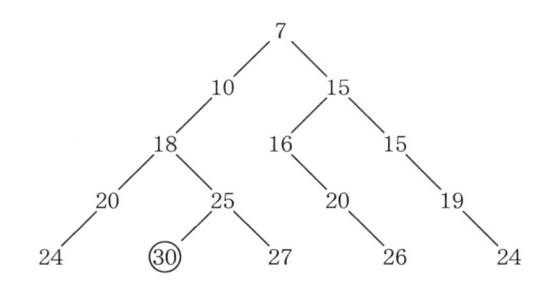

図 3.10　問 2.55 の例解．

2.56. 図 3.11 にしめす．

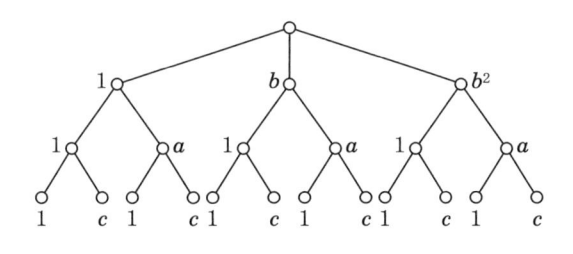

図 3.11　問 2.56 の解答．

2.57. (1) 母関数 (2.20) において $x=1$ を代入すればよい．
(2) 母関数 (2.20) の両辺を x で微分した式に $x=1$ を代入すればよい．
(3) 母関数 (2.20) において $x=-1$ を代入すればよい．
(4) 次のように示される．

$$(1+x)^n(1+x^{-1})^n = \left(\sum_{j=0}^{n} {}_n\mathrm{C}_j x^j\right)\left(\sum_{k=0}^{n} {}_n\mathrm{C}_k x^{-k}\right)$$

の定数項は $j=k$ のときであり,

$$\sum_{k=0}^{n} ({}_n\mathrm{C}_k)^2$$

となる.

$$x^{-n}(1+x)^{2n} = x^{-n}\sum_{k=0}^{2n} {}_{2n}\mathrm{C}_k x^k$$

の定数項は $k=n$ のとき, すなわち

$${}_{2n}\mathrm{C}_n$$

となる.

2.58. (1) 百の位の特性式は $x+x^2+x^3+x^4$ であり, 十の位および一の位の特性式は $1+x+x^2+x^3$ であるから, $(x+x^2+x^3+x^4)(1+x+x^2+x^3)^2$ の x^4 の係数, すなわち $(1+x+x^2+x^3)^3$ の x^3 の係数を求めればよい. これを直接展開して求めてもよいし,

$$\left(\frac{1-x^4}{1-x}\right)^3 = (1-x^4)^3(1-x)^{-3}$$
$$= (1-3x^4+3x^8-x^{12})(1+{}_3\mathrm{H}_1 x + {}_3\mathrm{H}_2 x^2 + {}_3\mathrm{H}_3 x^3 + \cdots)$$

と変形して求めてもよい. さらに, $(1+x+x^2+x^3)^3$ では, 有限和 $1+x+x^2+x^3$ に x のべき指数が 4 以上の項を付け加えても, x^3 の係数に影響を与えないので,

$$\left(\sum_{k=0}^{\infty} x^k\right)^3 = \left(\frac{1}{1-x}\right)^3 = (1-x)^{-3}$$

の x^3 の係数を求めてもよい. いずれにせよ x^3 の係数は ${}_3\mathrm{H}_3 = 10$ である (例 2.2 の結果と比較せよ).

(2) 問 2.37 の (2) から (4) も変形すればすべて (1) の非負整数解の個数を求めることになるので, (1) の解法のみを示す. 変数 $u \sim z$ の 6 個の特性式はすべて $1+x+x^2+x^3$ であるから, $(1+x+x^2+x^3)^6$ の x^3 の係数を求め

ればよい．(1) と同様に $(1-x^4)^6(1-x)^{-6}$ と変形すれば，第 2 項の x^3 の係数すなわち $_6H_3 = 56$ が求める個数となることがわかる (問 2.37 の結果と比較せよ)．

2.59. (1) 特性式の積式を整理すると，$x^{24}(1+x+x^2+x^3+x^4+x^5)^5$ となるから，これから x^{24} を除いた式の x^6 の係数を求めればよい．

$$(1+x+x^2+x^3+x^4+x^5)^5 = \left(\frac{1-x^6}{1-x}\right)^5 = (1-x^6)^5(1-x)^{-5}$$
$$= \left(\sum_{k=0}^{5} {}_5C_k(-x^6)^k\right)\left(\sum_{k=0}^{\infty} {}_5H_k x^k\right)$$
$$= (1-5x^6+\cdots)\left(\sum_{k=0}^{6} {}_5H_k x^k + \cdots\right).$$

これより求める個数は $_5H_6 - 5 = 210 - 5 = 205$ となる．

(2) 特性式の積式を整理すると

$$x^{23}(1+x^2+x^4+x^6+x^8+x^{10})^2(1+x+x^2+x^3+x^4+x^5)^3$$

となるから，これから x^{23} を除いた式の x^7 の係数を求めればよい．(1) と同様にして，x のべき指数が 8 以上の項を省略しながら整理すると，

$$(1+2x^2+3x^4+x^6+\cdots)\left(\sum_{k=0}^{7} {}_3H_k x^k + \cdots\right)$$

を得る．したがって，求める個数は $_3H_7 + 2\,{}_3H_5 + 3\,{}_3H_3 + {}_3H_1 = 111$ となる．

(3) 特性式の積式を整理すると，$x^{27}p(x)$ ($p(x)$ は定数項 1 以外は x に関する 4 次以上の多項式) となるから，求める解の個数は 0 すなわち解は存在しない．

(4) 特性式の積式から x をできるだけ括りだしたのち，x のべき指数が 4 以上の項を省略しながら整理すると，$x^{27}(1+2x^3+\cdots)$ となるから，解の個数は 2 である．

具体的に示せば，$(u,v,w,x,y) = (3,4,9,4,10), (3,7,9,1,10)$ である．この解法に対応する樹形図を図 3.12 にしめす．

2.60. (1) 短点と長点それぞれの指数型特性式の積

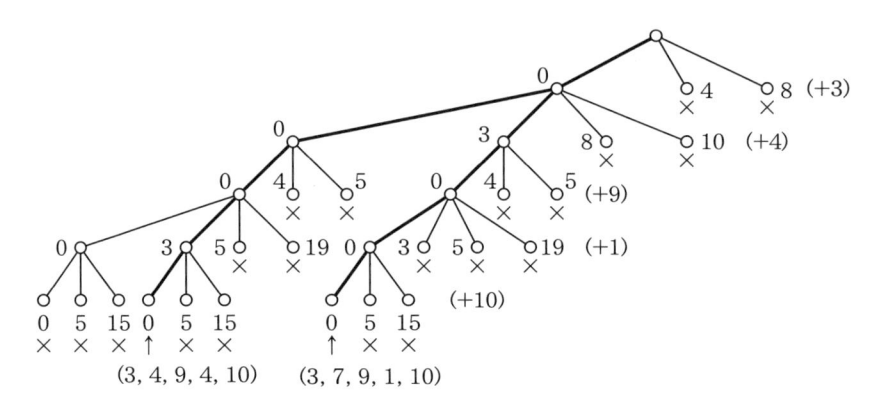

図 **3.12** 問 2.59 (4) の解答に対応する樹形図.

$$\left(x + \frac{x^2}{2!} + \frac{x^3}{3!}\right)\left(x + \frac{x^2}{2!} + \frac{x^3}{3!} + \frac{x^4}{4!} + \frac{x^5}{5!}\right)$$

の $x^6/6!$ の係数 C(1,5)+C(2,4)+C(3,3) = 41 および $x^8/8!$ の係数 C(3,5) = 56 が求める個数である.

(2) 順列を"ボールの箱への配り方"と考えることができることを思い起そう. ここではワインがボールで人が箱にあたる. したがって, A, B, C 3 人それぞれの指数型特性式の積

$$\left(x + \frac{x^2}{2!} + \frac{x^3}{3!}\right)\left(x + \frac{x^3}{3!} + \frac{x^5}{5!}\right)\left(\frac{x^3}{3!} + \frac{x^4}{4!} + \frac{x^5}{5!} + \frac{x^6}{6!}\right)$$

の $x^{12}/12!$ の係数 C(1,5,6) + C(2,5,5) + C(3,3,6) + C(3,5,4) = 68376 が求める個数である.

2.61. (1) 次のようになる.

$$\sum_{k=0}^{n} {}_n\mathrm{P}_k \frac{x^k}{k!} = \sum_{k=0}^{n} \frac{{}_n\mathrm{P}_k}{k!} x^k = \sum_{k=0}^{n} {}_n\mathrm{C}_k x^k = (1+x)^n$$

となる. n-k 組合せ数の通常母関数と同じであることに注意せよ.

(2) 同一種のものはすべて同じものであるから, 第 i 種 ($1 \leq i \leq m$) のもの n_i 個の並べ方は 1 通りで, その指数型特性式は $x^{n_i}/n_i!$ となる. したがって, 各種の特性式の積は

$$\frac{x^{n_1+n_2+\cdots+n_m}}{n_1!n_2!\cdots n_m!} = \frac{n!}{n_1!n_2!\cdots n_m!} \cdot \frac{x^n}{n!}$$

となり，この $x^n/n!$ の係数が一般順列数 $C(n_1, n_2, \cdots, n_m)$ となる．

2.62. (1) 数字 0 の指数型特性式は

$$\sum_{k=0}^{\infty} \frac{x^{2k}}{(2k)!} = \frac{1}{2}(e^x + e^{-x})$$

であり，数字 1 の指数型特性式は

$$\sum_{k=0}^{\infty} \frac{x^k}{k!} = e^x$$

であるから，これらの特性式の積

$$\frac{1}{2}(e^x + e^{-x})e^x = \frac{1}{2}(e^{2x} + 1)$$

の $x^n/n!$ の係数を求めればよい．したがって，$2^n/2 = 2^{n-1}$ である．

(2) 3 元数列の場合は

$$\frac{1}{2}(e^x + e^{-x})e^x e^x = \frac{1}{2}(e^{3x} + e^x)$$

の $x^n/n!$ の係数 $(3^n + 1)/2$ であり，4 元数列の場合は

$$\frac{1}{2}(e^x + e^{-x})e^x e^x e^x = \frac{1}{2}(e^{4x} + e^{2x})$$

の $x^n/n!$ の係数 $(4^n + 2^n)/2$ である．

2.63. 次のようになる．

$$S(3,4) = 4^3 - 4 \times 3^3 + 6 \times 2^3 - 4 \times 1^3 = 0,$$
$$S(4,4) = 4^4 - 4 \times 3^4 + 6 \times 2^4 - 4 \times 1^4 = 24 = 4!,$$
$$S(4,3) = 3^4 - 3 \times 2^4 + 3 \times 1^4 = 36.$$

全射の性質から一般に，$n < k$ にたいして $S(n,k) = 0$，および $S(n,n) = n!$ であることに注意せよ．

2.64. $A \cup B \cup C = (A \cup B) \cup C$ として，2 つの集合 $A \cup B$ と C に対して公式 (2.27) を適用すると，

$$|A\cup B\cup C| = |(A\cup B)\cup C|$$
$$= |A\cup B| + |C| - |(A\cup B)\cap C|$$

となる．ここで，$|A\cup B| = |A| + |B| - |A\cap B|$ であり，また $(A\cup B)\cap C = (A\cap C)\cup(B\cap C)$ であるから，2つの集合 $A\cap C$ と $B\cap C$ にたいして公式 (2.27) を適用すると，

$$|(A\cup B)\cap C| = |(A\cap C)\cup(B\cap C)|$$
$$= |A\cap C| + |B\cap C| - |(A\cap C)\cap(B\cap C)|$$

となる．$(A\cap C)\cap(B\cap C) = A\cap B\cap C$ に注意して，これらの式を初めの式に代入し整理すれば，証明すべき式が得られる．

2.65. 離散数学，解析学，代数学それぞれを履修している学生の集合を R, K, D で表す．

(1) $|R\cup K\cup D| = 100 - 1 = 99$ であるから，求める人数を x とすれば，公式 (2.28) より次の等式を得る．$99 = 85 + 40 + 30 - 28 - 23 - 8 + x$. これを解いて $x = 3$.

(2) $(28-3) + (23-3) + (8-3) = 25 + 20 + 5 = 50$.

(3) $(85-25-20-3) + (40-25-5-3) + (30-20-5-3) = 37 + 7 + 2 = 46$.

2.66. 問 2.65 の解答と同じ記号を用いる．公式 (2.28) より

$$100 = 80 + 54 + 36 - 35 - 25 - 15 + x.$$

これを解いて $x = 5$. すなわち，$|R\cap K\cap D| = 5$. これを用いて，

$$|R\cap K - R\cap K\cap D| = |R\cap K| - |R\cap K\cap D| = 35 - 5 = 30,$$
$$|K\cap D - R\cap K\cap D| = |K\cap D| - |R\cap K\cap D| = 25 - 5 = 20.$$

ところで，一般に

$$|K| \geq |R\cap K - R\cap K\cap D| + |K\cap D - R\cap K\cap D| + |R\cap K\cap D|$$

が成り立つが，この式に先に得られた数値を代入すると，$54 \geq 30 + 20 + 5 = 55$ となり，これは矛盾である．

2.67. 50台のパソコンの集合を Ω で表し，フロッピィディスク装置，CD-ROM 装置，プリンタを備えているパソコンの集合をそれぞれ A, B, C で表す．公式 (2.28) より

$$|A \cup B \cup C| = 25 + 15 + 10 - (|A \cap B| + |A \cap C| + |B \cap C|) + 5$$

であり，

$$|A \cap B| \geq |A \cap B \cap C| = 5, \quad |A \cap C| \geq |A \cap B \cap C| = 5,$$
$$|B \cap C| \geq |A \cap B \cap C| = 5$$

であるから，

$$|A \cup B \cup C| \leq 25 + 15 + 10 - (5 + 5 + 5) + 5 = 40$$

となる．すなわち，

$$|(A \cup B \cup C)^c| = |\Omega| - |A \cup B \cup C| \geq 50 - 40 = 10$$

したがって，3 つのどの装置も備えていないパソコンは少なくとも 10 台ある．

2.68. (1) $I = \{1, 2\}$ のとき

$$J = \{1\}, \{2\}, \{1, 2\}$$

であり，$I = \{1, 2, 3\}$ のとき

$$J = \{1\}, \{2\}, \{1, 2\}, \{1, 3\}, \{2, 3\}, \{1, 2, 3\}$$

であること，および符号 $(-1)^{|J|-1}$ に注意すればよい．

(2) $|I| = 1$ のとき明らかに成り立ち，$|I| = 2$ のとき公式 (2.27) であり成り立つ．$|I| = k$ のとき公式は成り立つと仮定して，$|I| = k+1$ のとき公式が成立することを示す．本質的には問 2.64 の証明と同じである．一般性を失わないので $I = [k+1] \,(= \{1, 2, \cdots, k+1\})$ と置く．集合 $\bigcup_{i \in I} A_i$ を集合 A_1 と集合 $\bigcup_{i \in I - \{1\}} A_i$ の 2 つの集合に分けて，公式 (2.27) を適用すると，

$$\left| \bigcup_{i \in I} A_i \right| = \left| A_1 \cup \left(\bigcup_{i \in I - \{1\}} A_i \right) \right|$$

$$= |A_1| + \Big|\bigcup_{i \in I-\{1\}} A_i\Big| - \Big|A_1 \cap \Big(\bigcup_{i \in I-\{1\}} A_i\Big)\Big|$$

となり，右辺の第 2 項に帰納法の仮定を適用すると，

$$\Big|\bigcup_{i \in I-\{1\}} A_i\Big| = \sum_{I-\{1\} \supseteq J \neq \emptyset} (-1)^{|J|-1} \Big|\bigcap_{j \in J} A_j\Big|$$

となり，さらに右辺の第 3 項を

$$A_1 \cap \Big(\bigcup_{i \in I-\{1\}} A_i\Big) = \bigcup_{i \in I-\{1\}} (A_1 \cap A_i)$$

と変形し，帰納法の仮定を適用すると，

$$\Big|A_1 \cap \Big(\bigcup_{i \in I-\{1\}} A_i\Big)\Big| = \Big|\bigcup_{i \in I-\{1\}} (A_1 \cap A_i)\Big|$$
$$= \sum_{I-\{1\} \supseteq J \neq \emptyset} (-1)^{|J|-1} \Big|\bigcap_{j \in J} (A_1 \cap A_j)\Big|$$
$$= \sum_{I-\{1\} \supseteq J \neq \emptyset} (-1)^{|J|-1} \Big|A_1 \cap \Big(\bigcap_{j \in J} A_j\Big)\Big|$$

となり，これらの式を元の式の右辺に代入し，整理すればよい．公式 (2.30) の証明も全く同様である．

2.69. 省略．

2.70. $a_1, a_2, \cdots, a_n$ を大きさの昇順に並べることができるから，$|A_i| = a_i$ を満たす集合族 $\{A_i : i \in [n]\}$ も集合の包含関係で数列 $\{a_i\}$ と同じ昇順になるようにとることができる．したがって，

$$\Big|\bigcup_{i \in [n]} A_i\Big| = \max\langle a_i : i \in [n]\rangle, \quad \Big|\bigcap_{i \in I} A_i\Big| = \min\langle a_i : i \in I\rangle$$

となるから，$\Big|\bigcup_{i \in [n]} A_i\Big|$ に包含と排除の公式 (2.29) を適用すればよい．

2.71. 方程式 $u+v+w+x+y = 30$ において，$3 \leq u, 2 \leq v, 5 \leq w, 7 \leq x, y$ を満たす解の集合を Ω で表し，さらに，Ω の部分集合で，$u > 8$ を満たす解の集合，$v > 7$ を満たす解の集合，$w > 10$ を満たす解の集合，$x > 12$ を満たす解の集合，$y > 12$ を満たす解の集合をそれぞれ A, B, C, D, E で表す．例 2.33 と同様に考える．A, B, C, D, E の各解集合の要素は，変数変換した後の方程式で考えると，零解のみ唯 1 個であり，また，A, B, C, D, E のど

の 2 個以上の共通部分も $\emptyset$, すなわち, それらを満たす解は存在しないことに注意すればよい.

$$|\Omega| = {}_5\mathrm{H}_6, \quad |X| = 1 \quad (X = A, B, C, D, E)$$

であるから, 求める解の個数は ${}_5\mathrm{H}_6 - 5 = 210 - 5 = 205$ となり, 問 2.59 (1) の結果と一致する.

2.72. 次のように証明される.

$$\left|\bigcap_{i \in I} A_i^c\right| = \left|\Omega - \left(\bigcup_{i \in I} A_i\right)\right| = |\Omega| - \left|\bigcup_{i \in I} A_i\right|$$

(ここで、公式 (2.29) を適用して, $\bigcap_{j \in \emptyset} A_j = \Omega$ に注意すれば)

$$= |\Omega| - \sum_{I \supseteq J \neq \emptyset} (-1)^{|J|-1} \left|\bigcap_{j \in J} A_j\right| = \sum_{I \supseteq J} (-1)^{|J|} \left|\bigcap_{j \in J} A_j\right|.$$

2.73. (1) 省略

(2) 次のように求められる.

$$D(n) = n!\left(\sum_{k=0}^{n}(-1)^k \frac{1}{k!}\right) = n!\left(\sum_{k=0}^{n-1}(-1)^k \frac{1}{k!} + (-1)^n \frac{1}{n!}\right)$$

$$= n \cdot (n-1)!\left(\sum_{k=0}^{n-1}(-1)^k \frac{1}{k!}\right) + (-1)^n = nD(n-1) + (-1)^n.$$

(3) 次のように求められる.

$$D(n) = n((n-1)D(n-2) + (-1)^{n-1}) + (-1)^n$$

$$= n(n-1)D(n-2) + (n-1)(-1)^{n-1}$$

$$= (n-1)(nD(n-2) + (-1)^{n-1})$$

(ここで, $D(n-1) = (n-1)D(n-2) + (-1)^{n-1}$ より $(-1)^{n-1} = D(n-1) - (n-1)D(n-2)$ を代入して)

$$= (n-1)(nD(n-2) + D(n-1) - (n-1)D(n-2))$$

$$= (n-1)(D(n-1) + D(n-2)).$$

(4) 公式 (2.32) に対して
$$D(5) = 5!\left(1 - \frac{1}{1!} + \frac{1}{2!} - \frac{1}{3!} + \frac{1}{4!} - \frac{1}{5!}\right) = 5\cdot 4\cdot 3 - 5\cdot 4 + 5 - 1 = 44.$$

漸化式 (2.33) に対して

(Push-down)
$$D(5) = 5D(4) - 1,\ D(4) = 4D(3) + 1,\ D(3) = 3D(2) - 1$$
$$D(2) = 2D(1) + 1,\ D(1) = 0$$

(Pop-up)
$$D(2) = 1,\ D(3) = 2,\ D(4) = 9,\ D(5) = 5\cdot 9 - 1 = 44$$

漸化式 (3) に対して

(Push-down)
$$D(5) = 4(D(4) + D(3)),\ D(4) = 3(D(3) + D(2))$$
$$D(3) = 2(D(2) + D(1)),\ D(2) = 1,\ D(1) = 0$$

(Pop-up)
$$D(3) = 2,\ D(4) = 9,\ D(5) = 4(9+2) = 44$$

2.74. (1) ちょうど p 回出会う $[n]$ の要素 p 個の選び方は ${}_nC_p$ 通りあり，他の要素はすべてすれちがうので，求める関係式は
$$E(n, p) = {}_nC_p \cdot D(n-p)$$
となる．

(2) $E(7, 2) = {}_7C_2 \cdot D(5) = 21 \cdot 44 = 924.$

2.75. (1) e^x のマクローリン展開
$$e^x = 1 + \frac{x}{1!} + \frac{x^2}{2!} + \cdots + \frac{x^n}{n!} + \cdots$$

において $x = -1$ を代入すると
$$e^{-1} = 1 - \frac{1}{1!} + \frac{1}{2!} + \cdots + (-1)^n\frac{1}{n!} + \cdots$$

となる．これと公式 (2.32) を比較すればよい．

(2) それぞれ次の通りである．

$$\frac{E(13,0)}{13!} = \frac{D(13)}{13!} = \frac{2290792932}{13!} \doteq 0.3678794412 \doteq e^{-1},$$

$$\frac{E(13,1)}{13!} = 13 \cdot \frac{D(12)}{13!} = \frac{D(12)}{12!} = \frac{176214841}{12!} \doteq 0.3678794413 \doteq e^{-1},$$

$$\frac{E(13,2)}{13!} = {}_{13}C_2 \cdot \frac{D(11)}{13!} = \frac{1}{2} \cdot \frac{D(11)}{11!} = \frac{1}{2} \cdot \frac{14684570}{11!}$$
$$\doteq 0.1839397196 \doteq \frac{1}{2} e^{-1},$$

$$\frac{E(13,3)}{13!} = {}_{13}C_3 \cdot \frac{D(10)}{13!} = \frac{1}{6} \cdot \frac{D(10)}{10!} = \frac{1}{6} \cdot \frac{1334961}{10!}$$
$$\doteq 0.06131324405 \doteq \frac{1}{6} e^{-1}.$$

(3) 問 2.74 (1) の関係式より

$$\frac{E(n,p)}{n!} = \frac{{}_nC_p \cdot D(n-p)}{n!} = \frac{n \cdot (n-1) \cdots (n-p+1)}{p!} \cdot \frac{D(n-p)}{n!}$$
$$= \frac{1}{p!} \cdot \frac{D(n-p)}{(n-p)!} = \frac{1}{p!} \cdot e^{-1}_{(n-p)} \longrightarrow \frac{1}{p!} \cdot e^{-1} \quad (n \longrightarrow \infty).$$

2.76. (1) $90 = 2 \cdot 3^2 \cdot 5$ であるから，M_1, M_2, M_3 はそれぞれ (90 以下の) 2, 3, 5 の倍数の集合である．したがって，

$$\varphi(90) = \left| \bigcap_{i \in [3]} M_i^c \right| = \sum_{[3] \supseteq J} (-1)^{|J|} \left| \bigcap_{j \in J} M_j \right|$$

(ここで，$J = \varnothing, \{1\}, \{2\}, \{3\}, \{1,2\}, \{1,3\}, \{2,3\}, \{1,2,3\}$ であるから)

$$= 90 - \frac{90}{2} - \frac{90}{3} - \frac{90}{5} + \frac{90}{2 \cdot 3} + \frac{90}{2 \cdot 5} + \frac{90}{3 \cdot 5} - \frac{90}{2 \cdot 3 \cdot 5}$$
$$= 90 \left(1 - \frac{1}{2} - \frac{1}{3} - \frac{1}{5} + \frac{1}{2} \cdot \frac{1}{3} + \frac{1}{2} \cdot \frac{1}{5} + \frac{1}{3} \cdot \frac{1}{5} - \frac{1}{2} \cdot \frac{1}{3} \cdot \frac{1}{5} \right)$$
$$= 90 \left(1 - \frac{1}{2} \right) \left(1 - \frac{1}{3} \right) \left(1 - \frac{1}{5} \right).$$

上の式変形で, 一般に, $(1-a)(1-b)(1-c) = 1 - a - b - c + ab + ac + bc - abc$ であることに注意せよ.

(2) 表 3.3 に示す. n が素数のとき $\varphi(n) = n - 1$ であることに注意せよ.

n	1	2	3	4	5	6	7	8	9	10	11	12	13	14	15
$\varphi(n)$	1	1	2	2	4	2	6	4	6	4	10	4	12	6	8

表 **3.3** 問 2.76 (2) の解.

2.77.

$$B(7) = \sum_{k=1}^{7} {}_7S_k,$$

$${}_7S_1 = 1,$$

$${}_7S_2 = P[1,0,0,0,0,1,0] + P[0,1,0,0,1,0,0] + P[0,0,1,1,0,0,0]$$

$$= \frac{7!}{6!} + \frac{7!}{2!\,5!} + \frac{7!}{3!\,4!} = 63,$$

$${}_7S_3 = P[2,0,0,0,1,0,0] + P[1,1,0,1,0,0,0] + P[1,0,2,0,0,0,0]$$

$$\quad + P[0,2,1,0,0,0,0]$$

$$= \frac{7!}{2!\,5!} + \frac{7!}{2!\,4!} + \frac{7!}{2!\,(3!)^2} + \frac{7!}{2!\,(2!)^2\,3!} = 301,$$

$${}_7S_4 = P[3,0,0,1,0,0,0] + P[2,1,1,0,0,0,0] + P[1,3,0,0,0,0,0]$$

$$= \frac{7!}{3!\,4!} + \frac{7!}{2!\,2!\,3!} + \frac{7!}{3!\,(2!)^3} = 350,$$

$${}_7S_5 = P[4,0,1,0,0,0,0] + P[3,2,0,0,0,0,0]$$

$$= \frac{7!}{4!\,3!} + \frac{7!}{3!\,2!\,(2!)^2} = 140,$$

$${}_7S_6 = P[5,1,0,0,0,0,0] = \frac{7!}{5!\,2!} = 21,$$

$${}_7S_7 = 1.$$

したがって, $B(7) = 877$.

2.78. 初めに,

$$S(7,1) = 1,$$
$$S(7,2) = 2^7 - 2 = 126,$$
$$S(7,3) = 3^7 - 3 \cdot 2^7 + 3 = 1806,$$
$$S(7,4) = 4^7 - 4 \cdot 3^7 + 6 \cdot 2^7 - 4 = 8400,$$
$$S(7,5) = 5^7 - 5 \cdot 4^7 + 10 \cdot 3^7 - 10 \cdot 2^7 + 5 = 16800,$$
$$S(7,6) = 6^7 - 6 \cdot 5^7 + 15 \cdot 4^7 - 20 \cdot 3^7 + 15 \cdot 2^7 - 6 = 15120,$$
$$S(7,7) = 7! = 5040$$

を得る.

次に, 上記の各結果を $k!$ $(1 \leq k \leq 7)$ で割り,

k	1	2	3	4	5	6	7
$_7S_k$	1	63	301	350	140	21	1

を得る.

2.79. a を含むブロックの要素の個数が a を除いて i $(0 \leq i \leq n)$ 個であるとする. その i 個の選び方は $_nC_i$ $(= {}_nC_{n-i})$ 通り, 残りの $(n+1) - (i+1) = n-i$ 個の要素を $k-1$ 個のブロックに分ける分け方は $_{n-i}S_{k-1}$ 通りある. したがって, 和と積の法則により,

$$_{n+1}S_k = \sum_{i=0}^{n} {}_nC_{n-i} \cdot {}_{n-i}S_{k-1} = \sum_{i=0}^{n} {}_nC_i \cdot {}_i S_{k-1}$$

となる.

2.80. すでに, 問 2.45 (3) や問 2.73 (4) の解答で示したように, 漸化式の計算には, 動的計画法の手法および Push-down・Pop-up による記述が有効である.

(1) 漸化式 (2.39) に対して

$\underline{_7S_1} =_7 S_7 = 1$

(Push-down)

$_7S_2 = {}_6S_1 + 2\,{}_6S_2 = 1 + 2\,{}_6S_2, \ {}_6S_2 = {}_5S_1 + 2\,{}_5S_2 = 1 + 2\,{}_5S_2$

$_5S_2 = {}_4S_1 + 2\,{}_4S_2 = 1 + 2\,{}_4S_2, \ {}_4S_2 = {}_3S_1 + 2\,{}_3S_2 = 1 + 2\,{}_3S_2$

$_3S_2 = {}_2S_1 + 2\,{}_2S_2 = 1 + 2 = 3$

(Pop-up)

$_4S_2 = 7, \ {}_5S_2 = 15, \ {}_6S_2 = 31, \ \underline{{}_7S_2 = 63}$

(Push-down)

$_7S_3 = {}_6S_2 + 3\,{}_6S_3 = 31 + 3\,{}_6S_3, \ {}_6S_3 = {}_5S_2 + 3\,{}_5S_3 = 15 + 3\,{}_5S_3$

$_5S_3 = {}_4S_2 + 3\,{}_4S_3 = 7 + 3\,{}_4S_3, \ {}_4S_3 = {}_3S_2 + 3\,{}_3S_3 = 3 + 3\,{}_3S_3 = 6$

(Pop-up)

$_5S_3 = 25, \ {}_6S_3 = 90, \ \underline{{}_7S_3 = 301}$

(Push-down)

$_7S_4 = {}_6S_3 + 4\,{}_6S_4 = 90 + 4\,{}_6S_4, \ {}_6S_4 = {}_5S_3 + 4\,{}_5S_4 = 25 + 4\,{}_5S_4$

$_5S_4 = {}_4S_3 + 4\,{}_4S_4 = 6 + 4\,{}_4S_4 = 10$

(Pop-up)

$_6S_4 = 65, \ \underline{{}_7S_4 = 350}$

(Push-down)

$_7S_5 = {}_6S_4 + 5\,{}_6S_5 = 65 + 5\,{}_6S_5, \ {}_6S_5 = {}_5S_4 + 5\,{}_5S_5 = 10 + 5\,{}_5S_5 = 15$

(Pop-up)

$\underline{{}_7S_5 = 140}$

(Push-down)

$\underline{{}_7S_6} = {}_6S_5 + 6\,{}_6S_6 = 15 + 6\,{}_6S_6 = \underline{21}$

(2) 漸化式 (2.40) において $k = 2$ を代入し，${}_0S_1 = 0$ に注意して，問 2.25 の結果を適用すればよい．記法 ${}_nC_k$ の代りに $\binom{n}{k}$ を用いる．

$$_{n+1}S_2 = \sum_{i=0}^{n} \binom{n}{i} {}_iS_1 = \sum_{i=1}^{n} \binom{n}{i} = 2^n - 1.$$

(3) 問 2.80 (2) の結果を用いて

$$_7S_2 = 2^6 - 1 = \underline{63}$$
$$_7S_3 = \binom{2}{6}{}_2S_2 + \binom{6}{3}{}_3S_2 + \binom{6}{4}{}_4S_2 + \binom{6}{5}{}_5S_2 + \binom{6}{6}{}_6S_2$$
$$= 15 + 20(2^2 - 1) + 15(2^3 - 1) + 6(2^4 - 1) + (2^5 - 1) = \underline{301}$$

(Push-down)

$$_7S_4 = \binom{6}{3}{}_3S_3 + \binom{6}{4}{}_4S_3 + \binom{6}{5}{}_5S_3 + \binom{6}{6}{}_6S_3$$
$$_4S_3 = \binom{3}{2}{}_2S_2 + \binom{3}{3}{}_3S_2 = 3 + 3 = 6$$
$$_5S_3 = \binom{4}{2}{}_2S_2 + \binom{4}{3}{}_3S_2 + \binom{4}{4}{}_4S_2 = 6 + 4 \cdot 3 + 7 = 25$$
$$_6S_3 = \binom{5}{2}{}_2S_2 + \binom{5}{3}{}_3S_2 + \binom{5}{4}{}_4S_2 + \binom{5}{5}{}_5S_2$$
$$= 10 + 10 \cdot 3 + 5 \cdot 7 + 15 = 90$$

(Pop-up)

$$_7S_4 = 20 + 15 \cdot 6 + 6 \cdot 25 + 90 = \underline{350}$$

(Push-down)

$$_7S_5 = \binom{6}{4}{}_4S_4 + \binom{6}{5}{}_5S_4 + \binom{6}{6}{}_6S_4$$
$$_5S_4 = \binom{4}{3}{}_3S_3 + \binom{4}{4}{}_4S_3 = 4 + 6 = 10$$
$$_6S_4 = \binom{5}{3}{}_3S_3 + \binom{5}{4}{}_4S_3 + \binom{5}{5}{}_5S_3 = 10 + 5 \cdot 6 + 25 = 65$$

(Pop up)

$$_7S_5 = 15 + 6 \cdot 10 + 65 = \underline{140}$$

(Push-down)

$$_7S_6 = \binom{6}{5}{}_5S_5 + \binom{6}{6}{}_6S_5$$

$$_6S_5 = \binom{5}{4}{}_4S_4 + \binom{5}{5}{}_5S_4 = 5 + 10 = 15$$

(Pop-up)

$$_7S_6 = 6 + 15 = \underline{21}$$

問 2.77, 2.78 で試した有限和の公式の計算過程に比べ単純な計算の繰返しが多く,人間にとっては面倒で退屈である. $_nS_k$ の値を n 行 k 列の行列で表し,これをうまく用いると,計算がわかり易くなる (表 3.4 を参照).

$$\begin{pmatrix} 1 & 0 & 0 & 0 & 0 & 0 & 0 \\ 1 & 1 & 0 & 0 & 0 & 0 & 0 \\ 1 & 3 & 1 & 0 & 0 & 0 & 0 \\ 1 & 7 & 6 & 1 & 0 & 0 & 0 \\ 1 & 15 & 25 & 10 & 1 & 0 & 0 \\ 1 & 31 & 90 & 65 & 15 & 1 & 0 \\ 1 & 63 & 301 & 350 & 140 & 21 & 1 \end{pmatrix}$$

表 3.4 $_nS_k$ $(1 \leq n, k \leq 7)$ の値.

第 2 種スターリング数 $_nS_k$ は Mathematica に StirlingS2$[n,k]$ として組み込まれている.

2.81. (1) a を含むブロックの要素の個数が a を除いて i $(0 \leq i \leq n)$ 個であるとする.その i 個の選び方は $_nC_i$ $(= {}_nC_{n-i})$ 通り,残りの $(n+1)-(i+1) = n-i$ 元集合の分割は B$(n-i)$ 個ある.したがって,和と積の法則により,

$$B(n+1) = \sum_{i=0}^{n} \binom{n}{n-i} B(n-i) = \sum_{i=0}^{n} \binom{n}{i} B(i)$$

となる.

(2) 次のように順次計算すればよい.

B$(0) = $ B$(1) = 1$,

B$(2) = \binom{1}{0}$B$(0) + \binom{1}{1}$B$(1) = 1 + 1 = 2$,

$$\mathrm{B}(3) = \binom{2}{0}\mathrm{B}(0) + \binom{2}{1}\mathrm{B}(1) + \binom{2}{2}\mathrm{B}(2) = 1 + 2 + 2 = 5,$$

$$\mathrm{B}(4) = \binom{3}{0}\mathrm{B}(0) + \binom{3}{1}\mathrm{B}(1) + \binom{3}{2}\mathrm{B}(2) + \binom{3}{3}\mathrm{B}(3)$$

$$= 1 + 3 + 3 \cdot 2 + 5 = 15,$$

$$\mathrm{B}(5) = \binom{4}{0}\mathrm{B}(0) + \binom{4}{1}\mathrm{B}(1) + \binom{4}{2}\mathrm{B}(2) + \binom{4}{3}\mathrm{B}(3) + \binom{4}{4}\mathrm{B}(4) = 52,$$

$$\mathrm{B}(6) = \binom{5}{0} \cdot 1 + \binom{5}{1} \cdot 1 + \binom{5}{2} \cdot 2 + \binom{5}{3} \cdot 5 + \binom{5}{4} \cdot 15 + \binom{5}{5} \cdot 52$$

$$= 203,$$

$$\mathrm{B}(7) = \binom{6}{0} \cdot 1 + \binom{6}{1} \cdot 1 + \binom{6}{2} \cdot 2 + \binom{6}{3} \cdot 5 + \binom{6}{4} \cdot 15$$

$$+ \binom{6}{5} \cdot 52 + \binom{6}{6} \cdot 203 = 877.$$

この計算過程は他に比べ人間にとっては簡明である．

2.82. (1) 母関数 (2.42) において $k = 0$ と置くと、

$$\sum_{n=0}^{\infty} {}_n\mathrm{S}_0 \frac{x^n}{n!} = 1$$

となり，これより得られる．

(2) と (3) は手計算では大変面倒であるが Mathematica を用いれば，それぞれの母関数

$$\sum_{n=0}^{\infty} {}_n\mathrm{S}_3 \frac{x^n}{n!} = \frac{1}{6}(e^x - 1)^3, \quad \text{および} \quad \sum_{n=0}^{\infty} \mathrm{B}(n) \frac{x^n}{n!} = e^{e^x - 1}$$

の展開式が容易に得られ，各値を求めることができる．

2.83. (1) 次のように示される．

$$\text{右辺} = {}_3\mathrm{S}_1 x + {}_3\mathrm{S}_2 x(x-1) + {}_3\mathrm{S}_3 x(x-1)(x-2)$$

$$= x + 3x(x-1) + x(x-1)(x-2)$$

$$= x + 3x^2 - 3x + x^3 - 3x^2 + 2x = x^3 = \text{左辺}.$$

(2) x の 3 個の異なる値を x_i $(i = 1, 2, 3)$ とするとき，$ax_i^2 + bx_i + c =$

0 $(i = 1, 2, 3)$ を a, b, c についての連立方程式とみなすと，

$$\begin{vmatrix} x_1^2 & x_1 & 1 \\ x_2^2 & x_2 & 1 \\ x_3^2 & x_3 & 1 \end{vmatrix} \neq 0$$

より $a = b = c = 0$ となる．

2.84. (1) n 元集合 $[n]$ の特別な 1 つの要素 (今これを n とする) に注目し，k 個の輪の中に n ただ 1 個の輪がある場合とそうでない場合に分けて考える．前者の場合，n を除いた $n-1$ 次の置換で $k-1$ 個の輪を持つものの個数 $c(n-1, k-1)$ に等しいことが容易にわかる．後者の場合，n を含む輪は n 以外の要素を 1 個以上含むので，初めに n を除いた $n-1$ 次の置換で k 個の輪を持つものを考え，次にその各置換への n の組み込み方を考える．k 個の輪を持つ $n-1$ 次の置換 σ が与えられたとき，各輪を構成している各要素 i ($1 \leq i \leq n-1$) の後に n を組み込むこと，すなわち $i \longrightarrow n \longrightarrow \sigma(i)$ とすることができるので，$n-1$ 通りの組み込み方があることがわかる (2 個の輪を持つ 5 次の置換への要素 6 の 5 通りの組み込み方を図 3.13 に示す)．したがって，k 個の輪を持つ $n-1$ 次の置換の個数は $c(n-1, k)$ であるから，後者の場合の個数は $(n-1)c(n-1, k)$ となる．両者の場合を加えれば，漸化式の右辺が得られる．

(2) 恒等式 (2.46) の左辺の展開式における x の係数が $(n-1)!$ であること，または漸化式 (2.47) において $k = 1$ を代入することにより求められる．また，2.3.3 節で述べたように，n-円順列は n 次の置換でちょうど 1 個の輪からなるものと同じであるから，$\mathrm{cir}(n) = c(n, 1) = (n-1)!$ となる (公式 (2.5) を参照)．

(3) 漸化式 (2.47) を用いて計算する場合：前もって

$$n \geq 1 \text{ なる } n \text{ に対して } c(n, 1) = (n-1)!, \, c(n, n) = 1$$

となることを示しておき，これらを用いて動的計画法により計算するとよい．

(Push-down)

$$c(7, 2) = 6c(6, 2) + c(6, 1) = 6c(6, 2) + 5!$$

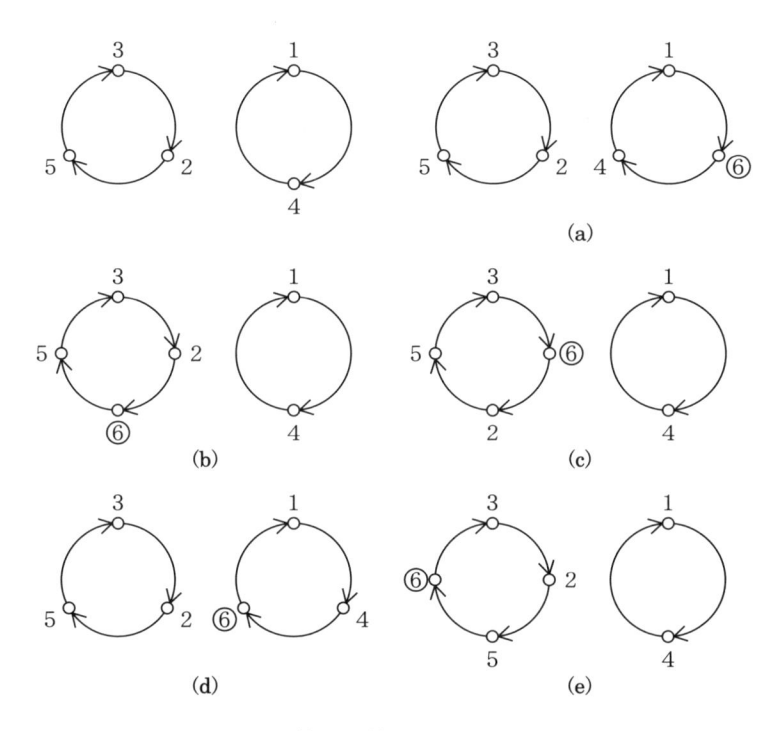

図 **3.13** 置換への新要素の組み込み方の例.

$$c(6,2) = 5c(5,2) + c(5,1) = 5c(5,2) + 4!$$
$$c(5,2) = 4c(4,2) + c(4,1) = 4c(4,2) + 3!$$
$$c(4,2) = 3c(3,2) + c(3,1) = 3c(3,2) + 2!$$
$$\underline{c(3,2)} = 2c(2,2) + c(2,1) = 2 + 1 = \underline{3}$$

(Pop up)

$$\underline{c(4,2)} = 3 \cdot 3 + 2 = \underline{11}$$
$$\underline{c(5,2)} = 4 \cdot 11 + 6 = \underline{50}$$
$$\underline{c(6,2)} = 5 \cdot 50 + 24 = \underline{274}$$
$$\underline{c(7,2)} = 6 \cdot 274 + 120 = \underline{1764}$$

以下,同様にして計算できるが,第 2 種スターリング数 $_n S_k$ の場合と同様

に $c(n,k)$ の値を n 行 k 列の行列で表し，これをうまく用いると，表 3.5 に示すように計算がわかり易くなる．

$$\begin{pmatrix} 1 & 0 & 0 & 0 & 0 & 0 & 0 \\ 1 & 1 & 0 & 0 & 0 & 0 & 0 \\ 2 & 3 & 1 & 0 & 0 & 0 & 0 \\ 6 & 11 & 6 & 1 & 0 & 0 & 0 \\ 24 & 50 & 35 & 10 & 1 & 0 & 0 \\ 120 & 274 & 225 & 85 & 15 & 1 & 0 \\ 720 & 1764 & 1624 & 735 & 175 & 21 & 1 \end{pmatrix}$$

表 3.5 $c(n,k)$ $(1 \leq n, k \leq 7)$ の値．

第 1 種スターリング数 $s(n,k)$ は Mathematica に StirlingS1$[n,k]$ として組み込まれており，文献 [2] には，これとさらに符号なし第 1 種スターリング数 $c(n,k)$ の Mathematica プログラムおよびそれらの実行例が示されている．

恒等式 (2.46) を用いて計算する場合：式の左辺を展開すればよい．

$$x(x+1)(x+2)(x+3)(x+4)(x+5)(x+6)$$
$$= 720x + 1764x^2 + 1624x^3 + 735x^4 + 175x^5 + 21x^6 + x^7.$$

このような式の展開は Mathematica を用いれば容易に求められる．

2.85. $s(n,k) = (-1)^{n-k} c(n,k)$ より s を求めて行列の積を計算すればよい．

2.86. 旧版の付録 B.11.1 を参照．

2.87. C 言語，Quick BASIC および Pascal によるプログラムについては文献 [1] を参照．Mathematica による扱いについては旧版の付録 B.11.2 を参照．

2.88. (1) 次のように計算できる．

$$p(7,3) = p(4,1) + p(4,2) + p(4,3) + p(4,4)$$
$$= 1 + (p(2,1) + p(2,2)) + p(1,1) + 1 = 4.$$

(2) 次のように計算できる．

(Push-down)

$$p(7) = p^*(7,7) = p^*(7,6) + 1$$
$$p^*(7,6) = p^*(7,5) + p^*(1,6) = p^*(7,5) + p(1) = p^*(7,5) + 1$$
$$p^*(7,5) = p^*(7,4) + p^*(2,5) = p^*(7,4) + p(2)$$
$$p^*(7,4) = p^*(7,3) + p^*(3,4) = p^*(7,3) + p(3)$$
$$p^*(7,3) = p^*(7,2) + p^*(4,3)$$
$$p^*(7,2) = p^*(7,1) + p^*(5,2) = 1 + p^*(5,2)$$
$$p^*(5,2) = p^*(5,1) + p^*(3,2) = 1 + p^*(3,2)$$
$$p^*(3,2) = p^*(3,1) + p^*(1,2) = 1 + p(1) = 1 + 1 = 2$$
$$p^*(4,3) = p^*(4,2) + p^*(1,3) = p^*(4,2) + p(1) = p^*(4,2) + 1$$
$$p^*(4,2) = p^*(4,1) + p^*(2,2) = 1 + p(2)$$
$$p(2) = p^*(2,2) = p^*(2,1) + 1 = 1 + 1 = 2$$
$$p(3) = p^*(3,3) = p^*(3,2) + 1$$
$$p^*(3,2) = p^*(3,1) + p^*(1,2) = 1 + p(1) = 1 + 1 = 2$$

(Pop up)

$$p(3) = 3$$
$$p^*(4,2) = 1 + p(2) = 3$$
$$p^*(4,3) = p^*(4,2) + 1 = 3 + 1 = 4$$
$$p^*(5,2) = 1 + p^*(3,2) = 1 + 2 = 3$$
$$p^*(7,2) = 1 + p^*(5,2) = 1 + 3 = 4$$
$$p^*(7,3) = p^*(7,2) + p^*(4,3) = 4 + 4 = 8$$
$$p^*(7,4) = p^*(7,3) + p(3) = 8 + 3 = 11$$
$$p^*(7,5) = p^*(7,4) + p(2) = 11 + 2 = 13$$
$$p^*(7,6) = p^*(7,5) + 1 = 13 + 1 = 14$$
$$p(7) = p^*(7,7) = p^*(7,6) + 1 = 15$$

2.89. (1) 漸化式 (2.51) を用いて，$p(2n, n) = \sum_{i=1}^{n} p(n, i) = p(n)$ を得る．

(2) 旧版の付録 B.11.3 の数の分割数の計算結果 $p(19) = 490$ を用いて，

$p(38, 19) = p(19) = 490$

2.90. $p(7,3)$ のみ母関数 (2.54) を用いて手計算で求め，その他は Mathematica を用いて求める．

$$\frac{1}{(1-x)(1-x^2)(1-x^3)} = \frac{1}{(1-x-x^2+x^4+x^5-x^6)}$$

と変形し，右辺の分母の x のべきが 5 以上を無視し，割り算を続け x^4 の係数を求めると，$p(7,3) = 4$ を得る．他の値は旧版の付録 B.11.4 を参照．

2.91. 手計算でも容易である．が，Mathematica を用いた結果について旧版の付録 B.11.4 を参照．

2.92. (1) 解の各 λ_i の値が n の分割に含まれる和因子 i の個数を示すことから分かる．

(2) (1) と連立方程式の第 2 式は n の分割の和因子の個数が k であることを示すことから分かる．

2.93. 旧版の付録 B.11.4 を参照．

2.94. (1) 表 3.6 に示す．

σ	$3+1+1$	$1+3+1$	$1+1+3$	$2+2+1$	$2+1+2$	$1+2+2$
$f(\sigma)$	$\{3,4\}$	$\{1,4\}$	$\{1,2\}$	$\{2,4\}$	$\{2,3\}$	$\{1,3\}$

表 **3.6** 問 2.94 (1) の解．

(2) 公式 (2.57) を用いて

$$\mathrm{comp}(n) = \sum_{k=1}^{n} {}_{n-1}\mathrm{C}_{k-1} = 2^{n-1}.$$

(3) 問 2.35 (1) およびその解答において n と k を入れ替えれば，不定方程式 $\sum_{i=1}^{k} x_i = n$ の正の整数解の個数が ${}_{n-1}\mathrm{C}_{k-1}$ であることが分かり，これと公式 (2.57) より得られる．

2.95. 次の通りである．

$$\frac{1!}{1!} + 2 \cdot \frac{2!}{1!1!} + 2 \cdot \frac{3!}{2!1!} + \frac{4!}{3!1!} + \frac{5!}{5!}$$

$$= 1 + 2\cdot 2 + 2\cdot 3 + 4 + 1 = 1 + 4 + 6 + 4 + 1 = 16.$$

2.96. 求める置換はそれぞれ (12)(3), (132), (13)(2), (123) である.

2.97. 付録 A.3.1 の同値関係の定義より, 関係 $\sim$ について

(i) $f \sim f$ (反射律), (ii) $f \sim g$ ならば $g \sim f$ (対称律), (iii) $f \sim g$ かつ $g \sim h$ ならば $f \sim h$ (推移律)

が成り立つことを示せばよい. (1) のみを示す. (2) と (3) についても同様に示すことができる. $\pi = $ 恒等置換とすれば $f(x) = f(\pi(x))$ となり, (i) が成り立つ. $f(x) = g(\pi(x))$ ならば, π の逆写像 π^{-1} も A 上の置換であり, $g(x) = f(\pi^{-1}(x))$ となり, (ii) が成り立つ. $f(x) = g(\pi(x))$ かつ $g(x) = h(\tau(x))$ ならば, π と τ の合成写像も A 上の置換であり, $h(\tau \cdot \pi(x)) = h(\tau(\pi(x))) = g(\pi(x)) = f(x)$ となり, (iii) が成り立つ.

2.98. (1) $f \sim g\ (A \times B)$ のとき, すなわち

$$\exists\,全単射\,\pi : A \longrightarrow A,\ \exists\,全単射\,\sigma : B \longrightarrow B,\ \forall x \in A(\sigma(f(x)) = g(\pi(x)))$$

であるとき (記号 $\exists, \forall$ については付録 A.1 を参照),

$$f : A \longrightarrow B\ が単射 \iff g : A \longrightarrow B\ が単射$$

であることを示す.

初めに ($\Longrightarrow$) を示す. 付録 A.3.2 の単射の定義により $g(x) = g(y) \Longrightarrow x = y$ を示せばよい.

$$g(x) = g(y) \Longrightarrow g(\pi(\pi^{-1}(x))) = g(\pi(\pi^{-1}(y)))$$
$$\Longrightarrow \sigma(f(\pi^{-1}(x))) = \sigma(f(\pi^{-1}(y))),$$
$$f(\pi^{-1}(x)) = f(\pi^{-1}(y)) \Longrightarrow \pi^{-1}(x) = \pi^{-1}(y) \Longrightarrow x = y.$$

次に ($\Longleftarrow$) を示す. $f(x) = f(y) \Longrightarrow x = y$ を示せばよい.

$$f(x) = f(y) \Longrightarrow \sigma(f(x)) = \sigma(f(y)) \Longrightarrow g(\pi(x)) = g(\pi(y)),$$
$$g(\pi(x)) = g(\pi(y)) \Longrightarrow \pi(x) = \pi(y) \Longrightarrow x = y.$$

$f \sim g\ (A)$ のときは σ として恒等置換のみを考えればよい. また, $f \sim g\ (B)$

のときは π として恒等置換のみを考えればよい．

(2) $f \sim g\,(A \times B)$ のとき，

$$f : A \longrightarrow B \text{ が全射} \iff g : A \longrightarrow B \text{ が全射}$$

であることを示す．

初めに ($\Longrightarrow$) を示す．付録 A.3.1 の全射の定義により $\forall z \in B\,\exists x \in A\,(g(x) = z)$ を示せばよい．f は全射であるから，$\sigma^{-1}(z) \in B$ に対して $a \in A$ が存在して $f(a) = \sigma^{-1}(z)$ となる．ここで，$x = \pi(a)$ とすると，

$$g(x) = g(\pi(a)) = \sigma(f(a)) = \sigma(\sigma^{-1}(z)) = z$$

となる．次に ($\Longleftarrow$) を示す．$\forall z \in B\,\exists x \in A\,(f(x) = z)$ を示せばよい．g は全射であるから，$\sigma(z) \in B$ に対して $a \in A$ が存在して $g(a) = \sigma(z)$ となる．ここで，$x = \pi^{-1}(a)$ とすると，

$$f(x) = f(\pi^{-1}(a)) = \sigma^{-1}(g(\pi(\pi^{-1}(a)))) = \sigma^{-1}(g(a)) = \sigma^{-1}(\sigma(z)) = z$$

となる．$f \sim g\,(A)$ および $f \sim g\,(B)$ のときは，(1) の場合と同様に考えればよい．

2.99. (1) 累積和 $\sum_{k=0}^{n} f(k)$ は f と $g(n) = 1$ のたたみ込みと考えることができるから，g の通常母関数は $1/(1-x)$ であることに注意すれば，求める母関数は $F(x)/(1-x)$ となる．

(2) $\sum_{k=0}^{n} 2^k$ を $f(n) = 2^n$ の累積和と考えれば，(1) の結果からこの和の母関数は

$$\frac{1}{1-x} \cdot \frac{1}{1-2x}$$

となり，これを部分分数に展開すれば，

$$\frac{1}{1-x} \cdot \frac{1}{1-2x} = \frac{2}{1-2x} - \frac{1}{1-x}$$

となる．左端の式は関数 $2^{n+1} - 1$ の通常母関数であることから，問題の等式が得られる．

2.100. $\Delta = E - 1$ は

$$\Delta f(n) = f(n+1) - f(n) = Ef(n) - f(n) = (E-1)f(n)$$

より，$\nabla E = \Delta$ は

$$\nabla E f(n) = \nabla(E f(n)) = \nabla f(n+1) = f(n+1) - f(n) = \Delta f(n)$$

より示される．

2.101. 公式 (2.60) より

$$F(x) - xF(x)$$
$$= \frac{1}{1-2x} - \frac{x}{1-2x}$$
$$= 1 + 2x + 2^2 x^2 + \cdots + 2^n x^n + \cdots - x - 2x^2 - \cdots - 2^{n-1} x^n - \cdots$$
$$= 1 + x + 2x^2 + \cdots + 2^{n-1} x^n + \cdots$$

となり，確かに $\nabla f(0) = f(0) = 1$, $\nabla f(n) = 2^n - 2^{n-1} = 2^{n-1}$ $(n \geq 1)$ の通常母関数である．

2.102. $Ef(n) = n+1$ の通常母関数は

$$\sum_{n \geq 0} (n+1)x^n = \sum_{n \geq 0} nx^n + \sum_{n \geq 0} x^n = F(x) + \frac{1}{1-x}$$

であり，一方

$$\frac{1}{x}(F(x) - f(0)) = \frac{1}{x} F(x)$$

でもあるから，等式

$$F(x) + \frac{1}{1-x} = \frac{1}{x} F(x)$$

を得る．これを $F(x)$ について解いて $F(x) = x/(1-x)^2$ を得る．

2.103. 関数論的には，与式は $e^x \cdot e^{-x} = 1$ となり，容易に示される．形式級数論的には，与式は数え上げ関数 $f(n) = 1$ と $g(n) = (-1)^n$ のそれぞれの指数型母関数の積であるから，その積は数え上げ関数

$$\sum_{k=0}^{n} \binom{n}{k} 1^k (-1)^{n-k} = (1-1)^n = \begin{cases} 1 & (n=0) \\ 0 & (n \geq 1) \end{cases}$$

の指数型母関数，すなわち 1 となる．

2.104. 公式 (2.67) より

$$F(x) - \int_0^x F(x)\,dx = e^{2x} - \left(\frac{1}{2}e^{2x} - \frac{1}{2}\right) = \frac{1}{2}(e^{2x}+1)$$

となる．確かに $\triangledown f$ の指数的母関数である．

2.105. 公式 (2.65) より

$$F'(x) = e^x + x\,e^x = (1+x)e^x$$

となり，確かに $Ef(n) = (n+1)$ の指数型母関数である．

2.106. 重複組合せ数 ${}_n\mathrm{H}_k$ または $\left(\!\binom{n}{k}\!\right)$ の通常母関数は例 2.25 より

$$(1 + x + x^2 + \cdots + x^n + \cdots)^n = (1-x)^{-n}$$

であり (すなわちこの式の形式べき級数展開の x^k の係数が $\left(\!\binom{n}{k}\!\right)$ であり)，これに公式 (2.68) を適用すると，x^k の係数は $\binom{-n}{k}(-1)^k$ となることから，法則 (2.22) が得られる．

2.107. 旧版の付録 B.12 を参照．

2.108. 2 項係数 $\binom{k}{i}$ を $(k+1, i+1)$ 成分とする三角行列の第 $(m+1)$ 行は

$$\left(\binom{m}{0}, \binom{m}{1}, \cdots, \binom{m}{m}, 0, \cdots, 0\right)$$

であり，$(-1)^{k-i}\binom{k}{i}$ を $(k+1, i+1)$ 成分とする三角行列の第 $(l+1)$ 列は転置して書くと，

$$\left(0, \cdots, 0, (-1)^0\binom{l}{l}, (-1)^1\binom{l+1}{l}, \cdots\right)$$

であるから，これら 2 つの三角行列の積の $(m+1, l+1)$ 成分は

となる．

$$\begin{cases} \sum_{i=l}^{m} \binom{m}{i}(-1)^{i-l}\binom{i}{l} & (m \geq l) \\ 0 & (m < l) \end{cases}$$

となる．$m \geq l$ の場合の式の値が $m = l$ のとき 1 で，$m > l$ のとき 0 であることを示せばよい．

$$\sum_{i=l}^{m} \binom{m}{i}\binom{i}{l}(-1)^{i-l}$$

$\left(\binom{m}{i}\binom{i}{l} = \binom{m}{l}\binom{m-l}{m-i}\right.$ であるから$\left.\right)$

$$= \binom{m}{l} \sum_{i=l}^{m} \binom{m-l}{m-i}(-1)^{i-l}$$

($m - i = j$ と置いて)

$$= \binom{m}{l} \sum_{j=0}^{m-l} \binom{m-l}{j}(-1)^{m-l-j}$$

$$= \binom{m}{l}(1-1)^{m-l}$$

となり，これは $m = l$ のとき 1 で，$m > l$ のとき 0 である．

2.109. (1) 次のように求められる．

$f(0) = 0^4 = 0,$

$\Delta f(0) = -0^4 + 1^4 = 1,$

$\Delta^2 f(0) = 0^4 - 2 \cdot 1^4 + 2^4 = 14,$

$\Delta^3 f(0) = -0^4 + 3 \cdot 1^4 - 3 \cdot 2^4 + 3^4 = 36,$

$\Delta^4 f(0) = 0^4 - 4 \cdot 1^4 + 6 \cdot 2^4 - 4 \cdot 3^4 + 4^4 = 24,$

$\Delta^5 f(0) = -0^4 + 5 \cdot 1^4 - 10 \cdot 2^4 + 10 \cdot 3^4 - 5 \cdot 4^4 + 5^4 = 0.$

(2) 公式 (2.73) より

$$3^k = \sum_{i=0}^{k} \binom{k}{i} \Delta^i f(0)$$

であり，一方，2項定理より
$$(2+1)^k = \sum_{i=0}^{k} \binom{k}{i} 2^i$$
であるから，それぞれの右辺を k の多項式とみなし比較すれば，
$$\Delta^i f(0) = 2^i \quad (i = 1, 2, \cdots, n)$$
を得る．

2.110. 初めに形式級数論的に求める．
$$F(x) = (1-x)^{-1/2} = \sum_{n \geq 0} \binom{-1/2}{n} (-1)^n x^n$$
となり，
$$\binom{-1/2}{n} (-1)^n = \frac{(2n-1)!!}{2^n \cdot n!}$$
である．ただし，$(2n-1)!!$ は $1 \cdot 3 \cdot 5 \cdots (2n-1)$ を表す．したがって，
$$f(n) = \frac{(2n-1)!!}{2^n}$$
を得る．次に関数論的に求める．
$$F^{(n)}(x) = \frac{(2n-1)!!}{2^n} (1-x)^{-(2n+1)/2}$$
であるから，$f(n) = F^{(n)}(0) = (2n-1)!!/2^n$ を得る．

2.111. 例 2.57 と同様にして
$$f(n) = 2f(n-1) + 2^{n-1} = \sum_{k=0}^{n-1} 2^{n-1-k} 2^k = \sum_{k=0}^{n-1} 2^{n-1} = n 2^{n-1}$$
を得る．これは $n = 0, 1$ のときも与式を満たす．この漸化式の特性方程式の解 2 は重解であることに注意せよ．一般に，特性方程式の 2 つの解 α と β が同じとき，すなわち重解を持つとき
$$f(n) = (c_1 n + c_2) \alpha^n$$
となる．ただし，c_1 と c_2 は初期条件によって定まる定数である．この問の漸

化式では，実際，初期条件 $f(0) = 0$ と $f(1) = 1$ より c_1 と c_2 に関する連立方程式を解いて，$c_1 = 1/2, c_2 = 0$ を得る．すなわち $f(n) = n2^{n-1}$ となる．

2.112. 公式 (2.79) において

$$a = 1, \quad b = -2, \quad G(x) = \frac{x}{(1-x)^2}, \quad g(0) = 0, \ f(0) = 0$$

とすると，$f(n)$ の通常母関数 $F(x)$ は

$$F(x) = \frac{1}{1-2x} \cdot \frac{x}{(1-x)^2} = x \cdot \frac{1}{1-2x} \cdot \frac{1}{1-x} \cdot \frac{1}{1-x}$$

となるから，数え上げ関数 $h(n) = 2^n$ の累積和を求め，さらにその累積和を求め，最後に $F(x)$ の積因子 x に注意すればよい．

$$\sum_{k=0}^{n} 2^k = 2^{n+1} - 1$$

となり，さらに

$$\sum_{k=0}^{n} (2^{k+1} - 1) = 2(2^{n+1} - 1) - (n+1) = 2^{n+2} - n - 3$$

となるから，積因子 x に注意すれば，$f(n) = 2^{n+1} - n - 2$ を得る．

2.113. (1) 公式 (2.59) を用いるために，初めに $\Delta f(n)$ の通常母関数を求める．

$$\Delta f(n) = (n+1)^2 - n^2 = 2n + 1$$

であるから，

$$\sum_{n \geq 0} \Delta f(n) x^n = 2 \sum_{n \geq 0} n x^n + \sum_{n \geq 0} x^n = \frac{2x}{(1-x)^2} + \frac{1}{1-x} = \frac{1+x}{(1-x)^2}$$

となる．これを公式 (2.59) に代入すると，次の等式を得る：

$$\left(\frac{1}{x} - 1 \right) F(x) = \frac{1+x}{(1-x)^2}.$$

これを $F(x)$ について解き，$f(n) = n^2$ の通常母関数

$$F(x) = \frac{x(1+x)}{(1-x)^3}$$

を得る．

(2) (1) の結果から $G(x) = \sum_{n \geq 0} n^2 x^n = x(1+x)/(1-x)^3$ であるから，これと

$$a = 1, \quad b = -2, \quad g(0) = 0, \quad f(0) = 0$$

を公式 (2.79) に代入し，$f(n)$ の通常母関数

$$F(x) = \frac{1}{1-2x} \cdot \frac{x(1+x)}{(1-x)^3}$$

を得る．これを，さらに

$$x \cdot \frac{1}{1-2x} \cdot \frac{1}{(1-x)^3} + x^2 \cdot \frac{1}{1-2x} \cdot \frac{1}{(1-x)^3}$$

と変形し，初めに，これに含まれる部分式 $\dfrac{1}{1-2x} \cdot \dfrac{1}{(1-x)^3}$ を考える．これを数え上げ関数 $h(n) = 2^n$ の累積和の累積和の累積和の通常母関数とみなし，それを次のように求める．

$$\sum_{k=0}^{n} 2^k = 2^{n+1} - 1,$$

$$\sum_{k=0}^{n} (2^{k+1} - 1) = 2^{n+2} - n - 3,$$

$$\sum_{k=0}^{n} (2^{k+2} - k - 3) = 2^{n+3} - \frac{1}{2}n(n+7) - 7.$$

ここで，積因子 x と x^2 に注意すれば，与えられた漸化式の解

$$f(n) = 2^{n+2} - \frac{1}{2}(n-1)(n+6) - 7 + 2^{n+1} - \frac{1}{2}(n-2)(n+5) - 7$$

$$= 3 \cdot 2^{n+1} - n^2 - 4n - 6$$

を得る．

2.114. 例 2.59 で求めたように，$G(x) = 3/(1-x)$ であり，これと

$$a = 1, \quad b = -5, \quad c = 6, \quad f(0) = 0, \quad f(1) = 1$$

を公式 (2.81) に代入すると，与えられた漸化式の通常母関数 $F(x)$ が次のように求められる．

$$F(x) = \frac{1}{1-5x+6x^2}\left(\frac{3}{1-x} - 3x - 3 + x\right) = \frac{1}{1-5x+6x^2} \cdot \frac{x+2x^2}{1-x}.$$

さらに，これを

$$\frac{x}{1-5x+6x^2} \cdot \frac{1}{1-x} + 2x \cdot \frac{x}{1-5x+6x^2} \cdot \frac{1}{1-x}$$

と変形する．ここで，例 2.60 で求めたように，$x/(1-5x+6x^2)$ は数え上げ関数 $h(n) = 3^n - 2^n$ の通常母関数であることに注意すれば，上式の

$$\frac{x}{1-5x+6x^2} \cdot \frac{1}{1-x}$$

の部分は累積和

$$\sum_{k=0}^{n} h(k) = \sum_{k=0}^{n}(3^k - 2^k) = \frac{1}{2}(3^{n+1} - 2 \cdot 2^{n+1} + 1)$$

の通常母関数であることが分かる．したがって，$F(x)$ は数え上げ関数

$$\frac{1}{2}(3^{n+1} - 2 \cdot 2^{n+1} + 1) + 2 \cdot \frac{1}{2}(3^n - 2 \cdot 2^n + 1) = \frac{1}{2}(5 \cdot 3^n - 8 \cdot 2^n + 3)$$

の通常母関数であり，与えられた漸化式の解

$$f(n) = \frac{1}{2}(5 \cdot 3^n - 8 \cdot 2^n + 3)$$

を得る．

2.115. (1) 1 と 1 の間および両端を合せて $n+1$ 個の場所から k 個選び，0 を 1 個ずつ入れると考えれば，求める個数は $\binom{n+1}{k}$ となる．

(2) (1) より

$$\sum_{0 \le k \le n-k+1} \binom{n-k+1}{k} = \sum_{k=0}^{\lfloor (n+1)/2 \rfloor} \binom{n-k+1}{k}$$

となる．

(3) (2) の個数 (今，$g(n)$ とする) が例 1.6 および (2.62) で示したフィボナッチ数 $f(n)$ と同じ漸化式で表されることを示す．$g(0) = 1$ としてよい．$g(1) = $

2 は明らか．$n \geq 2$ のとき，(2) の 2 元数列は次の 2 つのタイプに分れる：

$$\text{(i)} \ 1\overbrace{\cdots\cdots}^{n-1}, \quad \text{(ii)} \ 01\overbrace{\cdots\cdots}^{n-2}.$$

タイプ (i) のものの個数は $g(n-1)$ でありタイプ (ii) のものの個数は $g(n-2)$ であるから，$g(n) = g(n-1) + g(n-2)$ を得る．旧版の付録 B.12 も参照するとよい．

2.116. 公式 (2.81) に

$a = 1, \ b = -1, \ c = -1, \ G(x) = 0, \ g(0) = g(1) = 0, \ f(0) = 1, \ f(1) = 1$

を代入すると，$f(n)$ の通常母関数 $F(x)$ が次のように求められる．

$$F(x) = \frac{1}{1 - x - x^2}(1 + x - x) = \frac{1}{1 - x - x^2}.$$

ここで，すでに例 2.62 で求めた結果より，

$$f(n) = \frac{1}{\sqrt{5}}\left(\left(\frac{1 + \sqrt{5}}{2}\right)^{n+1} - \left(\frac{1 - \sqrt{5}}{2}\right)^{n+1}\right)$$

を得る．

2.117. (1) (2) の考え方から $s(5) = s(4) + s(3) + 1 = 7 + 4 + 1 = 12$ を得る．

(2) n 番の札を持つ学生に注目し，選ぶ 1 組に入る場合と入らない場合に分けて考えればよい．入らない場合は，n 番の札を持つ学生以外の $n-1$ 人の学生から題意を満たす選び方をすればよいので，$s(n-1)$ 通りある．入る場合は，さらに，n 番の札を持つ学生 1 人のみを選ぶ場合とその学生も含めて 2 人以上選ぶ場合に分ける．前者は 1 通りである．後者は n を含むので $n-1$ 番の札を持つ学生を含むことができないので，n および $n-1$ 番の札を持つ学生以外の $n-2$ 人の学生から題意を満たす選び方をすればよい．すなわち $s(n-2)$ 通りある．したがって，次の漸化式を得る．

$$s(n) = s(n-1) + s(n-2) + 1.$$

ただし，$s(0) = 0$ とし，$s(1) = 1$ である．

(3) (2) の結果から，公式 (2.81) に
$a=1$, $b=-1$, $c=-1$, $G(x)=\dfrac{1}{1-x}$, $g(0)=g(1)=1$, $f(0)=0$, $f(1)=1$
を代入し，$s(n)$ の通常母関数

$$S(x)=\frac{x}{1-x}\cdot\frac{1}{1-x-x^2}$$

を得る．ここで，例 2.62 の結果，すなわち，$1/(1-x-x^2)$ は

$$h(n)=\frac{1}{\sqrt{5}}\left(\left(\frac{1+\sqrt{5}}{2}\right)^{n+1}-\left(\frac{1-\sqrt{5}}{2}\right)^{n+1}\right)$$

の通常母関数であることを用いる．$S(x)$ の積因子 $1/(1-x)$ に注目し，まず累積和 $\sum_{k=0}^{n}h(k)$ を求める．

$$\begin{aligned}\sum_{k=0}^{n}h(k)&=\frac{1}{\sqrt{5}}\left(\sum_{k=0}^{n}\left(\frac{1+\sqrt{5}}{2}\right)^{k+1}-\sum_{k=0}^{n}\left(\frac{1-\sqrt{5}}{2}\right)^{k+1}\right)\\ &=\frac{1}{\sqrt{5}}\left(\frac{3+\sqrt{5}}{2}\left(\left(\frac{1+\sqrt{5}}{2}\right)^{n+1}-1\right)-\frac{3-\sqrt{5}}{2}\left(\left(\frac{1-\sqrt{5}}{2}\right)^{n+1}-1\right)\right)\\ &=\frac{1}{\sqrt{5}}\left(\left(\frac{1+\sqrt{5}}{2}\right)^{n+3}-\left(\frac{1-\sqrt{5}}{2}\right)^{n+3}\right)-1.\end{aligned}$$

さらに，$S(x)$ の積因子に x があることに注意して，

$$s(n)=\frac{1}{\sqrt{5}}\left(\left(\frac{1+\sqrt{5}}{2}\right)^{n+2}-\left(\frac{1-\sqrt{5}}{2}\right)^{n+2}\right)-1$$

を得る．例 2.62 の $f(n)$ との関係 $s(n)=f(n)-1$ に注意せよ．

2.118. $f(n)$ の通常母関数を $F(x)$ とする．与えられた漸化式の左辺は f と f のたたみ込みであることに注意すれば，左辺の通常母関数は $F(x)^2$ であることが分かる．一方，右辺の通常母関数は $1/(1-x)$ であるから，次の等式を得る．

$$F(x)^2=\frac{1}{1-x}.$$

これを $F(x)$ について解くと，

$$F(x) = \frac{1}{\sqrt{1-x}} g \text{ または } -\frac{1}{\sqrt{1-x}}$$

となるが，$F(0) = f(0) = 1$ であるから，

$$F(x) = \frac{1}{\sqrt{1-x}}$$

を採用する．ここで，形式級数論と関数論の原則的関係を用いて，$F(x)$ の形式 n 回微分を求めると，

$$F^{(n)}(x) = \frac{1 \cdot 3 \cdots (2n-1)}{2^n}(1-x)^{-(2n+1)/2}$$

となるから，公式 (2.77) より，

$$f(n) = \frac{F^{(n)}(0)}{n!} = \frac{1 \cdot 3 \cdots (2n-1)}{2^n n!} = \frac{(2n-1)!!}{2^n n!}$$

を得る．公式 (2.68) (一般化された 2 項定理) を用いて，次のように求めてもよい．

$$F(x) = (1-x)^{-1/2} = \sum_{n \geq 0} \binom{-1/2}{n}(-x)^n$$

$$= \sum_{n \geq 0} \frac{1 \cdot 3 \cdots (2n-1)}{2^n n!} x^n$$

となるから，

$$f(n) = \frac{1 \cdot 3 \cdots (2n-1)}{2^n n!} = \frac{(2n-1)!!}{2^n n!}$$

を得る．

3.1. (1) X を実数全体の集合 R とするとき，$f(x) = x^3 - 4x$ によって定まる写像 $f : R \longrightarrow R$．

(2) X を自然数全体の集合 N とするとき，$f(n) = 2n$ によって定まる写像 $f : N \longrightarrow N$．

(3) $x \neq y$ なる $x, y \in X$ に対して $f(x) = f(y)$ とすると，X は有限集合であるから $|X| > |f(X)|$，これは f が全射であることから得られる $f(X) =$

X に反する．したがって，$f(x) \neq f(y)$. ゆえに f は単射となる（単射の定義は付録 A.3.2「関数」を参照）．

また，ある $y \in X$ が存在して $f(x) = y$ となる $x \in X$ がないとすると，$X \supset f(X)$ となり，X は有限集合であるから $|X| > |f(X)|$, これは f が単射であることから得られる $|X| = |f(X)|$ に反する．したがって，すべての $y \in X$ に対してある $x \in X$ が存在して $f(x) = y$ となる．ゆえに f は全射となる（全射の定義は付録 A.3.2「関数」を参照）．

3.2. (1) $a \circ b = a \circ c$ に対して a の逆元 d を左から演算すると，

$$d \circ (a \circ b) = d \circ (a \circ c) \Longrightarrow (d \circ a) \circ b = (d \circ a) \circ c.$$

ここで $d \circ a = e$ であるから，$e \circ b = e \circ c$, すなわち $b = c$. もう一つの場合も同様である．

(2) 単位元が 2 つ e_1, e_2 あるとすると，$a \circ e_1 = a$, $a \circ e_2 = a$, すなわち $a \circ e_1 = a \circ e_2$. ここで簡約法則を用いれば $e_1 = e_2$ を得る．

(3) 要素 a の逆元が 2 つ b, c あるとすると，$a \circ b = e, a \circ c = e$, すなわち $a \circ b = a \circ c$. ここで簡約法則を用いれば $b = c$ を得る．

3.3. はじめに，右単位元 e に対して $e \circ e = e$ であることを示しておく．任意の要素 a に対して $a \circ e = a$ であるから，$a = e$ とおくことによって $e \circ e = e$ を得る．また，要素 a の右逆元を b とし，要素 b の右逆元を c とする．すなわち，$a \circ b = e, b \circ c = e$ である．ここで，右単位元は左単位元でもあること，すなわち，$a \circ e = a \Longrightarrow e \circ a = a$ を示す．はじめに，

$$a = a \circ e = a \circ (b \circ c) = (a \circ b) \circ c = e \circ c.$$

この結果 $a = e \circ c$ を 2 度用いて，

$$e \circ a = e \circ (e \circ c) = (e \circ e) \circ c = e \circ c = a$$

を得る．このようにして，右単位元は左単位元でもあることが示された．また，$a = e \circ c$ であることおよび e は左単位元でもあるから $e \circ c = c$, したがって $a = c$ を得る．これを元の式に代入すれば，次式を得る．

$$a \circ b = e, \quad b \circ a = e.$$

すなわち，b は a の左逆元でもある．このように，条件 (6) と (7) が示された．

3.4. (1) 条件が必要であることは明らかである．逆に (1) より H は半群をなし，(2) より H は a と共に a の逆元 a^{-1} を含み，したがって単位元 $aa^{-1} = e$ が H に存在する．このように H は群となり，条件は十分であることがわかる．

(2) (2) より $b \in H$ ならば $b^{-1} \in H$，したがって $a \in H, b \in H$ ならば $a \in H, b^{-1} \in H$，(1) より $ab^{-1} \in H$，すなわち (3) が成り立つ．逆に (3) が成り立つとすると，$b = a$ として，$aa^{-1} = e \in H$ を得る．ここで $e \in H, a \in H$ に対して $ea^{-1} = a^{-1} \in H$ となり，(2) が成り立つ．また $a \in H, b \in H$ ならば，$b^{-1} \in H$ であり，$a(b^{-1})^{-1} = ab \in H$ を得る．すなわち (1) が成り立つ．

3.5. $(\mathfrak{S}(\Omega), \cdot)$ が群の条件 (1) を満たすこと，すなわち半群であることは付録 A.3.2 関数の「写像の合成に関する基本的性質 2」から示される．また，単位元 e は恒等写像 1_Ω であり，任意の置換 σ の逆元は σ の逆写像 σ^{-1} である．

3.6. n 次の置換 σ のグラフ (定義については付録 A.4 グラフと探索の項を参照) を考える．σ は全単射であるから，各頂点に入る矢も出る矢もともに一つであることに注意しよう．頂点の列，$i, \sigma(i), \sigma^2(i), \cdots$ を考える．頂点の数は有限個であるから，いつかは前に出た頂点と同じ頂点が現れる．二度現れる最初の頂点を j とすると，$j = i$ である．なぜなら，もし $j \neq i$ とすると，図 3.14 のように，j に 2 本の異なる矢が入ることになり，σ が単射であることに反する．したがって，各頂点は相異なる輪に類別され，置換 σ は互いに素ないくつかの輪からなることがわかる．

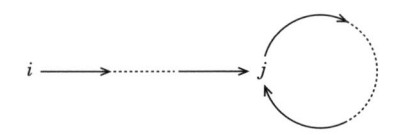

図 3.14 問 3.6 のグラフ．

3.7. σ の輪表現はそれぞれ次の通りである．

$$(1), \quad (4), \quad (25), \quad (3678).$$

であり，巡回置換表現は $(25) \cdot (3678)$, すなわち

$$\begin{pmatrix} 1 & 2 & 3 & 4 & 5 & 6 & 7 & 8 \\ 1 & 5 & 3 & 4 & 2 & 6 & 7 & 8 \end{pmatrix} \cdot \begin{pmatrix} 1 & 2 & 3 & 4 & 5 & 6 & 7 & 8 \\ 1 & 2 & 6 & 4 & 5 & 7 & 8 & 3 \end{pmatrix}$$

である．あえて積演算・を明示してある．

3.8. 付録 A.3.1 同値関係の定義より，関係 $\equiv$ について反射的，対称的，かつ推移的であることを示せばよい．

Ω の任意の要素 x に対して G の単位元 e が存在して $e(x) = x$, すなわち $x \equiv x$ となり，関係 $\equiv$ は反射的である．

$x \equiv y$ ならば，G の要素 σ が存在して $\sigma(x) = y$ であるから，G の要素 σ^{-1} が存在して $\sigma^{-1}(\sigma(x)) = \sigma^{-1}(y)$, したがって $\sigma^{-1}(y) = e(x) = x$, すなわち $y \equiv x$ となり，関係 $\equiv$ は対称的である．

$x \equiv y$ かつ $y \equiv z$ ならば，G の要素 σ, τ が存在して $\sigma(x) = y, \tau(y) = z$ であるから，G の要素 $\tau\sigma$ が存在して $(\tau\sigma)(x) = \tau(\sigma(x)) = \tau(y) = z$, すなわち $x \equiv z$ となり，関係 $\equiv$ は推移的である．

このように関係 $\equiv$ は Ω 上の同値関係である．

3.9. (1) $\sigma, \tau \in G_x$ とすると，$\sigma(x) = x, \tau(x) = x$, したがって $\sigma\tau(x) = \sigma(\tau(x)) = \sigma(x) = x$, すなわち $\sigma\tau \in G_x$, また $\sigma^{-1}(\sigma(x)) = \sigma^{-1}(x)$, したがって $\sigma^{-1}(x) = e(x) = x$, すなわち $\sigma^{-1} \in G_x$. このように G_x は G の部分群である．

(2) 軌道 O_x の定義より，O_x の任意の要素 y に対して G の要素 τ が存在して $\tau(x) = y$ となる．ここで，$\{\tau\sigma \mid \sigma \in G_x\}$ を τG_x で表し，$\{\rho \in G \mid \rho(x) = y\}$ を $G_{x,y}$ で表す．はじめに

$$\tau G_x = G_{x,y} \tag{3.22}$$

を示す．$\tau\sigma \in \tau G_x$ に対して $\tau\sigma(x) = \tau(x) = y$ となるから，$\tau\sigma \in G_{x,y}$, すなわち $\tau G_x \subseteq G_{x,y}$ である．また，$\rho \in G_{x,y}$ とする．$\tau(x) = y$ であるから $\tau^{-1}(y) = x$, したがって $\tau^{-1}\rho(x) = \tau^{-1}(y) = x$, すなわち $\tau^{-1}\rho \in G_x$. 言い換えれば G_x のある要素 σ に対して $\tau^{-1}\rho = \sigma$ となる．ゆえに $\rho = \tau\sigma \in \tau G_x$ となり，$\tau G_x \supseteq G_{x,y}$ を得る．このようにして $\tau G_x = G_{x,y}$ が示された．とこ

ろで置換の性質，O_x および $G_{x,y}$ の定義から

$$G = \bigcup_{y \in O_x} G_{x,y}, \quad G_{x,y} \cap G_{x,z} = \varnothing \ (y \neq z, \, y, z \in O_x) \tag{3.23}$$

となる．ここで，$\sigma, \sigma' \in G_x$ に対して $\tau\sigma = \tau\sigma'$ ならば $\sigma = \sigma'$ であるから，$|G_x| = |\tau G_x|$ を得る．これと 3.22 式より

$$|G_{x,y}| = |\tau G_x| = |G_x| \quad (y \in O_x) \tag{3.24}$$

を得る．(3.23) 式と (3.24) 式より次の式を得る．

$$|G| = \sum_{y \in O_x} |G_{x,y}| = \sum_{y \in O_x} |G_x| = |O_x||G_x|.$$

このようにして (2) が示された．

3.10. 定義により，集合 $G(H)$ の任意の要素 σ, τ に対して，$\sigma = \tilde{\alpha}, \tau = \tilde{\beta}$ となる H の要素 α, β が存在する．準同型条件により，

$$\tau \cdot \sigma = \tilde{\beta} \cdot \tilde{\alpha} = \widetilde{\beta * \alpha}$$

となり，$\widetilde{\beta * \alpha}$ は定義より Ω の置換であるから，集合 $G(H)$ に置換の積演算を定めることができる．この演算が結合律を満たすことは容易にわかる．また，集合 $G(H)$ の任意の要素 σ に対して，$\sigma = \tilde{\alpha}$ となる H の要素 α が存在し，

$$\sigma = \tilde{\alpha} = \widetilde{\alpha * e} = \tilde{\alpha} \cdot \tilde{e} = \sigma \cdot \tilde{e}$$

となる (e は群 H の単位元である)．したがって，$\tilde{e}$ が $G(H)$ の単位元となる．さらに，

$$\sigma \cdot \widetilde{\alpha^{-1}} = \tilde{\alpha} \cdot \widetilde{\alpha^{-1}} = \widetilde{\alpha * \alpha^{-1}} = \tilde{e}$$

となり，$\widetilde{\alpha^{-1}}$ が $\sigma = \tilde{\alpha}$ の逆元 $\sigma^{-1} = \widetilde{\alpha}^{-1}$ となる．すなわち，準同型条件により H の単位元は $G(H)$ の単位元に，逆元は逆元に対応する．

3.11. 問 3.8 と同様に証明できる．

3.12. 「H の要素 α が存在して，$\tilde{\alpha}(x) = y$ となる」と「$G(H)$ の要素 $\tilde{\alpha}$ が存在して，$\tilde{\alpha}(x) = y$ となる」は同値であるから．

3.13. (1) $\alpha, \beta \in H_x$ とすると，$\tilde{\alpha}(x) = x, \tilde{\beta}(x) = x$, したがって

$$\widetilde{\alpha * \beta}(x) = \tilde{\alpha} \cdot \tilde{\beta}(x) = \tilde{\alpha}(x) = x.$$

すなわち $\alpha * \beta \in H_x$ を得る．また $\tilde{\alpha}^{-1}(x) = x$ であり、準同型条件により

$$\widetilde{\alpha^{-1}} = \tilde{\alpha}^{-1}$$

であるから，$\widetilde{\alpha^{-1}}(x) = \tilde{\alpha}^{-1}(x) = x$ となる．したがって，$\alpha^{-1} \in H_x$ を得る．このように H_x は H の部分群である．

(2) 準同型条件を用いて問 3.9 (2) と同様に次のように証明できる．$y \in O_x$ に対して，$\beta \in H$ を $\tilde{\beta}(x) = y$ とする．このとき

$$\beta H_x = \{\beta * \alpha \mid \alpha \in H_x\}, \quad H_{x,y} = \{\gamma \in H \mid \tilde{\gamma}(x) = y\}$$

に対して

$$\beta H_x = H_{x,y} \tag{3.25}$$

を示す．$\beta * \alpha \in \beta H_x$ とする．$\widetilde{\beta * \alpha}(x) = \tilde{\beta} \cdot \tilde{\alpha}(x) = \tilde{\beta}(x) = y$ となり，$\beta * \alpha \in H_{x,y}$ を得る．したがって，$\beta H_x \subseteq H_{x,y}$．逆に $\gamma \in H_{x,y}$ とする．$\tilde{\beta}(x) = y$ であるから $\tilde{\beta}^{-1}(y) = x$，すなわち $\widetilde{\beta^{-1}}(y) = x$ である．したがって

$$\widetilde{\beta^{-1} * \gamma}(x) = \widetilde{\beta^{-1}} \cdot \tilde{\gamma}(x) = \widetilde{\beta^{-1}}(y) = x$$

すなわち $\beta^{-1} * \gamma \in H_x$，言い換えれば H_x のある要素 α に対して $\beta^{-1} * \gamma = \alpha$ となる．ゆえに $\gamma = \beta * \alpha \in \beta H_x$ となり，$\beta H_x \supseteq H_{x,y}$ を得る．このようにして $\beta H_x = H_{x,y}$ が示された．ところで O_x および $H_{x,y}$ の定義から

$$H = \bigcup_{y \in O_x} H_{x,y}, \quad H_{x,y} \cap H_{x,z} = \emptyset \ (y \neq z, y, z \in O_x) \tag{3.26}$$

となる．ここで，$\alpha, \alpha' \in H_x$ に対して $\beta\alpha = \beta\alpha'$ ならば $\alpha = \alpha'$ であるから，$|H_x| = |\beta H_x|$ を得る．これと 3.25 式より

$$|H_{x,y}| = |\beta H_x| = |H_x| \quad (y \in O_x) \tag{3.27}$$

を得る．(3.26) 式と (3.27) 式より次の式を得る．

$$|H| = \sum_{y \in O_x} |H_{x,y}| = \sum_{y \in O_x} |H_x| = |O_x||H_x|.$$

このようにして (2) が示された.

3.14. はじめに, $\mathfrak{S}_n$ の要素 σ に対して $\tilde{\sigma}$ が PL_n の置換であること, 次に, 準同型条件すなわち $\sigma, \tau \in \mathfrak{S}_n$ に対して

$$\widetilde{\tau \cdot \sigma} = \tilde{\tau} \cdot \tilde{\sigma}$$

を満たすことを示す. 任意の $\pi \in PL_n$ に対して $\tilde{\sigma}(\pi) \in PL_n$ であることは定義より明らかである. 任意の $\pi, \pi' \in PL_n$ に対して $\tilde{\sigma}(\pi) = \tilde{\sigma}(\pi')$ とすると, 定義より $\{\sigma(B) \mid B \in \pi\} = \{\sigma(B) \mid B \in \pi'\}$. これより, 任意の $B \in \pi$ に対して $B' \in \pi'$ が存在し $\sigma(B) = \sigma(B')$, すなわち $B = B'$, したがって $\pi \subseteq \pi'$. また同様に $\pi' \subseteq \pi$. ゆえに $\pi = \pi'$. このように $\tilde{\sigma}$ は PL_n の置換である. 次に, 任意の $\sigma, \tau \in \mathfrak{S}_n$ と任意の $\pi \in PL_n$ に対して

$$\tilde{\tau} \cdot \tilde{\sigma}(\pi) = \tilde{\tau}\{\sigma(B) \mid B \in \pi\} = \{\tau \cdot \sigma(B) \mid B \in \pi\} = \widetilde{\tau \cdot \sigma}(\pi)$$

となる. このように準同型条件を満たす.

3.15. $\mathfrak{S}_2$ と PL_2 について考える. $\mathfrak{S}_2$ の要素は $(1)(2)$ ($= \sigma_1$ と置く), (12) ($= \sigma_2$ と置く) であり, PL_2 の要素は $\{\overline{1}, \overline{2}\}$ ($= \pi_1$ と置く), $\{\overline{1,2}\}$ ($= \pi_2$ と置く) である. ここで,

$$\widetilde{\sigma_1}(\pi_1) = \pi_1, \quad \widetilde{\sigma_1}(\pi_2) = \pi_2, \quad \widetilde{\sigma_2}(\pi_1) = \pi_1, \quad \widetilde{\sigma_2}(\pi_2) = \pi_2$$

であるから, $G(\mathfrak{S}_n)$ において $\widetilde{\sigma_1} = \widetilde{\sigma_2} = \tilde{e}$ (単位元) となり, $G(\mathfrak{S}_n)$ は $\mathfrak{S}_n$ と同型でないことがわかる.

3.16. $|\mathfrak{S}_7| = 7!$ であり, また π のタイプは $[0, 2, 1]$ であるから,

$$|(\mathfrak{S}_7)_\pi| = 0!(1!)^0 \cdot 2!(2!)^2 \cdot 1!(3!)^1$$

となる. なぜなら, π を不変に保つ $\mathfrak{S}_7$ の要素は, π の同じブロック内の要素の置換と要素の個数が同じであるブロック間の置換の組合せと考えることができるからである. したがって, $|O_\pi| = 7!/(2!(2!)^2 3!) = 105$ となる.

3.17. $\alpha * \alpha'$ が $G \times G'$ の要素であることは明らかで, $(G \times G', *)$ の単位元は $(e_G, e_{G'})$ (e_G は G の単位元, $e_{G'}$ は G' の単位元) であり, $(G \times G', *)$ の要素 $\alpha = (\sigma, \tau)$ の逆元 α^{-1} は $\alpha^{-1} = (\sigma^{-1}, \tau^{-1})$ であることも容易にわかる. したがって $(G \times G', *)$ は群となる.

3.18. $\tilde{\alpha}(f) \in \mathscr{F}(A, B)$ ($\alpha = (\sigma, \tau)$) であることは定義から明らかである．また，$\tilde{\alpha}(f) = \tilde{\alpha}(f')$ とすると，任意の $a \in A$ に対して

$$\tau(f(a)) = g(\sigma(a)) = \tau(f'(a))$$

両辺に τ^{-1} を掛けて

$$\tau^{-1}(\tau(f(a))) = \tau^{-1}(\tau(f'(a)))$$

すなわち

$$\tau^{-1} \cdot \tau(f(a)) = \tau^{-1} \cdot \tau(f'(a))$$

したがって $f = f'$ となる．このように，$G(A) \times G(B)$ の要素 α に対して $\tilde{\alpha}$ は $\mathscr{F}(A, B)$ の置換である．次に準同型条件を満たすことを示す．$\mathscr{F}(A, B)$ の要素 f, $G(A) \times G(B)$ の要素 $\alpha_1 = (\sigma_1, \tau_1)$, $\alpha_2 = (\sigma_2, \tau_2)$ に対して，$\widetilde{\alpha_1}(f) = g$, $\widetilde{\alpha_2}(g) = h$ とする．このとき，

$$(\widetilde{\alpha_2} \cdot \widetilde{\alpha_1})(f) = \widetilde{\alpha_2}(\widetilde{\alpha_1}(f)) = \widetilde{\alpha_2}(g) = h$$

である．また

$$\forall a \in A \, (g(\sigma_1(a)) = \tau_1(f(a))), \quad \forall a \in A \, (h(\sigma_2(a)) = \tau_2(g(a)))$$

であるから，上の第 2 式の a に $\sigma_1(a)$ を代入すると，

$$h(\sigma_2(\sigma_1(a))) = \tau_2(g(\sigma_1(a))) = \tau_2(\tau_1(f(a))),$$

すなわち

$$h((\sigma_2 \cdot \sigma_1)(a)) = (\tau_2 \cdot \tau_1)(f(a))$$

を得る．ここで，$\alpha_2 * \alpha_1 = (\sigma_2 \cdot \sigma_1, \tau_2 \cdot \tau_1)$ に注意すれば，$\widetilde{\alpha_2 * \alpha_1}(f) = h$ となる．したがって，$\forall f \in \mathscr{F}(A, B) \, (\widetilde{\alpha_2 * \alpha_1}(f) = (\tilde{\alpha}_2 \cdot \tilde{\alpha}_1)(f))$ を得る．このように準同型条件

$$\widetilde{\alpha_2 * \alpha_1} = \widetilde{\alpha_2} \cdot \widetilde{\alpha_1}$$

を満たす．

3.19. $c_1 = 3, c_2 = 2, c_3 = 1, d_1 = 2, d_2 = 2, d_3 = 1$ であるから，次のよ

うに計算できる.

$$|\mathscr{F}(A,B)_{(\sigma,\tau)}| = d_1{}^{c_1}(d_1+2d_2)^{c_2}(d_1+3d_3)^{c_3}$$
$$= 2^3(2+2\cdot 2)^2(2+3\cdot 1)^1$$
$$= 1440.$$

次に，$\mathscr{F}(A,B)_{(\sigma,\tau)}$ の要素を具体的に求めてみよう．$a \in \{1,2,3\}$ に対して $f(a) \in \{1,2\}$ である．この場合にこれら以外の値，仮に $f(1)=3$ を取ると，$f(\sigma(1))=f(1)=3$, $\tau(f(1))=\tau(3)=4$ となり，$f(\sigma(1)) \neq \tau(f(1))$ であるから，これは $f(\sigma(1))=\tau(f(1))$ に反するので，$f(1) \neq 3$ である．このように，σ の長さ 1 の輪の要素に対して f の取り得る値は決まり，その個数は 2^3 であることがわかる．

σ の長さ 2 の輪 $(4,5)$ の要素 4 に対して $f(4)=1$ (1 は τ の長さ 1 の輪の要素) とすると，$f(\sigma(4))=f(5), \tau(f(4))=\tau(1)=1$，ここで $f(\sigma(4))=\tau(f(4))$ より $f(5)=1$ となる．また $f(4)=2$ に対しても同様に $f(5)=2$ となる．次に $f(4)=3$ (3 は τ の長さ 2 の輪 $(3,4)$ の要素) とすると，$f(\sigma(4))=f(5), \tau(f(4))=\tau(3)=4$，ここで $f(\sigma(4))=\tau(f(4))$ より $f(5)=4$ となる．さらに $f(\sigma^2(4))=f(4), \tau^2(f(4))=3$，ここで $f(\sigma^2(4))=\tau^2(f(4))$ であるから，$f(4)=3$ となり，これは始めの設定値に等しい．以下繰り返しとなる．$f(4)=4$ についても同様である．$f(4)$ が τ の長さ 2 の輪 $(5,6)$ の要素を取るときも同様である．これらの場合にこれら以外の値，仮に $f(4)=7$ (7 は τ の長さ 3 の輪 $(7,8,9)$ の要素) とすると，$f(\sigma(4))=f(5), \tau(f(4))=\tau(7)=8$ となり，$f(\sigma(4))=\tau(f(4))$ であるから，$f(5)=8$ となる．さらに $f(\sigma^2(4))=f(4)=7$, $\tau^2(f(4))=9$ となり，$f(\sigma^2(4)) \neq \tau^2(f(4))$ であるから，これは $f(\sigma^2(4))=\tau^2(f(4))$ に反するので，$f(4) \neq 7$ である．このように，σ の長さ 2 の輪 $(4,5)$ の要素に対して f の取り得る値は決まり，その個数は $2+2\cdot 2$ であることがわかる．σ の長さ 2 の輪 $(6,7)$ の要素に対しても，同様に f の取り得る値は決まり，その個数は $2+2\cdot 2$ であることがわかる．

σ の長さ 3 の輪 $(8,9,10)$ の要素に対しても，上述と同様に，f の取り得る値は，表 3.7 のように定まる．

この場合，f が表 3.7 以外の値を取ると，例えば $f(8)=3$ とすると，$f(\sigma(8))$

表 **3.7** 問 3.19

a	$f(a)$				
8	1	2	7	8	9
9	1	2	8	9	7
10	1	2	9	7	8

$= f(9) = \tau(f(8)) = 4, f(\sigma^2(8)) = f(10) = \tau^2(f(8)) = 3, f(\sigma^3(8)) = f(8) = \tau^3(f(8)) = 4$ となり，$f(8) = 3$ と矛盾する．σ の長さ 3 の輪 $(8, 9, 10)$ の要素 8 に対して，$f(8) = 3$ は τ の長さ 2 の輪 $(3, 4)$ の要素であり，2 は 3 の約数でないことに注意せよ．このように，この場合の個数は $2 + 3 \cdot 1$ であることがわかる．

3.20. (1) 一番目の式は公式 (3.11) において，$c_1 = 2, d_1 = 3$，その他はすべて 0 であることから得られる．二番目の式は $c_2 = 1, d_1 = 3$，その他はすべて 0 であることから得られる．

(2) 次のように求められる.

$$\left(\!\binom{3}{3}\!\right) = \frac{1}{|\mathfrak{S}_3 \times \{e_{[3]}\}|} \sum_{\alpha \in \mathfrak{S}_3 \times \{e_{[3]}\}} |\mathscr{F}([3], [3])_\alpha|$$

$$= \frac{1}{3!} \Big(|\mathscr{F}([3], [3])_{((1)(2)(3),(1)(2)(3))}| + |\mathscr{F}([3], [3])_{((1)(23),(1)(2)(3))}|$$

$$+ |\mathscr{F}([3], [3])_{((2)(13),(1)(2)(3))}| + |\mathscr{F}([3], [3])_{((3)(23),(1)(2)(3))}|$$

$$+ |\mathscr{F}([3], [3])_{((123),(1)(2)(3))}| + |\mathscr{F}([3], [3])_{((132),(1)(2)(3))}| \Big)$$

$$= \frac{1}{6}(3^3 + 3(3^1 \cdot 3^1) + 2(3^1)) = 10.$$

これは当然，重複組合せ数の (初等的な) 公式 2.11 による計算の結果

$$\left(\!\binom{3}{3}\!\right) = \frac{3 \times 4 \times 5}{3!} = 10$$

に等しい．

3.21. (1) 公式 (3.11) において，$c_1 = 3, d_1 = 1, d_2 = 1$，その他はすべて 0 であることから得られる．

(2) 次のように求められる．

$$_3S_1 + {}_3S_2$$
$$= \frac{1}{2!}\left(|\mathscr{F}([3],[2])_{((1)(2)(3),(1)(2))}| + |\mathscr{F}([3],[2])_{((1)(2)(3),(12))}|\right)$$
$$= \frac{1}{2}(2^3 + 0)) = 4.$$

3.22. (1) 公式 (3.11) において，$c_1 = 0, c_2 = 1, d_1 = 0, d_2 = 1$ であることから得られる．

(2) $|\mathscr{F}([3],[2])_{(\sigma,\tau)}|$ の取り得る値は，表 3.8 のように定まる．したがって，$\frac{1}{12}(8 + 3\cdot 4 + 2\cdot 2) = 2$ となる．

表 **3.8** 問 3.22

	(1)(2)(3)	(1)(23)	(2)(13)	(3)(12)	(123)	(132)
(1)(2)	2^3	$2\cdot 2$	$2\cdot 2$	$2\cdot 2$	2	2
(12)	0	0	0	0	0	0

3.23. $\mathfrak{S}_6$ の要素で長さ 1 の輪の個数が 2 以上の各置換 τ について，$|\mathscr{I}\mathscr{F}([2],[6])_{(e_{[2]},\tau)}|$ を計算すればよい．長さ 1 の輪の個数が 6, 4, 3, 2 である τ はそれぞれ，$e_{[6]}$ が 1 個，$(1)(2)(3)(4)(56)$ のタイプが ${}_6C_4 = 15$ 個，$(1)(2)(3)(456)$ のタイプが ${}_6C_3 \cdot 2 = 40$ 個，$(1)(2)(3456)$ のタイプが ${}_6C_2 \times (4-1)! = 90$ 個，$(1)(2)(34)(56)$ のタイプが ${}_6C_2 \times 3 = 45$ 個であることに注意すれば，次式を得る．

$$\frac{1}{6!}({}_6P_2 + 15\cdot {}_4P_2 + 40\cdot {}_3P_2 + (90+45)\cdot {}_2P_2)$$
$$= \frac{30 + 180 + 240 + 270}{720}$$

3.24. $|\mathscr{IF}([3],[3])_{(e_{[3]},e_{[3]})}| = {}_3\mathrm{P}_3 = 6$ であり，$\sigma = (1)(23), (2)(13), (3)(12)$ と $\tau = (1)(23), (2)(13), (3)(12)$ のそれぞれに対して

$$|\mathscr{IF}([3],[3])_{(\sigma,\tau)}| = 2,$$

$\sigma = (123), (132)$ と $\tau = (123), (132)$ の各々に対して

$$|\mathscr{IF}([3],[3])_{(\sigma,\tau)}| = 3,$$

$\mathfrak{S}_3 \times \mathfrak{S}_3$ の他の要素 α については，

$$|\mathscr{IF}([3],[3])_{\alpha}| = 0$$

である．したがって，次のように計算できる．

$$|\mathscr{IF}([3],[3])/\mathfrak{S}_3 \times \mathfrak{S}_3| = \frac{1}{3! \times 3!}(6 + 9 \cdot 2 + 4 \cdot 3) = \frac{36}{36} = 1.$$

この結果は当然，表 2.1 (写像 12 相の個数) の第 11 相の値に一致する ($k > n$ に対して 0 は明らかである)．

3.25. $|\mathscr{SF}([4],[2])_{(e_{[4]},e_{[2]})}| = S(4,2) = 14$ であり，
$\langle \sigma \rangle = (2,1,0,\cdots)$ なる $\sigma = (1)(2)(34)$ など 6 個の σ に対して

$$|\mathscr{SF}([4],[2])_{(\sigma,e_{[2]})}| = 6,$$

$\langle \sigma \rangle = (1,0,1,0,\cdots)$ なる $\sigma = (1)(234)$ など 8 個の σ に対して

$$|\mathscr{SF}([4],[2])_{(\sigma,e_{[2]})}| = 2,$$

$\langle \sigma \rangle = (0,2,0,\cdots)$ なる $\sigma = (12)(34)$ など 3 個の σ に対して

$$|\mathscr{SF}([4],[2])_{(\sigma,e_{[2]})}| = 2,$$

$\langle \sigma \rangle = (0,0,0,1,0,\cdots)$ なる $\sigma = (1234)$ など 6 個の σ に対して

$$|\mathscr{SF}([4],[2])_{(\sigma,e_{[2]})}| = 0$$

である．したがって，次のように計算できる．

$$|\mathscr{SF}([4],[2])/\mathfrak{S}_4 \times e_{[2]}| = \frac{1}{4!}(14 + 6 \cdot 6 + 8 \cdot 2 + 3 \cdot 2)$$
$$= \frac{72}{24} = 3.$$

この結果は当然，4-2 組成は $1+3, 3+1, 2+2$ の 3 個であり，また公式 (2.57) による計算結果 4-2 組成数 $\mathrm{comp}(4,2) = 3$ と一致する．

3.26. 問 3.25 の各場合に，
$$|\mathscr{SF}([4],[2])_{(e_{[4]},(12))}| = 0,$$

$\langle\sigma\rangle = (2,1,0,\cdots)$ なる $\sigma = (1)(2)(34)$ など 6 個の σ に対して
$$|\mathscr{SF}([4],[2])_{(\sigma,(12))}| = 0,$$

$\langle\sigma\rangle = (1,0,1,0,\cdots)$ なる $\sigma = (1)(234)$ など 8 個の σ に対して
$$|\mathscr{SF}([4],[2])_{(\sigma,(12))}| = 0,$$

$\langle\sigma\rangle = (0,2,0,\cdots)$ なる $\sigma = (12)(34)$ など 3 個の σ に対して
$$|\mathscr{SF}([4],[2])_{(\sigma,(12))}| = 4,$$

$\langle\sigma\rangle = (0,0,0,1,0,\cdots)$ なる $\sigma = (1234)$ など 6 個の σ に対して
$$|\mathscr{SF}([4],[2])_{(\sigma,(12))}| = 2$$

を加えればよい．したがって，次のように計算できる．
$$|\mathscr{SF}([4],[2])/\mathfrak{S}_4 \times \mathfrak{S}_2| = \frac{1}{48}(72 + 3 \cdot 4 + 6 \cdot 2) = \frac{96}{48} = 2$$

この結果は当然，4-2 分割は $1+3, 2+2$ の 2 個のみで，$p(4,2) = 2$ と一致する．

3.27. 図 3.15 に示す．

3.28. p 個のビーズがすべて同色である円形配置の m とおりである．これは p が素数であることの結果である．

3.29. $[n]$ のある要素たとえば 1 を含む輪の長さが i である $\alpha \in \mathfrak{S}_n$ に関する項をすべてまとめると，

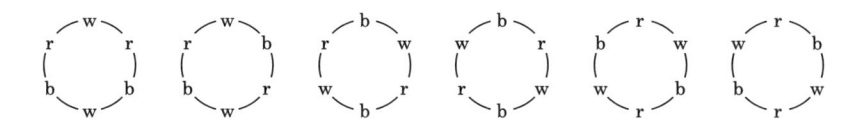

図 **3.15** 問 3.27 の円形配置.

$$\frac{1}{n!} \cdot {}_{n-1}P_{i-1} \cdot x_i \cdot ((n-i)! \cdot \mathrm{Cyc}(\mathfrak{S}_{n-i})) = \frac{(n-1)!}{n!} x_i \cdot \mathrm{Cyc}(\mathfrak{S}_{n-i})$$

となる．したがって，

$$\mathrm{Cyc}(\mathfrak{S}_n) = \frac{1}{n} \sum_{i=1}^{n} x_i \cdot \mathrm{Cyc}(\mathfrak{S}_{n-i}).$$

上式の両辺に n をかければ，漸化式 (3.15) を得る．

3.30. 対称群の輪指標の (定義としての) 母関数の両辺を z で (形式) 微分し，漸化式 (3.15) を代入した後，式変形すると，

$$\begin{aligned}
\mathfrak{S}'(z) &= \sum_{n=1}^{\infty} n \cdot \mathrm{Cyc}(\mathfrak{S}_n) z^{n-1} \\
&= \sum_{n=1}^{\infty} \left(\sum_{i=1}^{n} x_i \cdot \mathrm{Cyc}(\mathfrak{S}_{n-i}) \right) z^{n-1} \\
&= \left(\sum_{i=1}^{\infty} x_i z^{i-1} \right) \left(\sum_{n=i}^{\infty} \mathrm{Cyc}(\mathfrak{S}_{n-i}) z^{n-i} \right) \\
&= \left(\sum_{i=1}^{\infty} x_i z^{i-1} \right) \left(\sum_{k=0}^{\infty} \mathrm{Cyc}(\mathfrak{S}_k) z^k \right) \\
&= \left(\sum_{i=1}^{\infty} x_i z^{i-1} \right) \mathfrak{S}(z)
\end{aligned}$$

となる．両辺を $\mathfrak{S}(z)$ で割り，z で (形式) 積分すると，

$$\log |\mathfrak{S}(z)| = \exp\left(\sum_{i=1}^{\infty} x_i \frac{z^i}{i} \right) + C$$

であり，両辺に $z = 0$ を代入すると，$\mathrm{Cyc}(\mathfrak{S}_0) = 1$ に注意すれば，$C = 0$ となり，母関数 (3.16) を得る．

3.31. 公式 (3.17) の右辺は

$$\mathrm{Cyc}(G(A))(x_1 \to (2r+g),\, x_2 \to (2r^2+g^2),\, x_3 \to (2r^3+g^3))$$
$$= \frac{1}{3}((2r+g)^3 + 2(2r^3+g^3))$$
$$= 4r^3 + 4r^2g + 2rg^2 + g^3$$

となる．この式に $r = g = 1$ を代入すれば，11 となるが、これは例 3.5 の腕輪の問題において $m = p = 3$ と置いたときの結果 11 と一致する．

ちなみに，次のように解釈できる．$4r^3$ の係数 4 は r_1 または r_2 を合わせて 3 個用いてできる腕輪の個数であり，$4r^2g$ の係数 4 は r_1 (赤) または r_2 (ピンク) を合わせて 2 個，g (緑) を 1 個用いてできる腕輪の個数である．$2rg^2$ や g^3 の係数についても同様である．

3.32. 例 3.10 の結果に $n = 6, m = 3$ を代入して，次の結果を得る．
$$\frac{1}{6}(3^6 + 3^3 + 2\cdot 3^2 + 2\cdot 3) = 130.$$

3.33. $|\mathscr{F}([3],[2])/\{e_{[3]}\}\times \mathfrak{S}_2|$ を求めればよい．
$$\mathrm{Cyc}(\{e_{[3]}\}) = x_1^3, \quad \mathrm{Cyc}(\mathfrak{S}_2) = \frac{1}{2}(x_1^2 + x_2)$$

であるから，
$$\left(\frac{\partial}{\partial z_1}\right)^3 \cdot \frac{1}{2}(e^{2(z_1+z_2+z_3)} + e^{2z_2})\bigg|_{z_1=z_2=z_3=0} = \frac{1}{2}(2^3) = 4$$

を得る．これは当然，問 3.21 (2) の結果と一致する．

3.34. $\mathrm{Cyc}(\mathfrak{S}_{-1}) = 0$ とすると，
$$\sum_{j=0}^{\infty}(\mathrm{Cyc}(\mathfrak{S}_j) - \mathrm{Cyc}\mathfrak{S}_{j-1}))z^j = (1-z)\sum_{j=0}^{\infty}\mathrm{Cyc}(\mathfrak{S}_j)z^j$$
$$= \exp\left(\log(1-z) + \sum_{i=1}^{\infty}x_i\frac{z^i}{i}\right)$$
$$= \exp\left(\sum_{i=1}^{\infty}(x_i-1)\frac{z^i}{i}\right)$$

となり，$x_i \ (i=1,2,\cdots)$ に関する仮定より，べき指数は多項式となる．した

がって，この関数の性質 (整関数) から，この級数は $z=1$ において収束する．すなわち，

$$\lim_{n\to\infty} \mathrm{Cyc}(\mathfrak{S}_n) = \lim_{n\to\infty} \sum_{j=0}^{n} (\mathrm{Cyc}(\mathfrak{S}_j) - \mathrm{Cyc}(\mathfrak{S}_{j-1}))$$

$$= \sum_{j=0}^{\infty} (\mathrm{Cyc}(\mathfrak{S}_j) - \mathrm{Cyc}(\mathfrak{S}_{j-1}))z^j \bigg|_{z=1}$$

$$= \exp\left(\sum_{i=1}^{\infty} \frac{x_i - 1}{i}\right)$$

となる．

3.35. $|\mathscr{F}([3],[2])/\mathfrak{S}_3 \times \mathfrak{S}_2|$ を求めればよい．

$$\mathrm{Cyc}(\mathfrak{S}_2) = \frac{1}{2}(x_1^2 + x_2), \quad \mathrm{Cyc}(\mathfrak{S}_3) = \frac{1}{6}(x_1^3 + 3x_1x_2 + 2x_3)$$

であるから，

$$\frac{1}{6}\left(\left(\frac{\partial}{\partial z_1}\right)^3 + 3\left(\frac{\partial}{\partial z_1}\right)\left(\frac{\partial}{\partial z_2}\right) + 2\left(\frac{\partial}{\partial z_3}\right)\right)$$

$$\times \frac{1}{2}(e^{2(z_1+z_2+z_3)} + e^{2z_2}) \bigg|_{z_1=z_2=z_3=0}$$

$$= \frac{1}{12}(2^3 + 3\cdot 2^2 + 2\cdot 2) = 2$$

を得る．これは当然，問 3.22 (2) の結果と一致する．ちなみに 3 の分割 3 と $1+2$ の 2 個である．

問の解答への参考文献

[1] 国際情報オリンピック (IOI) 日本委員会編，『国際情報オリンピック全問題-解説と解答』，IOI 日本委員会 (1994.11).

[2] S. スキエナ著，植野義明訳，『Mathematica 組み合わせ論とグラフ理論』，アジソン ウェスレイ・トッパン (1992).

付録 A

基礎知識

ここに，本書の少し抽象的な部分を理解するために必要な最小限の基礎知識を述べておく．より詳しく学びたい読者には文献 [1] の第 1 章と第 2 章，文献 [2] および [3] を薦める．

A.1 論理

人文，社会科学上の問題ではよくあることだが，自然科学上の問題でも諸説があり，どれか 1 つが絶対的に正しいとは断定できないことが普通である．抽象的な数理概念の世界では，通常，真，偽をそれぞれ T, F または 1, 0 で表し，2 値論理に基づき論を展開する．**命題**とは真か偽，すなわち T か F いずれかの値をとるものとする．例えば，$2+3=5$ は通常の数の世界で真の命題であり，$2+3=6$ は偽の命題である．また，$x+2=6$ は $x=4$ のとき真の命題であり，$x \neq 4$ のとき偽の命題である．このように x にある定数を代入することによって命題となる文を**命題関数**と呼ぶ．命題関数が真となる x の値を四則演算などで求めることができるかどうかを考える代数的視点からは，$x+2=6$ などの命題関数は，通常，(代数) 方程式と呼ばれている．

論理的にもう少し複雑な次のような文を考えてみよう．

(1) すべての整数 x に対して，ある整数 y が存在して，$x+y=0$ である．
(2) ある整数 x が存在して，すべての整数 y に対して，$x+y=y$ である．

これらの文には「すべての $\cdots$ に対して」および「ある $\cdots$ が存在して」という語が用いられていることに注意しよう．文 1 は

$$x = \cdots, -2, -1, 0, 1, 2, \cdots$$

の各整数に対して，

$$y = \cdots, 2, 1, 0, -1, -2, \cdots$$

の各整数が存在して，$x+y=0$ となることを述べている．文 2 は文 1 と比べ，式 $x+$

$y = y$ が式 $x + y = 0$ と異なっているが，むしろ，次の 2 つの用語

(1) 「すべての $\cdots$ に対して」
(2) 「ある $\cdots$ が存在して」

の順序の違いが論理的に重要である．文 2 は $x = 0$ に対して y の値のいかんにかかわらず，$0 + y = y$ となることを述べている．これら 2 つの文は，x と y のとりえる値が整数，すなわち x と y の**領域**が整数全体であるとき，共に真である．しかし，それらの領域を負でない整数とするとき，文 1 は偽であり，文 2 は真である．このように変数 x や y を含む文では，その真偽は変数の領域にも依存することに注意しよう．表現を簡明にし，文の論理的構造をわかりやすくするために，上記の 2 つの用語をそれぞれ，記号「$\forall$」,「$\exists$」で表す．記号 $\forall$ は all の頭文字 A を上下逆にしたものであり，記号 $\exists$ は exist の頭文字 E を左右逆にしたものである．これらの論理記号を**全称記号**，**存在記号**と呼ぶ．例えば，$P(x)$ を命題関数とし，x の領域を X とするとき，X のすべての要素 x に対して $P(x)$ が成立することを $\forall x\, P(x)$ で表し，領域 X にある x が存在して $P(x)$ が成立することを $\exists x\, P(x)$ で表す．上述の文 1 と 2 は，それぞれ

$$\forall x\, \exists y\, (x + y = 0), \quad \exists x\, \forall y\, (x + y = y)$$

となる．

次に，いくつかの命題から新しい命題を構成するための基本的演算を述べておく．次の文を考える．

(1) 2 は偶数である．
(2) 2 は奇数である．
(3) 3 は奇数である．
(4) 3 は偶数である．
(5) 2 は偶数であるかまたは 3 は奇数である．
(6) 2 は偶数であるかまたは 3 は偶数である．
(7) 2 は奇数であるかまたは 3 は奇数である．
(8) 2 は奇数であるかまたは 3 は偶数である．
(9) 2 は偶数でありかつ 3 は奇数である．
(10) 2 は偶数でありかつ 3 は偶数である．
(11) 2 は奇数でありかつ 3 は奇数である．
(12) 2 は奇数でありかつ 3 は偶数である．
(13) ある実数 x が存在して，$x^2 = 1$ である．
(14) すべての実数に対して，$x^2 \neq 1$ である．

命題 1, 3 は真であり, 命題 2, 4 は偽である. 文 5 から 8 は 2 つの命題が「または」によってつながっているが, 2 つの命題のうち少なくとも 1 つが真のときそれらは真であり, 2 つとも偽のときのみそれは偽であることが分かる. 文 9 から 12 は 2 つの命題が「かつ」によってつながっているが, 2 つの命題のうち少なくとも 1 つが偽のときそれらは偽であり, 2 つとも真のときのみそれは真であることが分かる. 2 つの命題を P, Q で表し,「または」と「かつ」をそれぞれ記号「$\vee$」と「$\wedge$」で表すと, 命題 5 から 8 は $P \vee Q$ となり, 命題 9 から 12 は $P \wedge Q$ となる. 命題 P と Q の真 (T) 偽 (F) に応じた命題 $P \vee Q$ および $P \wedge Q$ の真 (T) 偽 (F) のとり方を形式的に定めると表 A.1 の左となる. また, 真の命題 1 の否定は偽であり, 偽の命題 2 の否定は真であるから,「否定」を記号「$\neg$」で表し, これを形式的に定めると表 A.1 の右となる. また, 命題 13 $\exists x\ (x^2 = 1)$ の否定は命題 14 $\forall x\ (x^2 \neq 1)$ であり, 命題 14 の否定は命題 13 である. これを一般的に示すと,

$$\neg(\forall x P(x)) = \exists x(\neg P(x)), \quad \neg(\exists x P(x)) = \forall x(\neg P(x))$$

となる. 表 A.1 のような演算表は**真理値表**と呼ばれている.

P	Q	$P \vee Q$	$P \wedge Q$
F	F	F	F
F	T	T	F
T	F	T	F
T	T	T	T

P	$\neg P$
F	T
T	F

表 A.1 論理演算 $\vee$ と $\wedge$ および $\neg$ の定義.

論理演算を含まない命題を原始命題と呼ぶ. 同じ原始命題からなる命題 P と Q に対して, 原始命題のとりうる値の組に対して P と Q のとる値がすべて等しいときかつそのときにかぎり, P と Q が**等しい**といい, $P = Q$ で表す. すなわち, P の真理値表と Q の真理値表が一致するときかつそのときにかぎり $P = Q$ となる. 論理演算に関して次の諸法則が成り立つ.

(1) $P \vee P = P,\ P \wedge P = P$ (べき等律),
(2) $P \vee Q = Q \vee P,\ P \wedge Q = Q \wedge P$ (交換律),
(3) $P \vee (Q \vee R) = (P \vee Q) \vee R,\ P \wedge (Q \wedge R) = (P \wedge Q) \wedge R$ (結合律),
(4) $P \wedge (Q \vee R) = (P \wedge Q) \vee (P \wedge R)\ P \vee (Q \wedge R) = (P \vee Q) \wedge (P \vee R)$ (分配律),
(5) $P \vee (\neg P) = T$ (排中律), $P \wedge (\neg P) = F$ (矛盾律),

(6) $P \vee T = T$, $P \wedge F = F$,
(7) $P \vee F = P$, $P \wedge T = P$,
(8) $\neg(P \vee Q) = (\neg P) \wedge (\neg Q)$, $\neg(P \wedge Q) = (\neg P) \vee (\neg Q)$ (ド・モルガンの法則).

ただし，T は定値 T の恒真命題であり，F は定値 F の矛盾命題である．

真 (T) と偽 (F) をそれぞれ 1 と 0 で表した論理計算の世界がブール代数と呼ばれる分野であり，コンピュータの発展の礎となっている．四則，微分，積分の 6 つの計算法に論理計算を加え，これら 7 つの計算法は，いわば科学技術における『弁慶の 7 つ道具』と言っても過言ではない．

A.2 集合

何かの集まりを考えることが思考の出発点である．情報数理学科の学生の集まり，地球上の砂全体，自然数の集合，⋯．数学では，集まりや全体という語の代りに「集合」を用いる．学術語が日常語に溶け込んでいることが望ましいのであるが，日本語では，学術語と日常語の間に "ひびき" の違いを感じる場合が多い．集合概念はもともと素朴で身近なものから抽象化され，現代科学の基礎概念となったものである．

集合の公理的でない素朴な定義を述べる．集合を構成する**要素**の性質を記述することによって，例えば，

$$A = \{x \mid x \text{ は 30 以下の素数である }\}$$

のように，集合を定める方法を集合の**内包的定義**という．また，集合を構成する要素をすべて列挙することによって，例えば，

$$A = \{2, 3, 5, 7, 11, 13, 17, 19, 23, 29\}$$

のように，集合を定める方法を集合の**外延的定義**という．集合の定義あるいは表現において，それらによって定めようとする集合が**一意**に決まっていることが要求される．このことを形式的に述べれば次のようになる．対象 x が集合 A の要素であることを $x \in A$ で表し，この否定 $\neg(x \in A)$ を $x \notin A$ で表す．このとき，与えられた対象 a と集合 A に対して，$a \in A$ または $a \notin A$ のいずれか一方が成り立つことである．すなわち，$a \in A$ は真 (T) か偽 (F) のいずれかであるから命題である．集合の定義や表現として不適切な例として，

$$B = \{x \mid x \text{ は T 大学の美しい女子学生である }\}, \quad C = \{2, 3, \cdots, 7\}$$

を考える．"美しい" とは何かということを明確に定められていることが，B が集合で

あるための前提条件である．C については，$\{2,3,5,7\}$ かも $\{2,3,4,5,6,7\}$ かもしれないので，一意に定まらない．外延的記法によく見られる「$\cdots$」は前後の文脈から暗黙的な了解のもとに用いられる略記法であることに注意しよう．もちろん，無限集合を外延的に定めることは無理である．集合の定義に限らず，「一意に定まる」ことが，取り扱う対象を定義するときの最小限の条件である．

集合 A, B に対して，$x \in A$ ならば $x \in B$ のとき，A は B の **部分集合** であるといい，$A \subseteq B$ または $B \supseteq A$ で表す．$A \subseteq B$ かつ $B \subseteq A$ のとき，集合 A と B は **等しい** といい，$A = B$ で表す．$A \subseteq B$ かつ $A \neq B$ のとき A は B の **真部分集合** といい，$A \subset B$ または $B \supset A$ で表す．要素を含まない集合を，特に **空集合** と呼び，$\emptyset$ で表す．集合 A の部分集合全体を A の **べき集合** といい，2^A または $\wp(A)$ で表す．

次に，いくつかの集合から新しい集合を構成するための基本的演算を述べておく．A, B を 2 つの集合とする．

$$A \cup B = \{x \mid (x \in A) \vee (x \in B)\}$$

によって，集合 A と B の **和** または **合併集合** を定める．

$$A \cap B = \{x \mid (x \in A) \wedge (x \in B)\}$$

によって，集合 A と B の **積** または **共通部分** を定める．

$$A - B = \{x \mid (x \in A) \wedge (x \notin B)\}$$

によって，集合 A の B との **差** を定める．ある集合 Ω を定め，Ω の部分集合を考察の対象とするとき，Ω を **普遍集合** と呼ぶ．特に，Ω の部分集合 A に対して $\Omega - A$ を A^c で表し，A の **補集合** と呼ぶ．すなわち，

$$A^c = \{x \mid (x \in \Omega) \wedge (x \notin A)\}$$

である．これらの集合を図 A.1 に示す．このような図を **ベン図** と呼ぶ．

さらに，

$$A \times B = \{(a, b) \mid a \in A, b \in B\}$$

によって，集合 A と B の **直積** を定める．3 つ以上の集合に対しても同様に直積を定めることができる．A, B ともに実数の集合とするとき，$A \times B$ は実数平面となる．

集合演算に関して次の諸法則が成り立つ．

(1) $A \cup A = A$, $A \cap A = A$ (べき等律)，

(2) $A \cup B = B \cup A$, $A \cap B = B \cap A$ (交換律)，

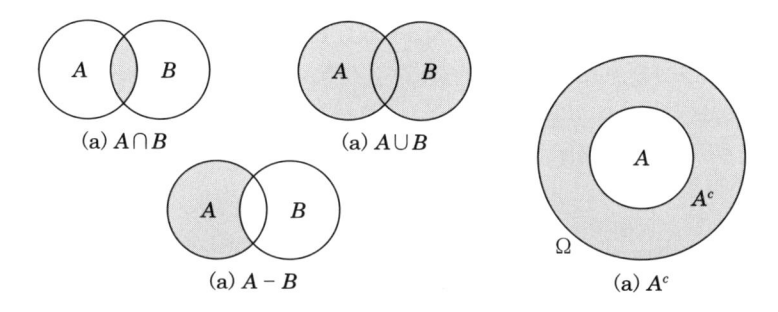

図 **A.1** 集合演算のベン図.

(3) $A \cup (B \cup C) = (A \cup B) \cup C$, $A \cap (B \cap C) = (A \cap B) \cap C$ (結合律),
(4) $A \cap (B \cup C) = (A \cap B) \cup (A \cap C)$, $A \cup (B \cap C) = (A \cup B) \cap (A \cup C)$ (分配律),
(5) $A \cup A^c = \Omega$, $A \cap A^c = \varnothing$,
(6) $A \cup \Omega = \Omega$, $A \cap \varnothing = \varnothing$,
(7) $A \cup \varnothing = A$, $A \cap \Omega = A$,
(8) $(A \cup B)^c = A^c \cap B^c$, $(A \cap B)^c = A^c \cup B^c$ (ド・モルガンの法則).

論理演算と全く同様の法則が成り立つことに注意せよ．これらの法則は命題 P, Q および R を具体的に $x \in A$, $x \in B$, および $x \in C$ とし，T, F を Ω, $\varnothing$ とすることにより，論理演算の諸法則から得られる．

A.3 関係と関数

A.3.1 関係

一般の場合も同様に定めることができるので，ここでは 2 項関係について述べておく．集合の場合と同じく，関係を内包的にも外延的にも定めることができる．$P(x, y)$ を x の領域が A, y の領域が B である命題関数とする．$x \in A$ と $y \in B$ に対して，xRy であるのは $P(x, y)$ が成り立つときかつそのときに限るによって，**2 項関係** xRy を定める．この関係 R を A の B との関係という．例えば，

(1) x と y は $x + y = 3$ を満たす正の整数である．
(2) x と y は $y \leq x^2 + 2$ かつ $y \geq 0$ を満たす実数である．
(3) x と y は $x^2 + y^2 + z^2 < 1$ を満たす実数である．

などが 2 項関係の例である．これらの関係を満たす対 (x,y) の集合を考えることによって，2 項関係を外延的に定めることができる．すなわち，(1) は直線 $x+y=3$ 上の正の格子点の集合であり，(2) は放物線 $y=x^2+2$ と x 軸で囲まれた領域であり，(3) は原点を中心とする半径 1 の球の内部である．すなわち，

$$R = \{(x,y) \mid P(x,y)\text{が真である}\}$$

によって，2 項関係 R を外延的に定めてもよい．この考え方をさらに進めて，より一般的に，A の B との関係とは直積集合 $A \times B$ の部分集合であると定めることもできる．このことから 2 項関係とは高校で学んだ図形的対象を含むより広い概念であることが分かる．$A = B$ のとき，A の B との関係を A 上の 2 項関係という．すなわち，A 上の 2 項関係は $A \times A$ の部分集合である．例えば，$A = \{1,2,3,4,5,6\}$ とするとき，

$$R = \{(x,y) \mid x,y \in A,\ x\text{ は }y\text{ の約数である}\}$$

によって定まる A 上の 2 項関係 R は

$R = \{(a,a) \mid 1 \le a \le 6\}$
$\cup \{(1,2),(1,3),(1,4),(1,5),(1,6),(2,4),(2,6),(3,6)\}$

となる．実数上の関係は実数平面や実数空間の図形的領域で表すことができるが，関係 R が有限集合の場合はどうであろうか．これには特別な表現法がある．それを上の例によって示しておこう．図 A.2(a) は $(x,y) \in R$ に対応するところに $\checkmark$ 印を記入し "表"

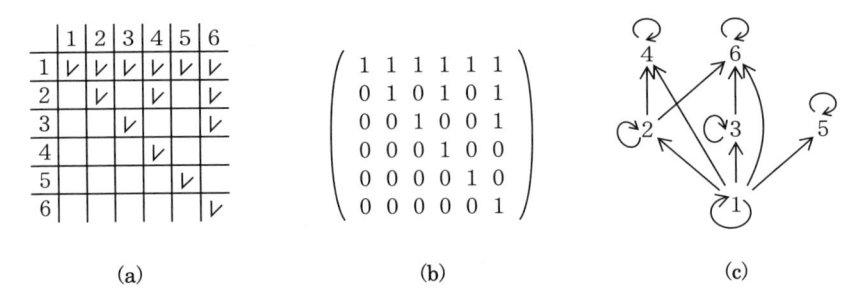

図 **A.2** 有限 2 項関係の表現．

として，(b) は $(x,y) \in R$ に対応するところに 1，その他のところに 0 を記入し "0-1 行列" として，(c) は A の要素を平面上に適当に配置し，これらの要素を $(x,y) \in R$ のときかつそのときに限り $x \longrightarrow y$ と矢印で結び，有向グラフで表したものである．

A 上の基本的 2 項関係を述べる．それらはすべての分野の考察の基礎になるものである．R を A 上の 2 項関係とする．任意の $a \in A$ にたいして，$(a,a) \in R$ であるとき，R は**反射的**であると言う．$(a,b) \in R$ ならば $(b,a) \in R$ であるとき，R は**対称的**であるという．$(a,b) \in R$ かつ $(b,a) \in R$ ならば $a = b$ であるとき，R は**反対称的**であるという．$(a,b) \in R$ かつ $(b,c) \in R$ ならば $(a,c) \in R$ であるとき，R は**推移的**であるという．R が反射的，対称的，かつ推移的であるとき，R を**同値関係**という．R が反射的，反対称的，かつ推移的であるとき，R を**順序関係**という．一般に，同値関係は対象の集合をクラス分けするために，異なる対象が同じクラスに入るための，すなわち "同値" であるための条件を与えていることになる．三角形の合同や相似関係も同値関係である．順序関係はその名前の通り対象の間に順序を入れるための関係である．図 A.2 で示した関係は順序関係である．要素の間に順序関係の入った集合は順序集合と呼ばれる．順序集合は数え上げ組合せ論において重要な役割を担っている．

A.3.2 関数

中学，高校では，直線である 1 次関数，放物線である 2 次関数，さらに 3 次関数の極大極小，変曲点などかなり具体的な関数の具体的な性質を学んでいる．ここでは，関数を関係の特別なものとして捉らえ直し，より一般的な性質を述べる．

X と Y を集合とし，R を X の Y との関係とする．対 (x,y) の x を第 1 成分，y を第 2 成分という．R の要素の第 1 成分からなる集合，すなわち $\{x \mid (x,y) \in R\}$ を R の**定義域**と呼び，R の要素の第 2 成分からなる集合，すなわち $\{y \mid (x,y) \in R\}$ を R の**値域**という．一般には，R の定義域は領域 X の部分集合であるが，以下，R の領域 X は R の定義域をとるものとする．x を X の任意の要素とするとき，$R(x)$ で $\{y \in Y \mid (x,y) \in R\}$ を表す．X の任意の要素 x に対して，$R(x)$ がただ 1 つの要素からなるとき，R は関数または写像の性質をもつという．関数の性質をもつ X の Y との関係 R を X から Y への関数または**写像**と呼び，通常，R の代りに文字 f, g などを用いて，$f : X \longrightarrow Y, g : X \longrightarrow Y$ などと書く．写像 f, g に対して，f と g の定義域が等しく，かつ定義域の任意の要素 x に対して $f(x) = g(x)$ であるとき，f と g は**等しい**といい，$f = g$ と書く．すなわち，f と g の関数表が等しいときかつそのときのみ $f = g$ である．

f を X から Y への写像，すなわち $f : X \longrightarrow Y$ とする．X の部分集合 A に対して，

$$\{f(a) \mid a \in A\}$$

を A の像といい, $f(A)$ で表す. 特に, $A = \{a\}$ のとき, $f(\{a\}) = \{f(a)\}$ を $f(a)$ で表し, a の像という. Y の部分集合 B に対して, X の要素でその像が B に含まれるもの全体, すなわち $\{x \mid x \in X, f(x) \in B\}$ を B の逆像といい, $f^{-1}(B)$ で表す. 特に, $B = \{b\}$ のとき, $f^{-1}(\{b\})$ を $f^{-1}(b)$ で表し, b の逆像という.

f を関数 $f : X \longrightarrow Y$ とする. X の要素 x, y に対して, $x \neq y$ ならば $f(x) \neq f(y)$ であるとき, 形式的には

$$\forall x, y \in X \ (x \neq y \Longrightarrow f(x) \neq f(y))$$

を満たすとき, または対偶を考えて (通常, これを用いる),

$$\forall x, y \in X \ (f(x) = f(y) \Longrightarrow x = y)$$

を満たすとき, f は **1 対 1** または**単射**であるという. Y の任意の要素 y に対して, X のある要素 x が存在し, $f(x) = y$ となるとき, 形式的には

$$\forall y \in Y \, \exists x \in X \quad (f(x) = y)$$

を満たすとき, f は**上への関数**または**全射**であるという. 1 対 1 で上への関数を**全単射**と呼ぶ.

関数 $f : X \longrightarrow Y$ が全単射であるとする. このとき, Y の任意の要素 y に対して, y の逆像 $f^{-1}(y)$ はただ 1 つの要素からなっている. したがって, f^{-1} は関数の性質をもつので, $f^{-1} : Y \longrightarrow X$ は関数となる. この関数 f^{-1} を f の**逆関数**という. 関数 $f : X \longrightarrow X$ に対して, $\forall x \in X \ (f(x) = x)$ であるとき, f を**恒等写像**といい, 1_X で表す.

f, g を関数 $f : X \longrightarrow Y, g : Y \longrightarrow Z$ とする. X の要素 x に対して $g(f(x))$ を対応させることによって, X から Z への関数が定まる. この関数を f と g の**合成関数**といい, $g \cdot f$ または単に gf と書く. すなわち,

$$g \cdot f : X \longrightarrow Z \quad (g \cdot f(x) = g(f(x)))$$

である.

次に関数の合成に関する基本的な性質をいくつかあげておく.

(1) 関数 $f : X \longrightarrow Y$ が全単射ならば $f^{-1}f = 1_X, ff^{-1} = 1_Y$ である.
(2) 関数 $f : X \longrightarrow Y, g : Y \longrightarrow Z, h : Z \longrightarrow W$ に対して, $(hg)f = h(gf)$ である.
(3) 関数 $f : X \longrightarrow Y, g : Y \longrightarrow Z$ に対して, f, g がともに全射ならば gf も全射であり, gf が全射ならば g は全射である.

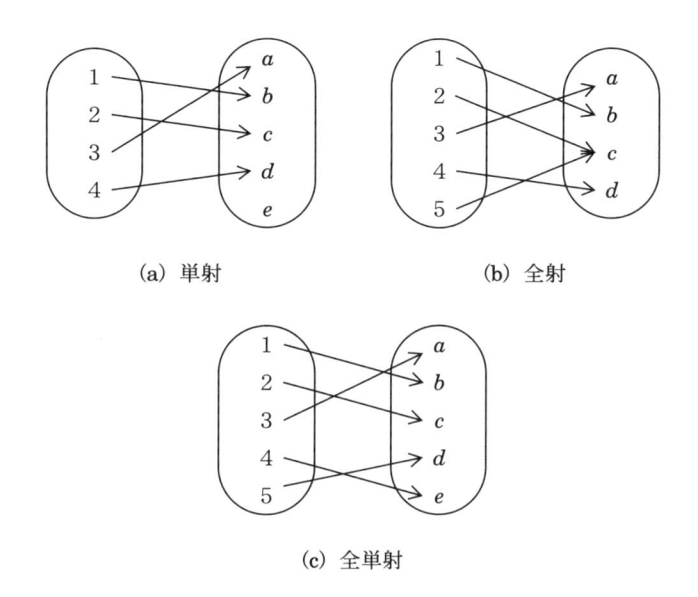

(a) 単射　　　　　　　　(b) 全射

(c) 全単射

図 **A.3**　単射・全射・全単射の例.

(4) 関数 $f: X \longrightarrow Y, g: Y \longrightarrow Z$ に対して，f, g がともに単射ならば gf も単射であり，gf が単射ならば f は単射である．

ここに述べた性質の証明およびより多くの性質とそれらの証明については文献 [1] を参照するとよい．

A.4　グラフと探索

グラフ $G = (V, E)$ とは，次の (1) と (2) によって定まるシステムである．
(1) V は空でない有限集合で，その要素は**頂点**と呼ばれる．
(2) E が頂点の非順序対 (対の成分は異なる必要はない) の集合であるとき，G を**無向グラフ**といい，E の要素を**辺**と呼ぶ．E が頂点の順序対の集合，すなわち $V \times V$ の部分集合であるとき，G を**有向グラフ**といい，E の要素を**弧**と呼ぶ．

グラフ $G = (V, E)$ において，E の要素を $\langle u, v \rangle$ であらわすとき，E の要素の系列

$$\langle v_0, v_1 \rangle \langle v_1, v_2 \rangle \cdots \langle v_{n-1}, v_n \rangle$$

を**歩道**といい，n をその長さ，v_0, v_n をそれぞれその始点，終点という．E の同じ要

素を 2 度以上通らない歩道を**小道**といい，同じ頂点を 2 度以上通らない歩道を**道**という．始点と終点が一致している小道を**回路**といい，始点と終点が一致している道を**閉路**という．グラフにおいて，任意の 2 頂点を結ぶ道があるとき，そのグラフは連結であるという．

閉路をもたない連結グラフを**木**という．木の頂点で接続している辺がただ 1 つであるものを**葉**または**端点**という．木のある頂点 (この頂点を**根**という) を選び，この頂点から順次他の頂点に至る辺に向き付けを与えることによって得られる有向木を (有向)**根付き木**という．木の葉を根とする根付き木を**植木**という．これを平面に埋蔵したもの，すなわち各頂点に接続している辺は時計回りに (またはその逆に) 順序が入っているものを**平面植木**という．さらに，根および葉以外のすべての頂点に接続している辺がちょうど 3 辺である平面植木を**完全二分平面植木**という．

先に，関係を有向グラフで表現することを例 (図 A.2(c)) で示したが，ここに，その方法を全射 $f:[n] \longrightarrow [n]$, すなわち n 次の置換に適用したものを述べておこう．n 次の置換 σ に対して，各 i $(1 \leq i \leq n)$ を頂点とし，i から $\sigma(i)$ への矢印を描くことによってできる図を σ の**グラフ**という．σ のグラフにおいて，矢印をたどり k 個の要素で閉じている路 (すなわち長さ k の閉路) を長さ k の**輪**または**サイクル**という．任意の置換は互いに素ないくつかの輪からなることが分かる．したがって，各輪を " (" と ")" で括り，置換を $(\cdots)(\cdots)\cdots(\cdots)$ のように表す．これを置換の**輪表現**または**サイクル表現**という．例えば，図 A.4(f) の置換は $(13)(254)$ となる．各種グラフの例を図 A.4 に示す．

与えられたグラフのすべての頂点をたどる探索法にふれておく．広さ優先の探索法やヒューリスティックな手法を用いたものもあるが，ここでは，深さ優先の探索法を簡単に述べておく．頂点 v_0 を出発点としてたどり始め，今，ある頂点 v にいるとする．v に (有向グラフの場合は v から) 隣接している頂点でまだたどられていない頂点があれば，それらのうちの 1 つをたどり，無ければ 1 つ前の頂点に戻る．これを繰り返し，すべての頂点をたどる方法を**深さ優先の探索法**という．この方法は簡明でしかも有効であるため，種々の問題に用いられている．この探索法をスタックを用いてより厳密に述べておく．**スタック**とは，1 方向無限のテープとそのテープ上の語の右端 (この部分をトップと呼ぶ) のみを読み，それを消去するかまたはそのすぐ右の空白に任意の文字を書き込むことのできる 1 つのヘッドをもつ機構である．スタックを S で表し，S のテープは始めは空であり，トップに書き込まれている頂点 (の名前) はいつでも 〈トップ〉 で参照されるものとする．

1. v_0 を訪れ，印を付け，トップに書き込み，2. に進め．

(a) 無向グラフ　　(b) 有向グラフ　　(c) 木

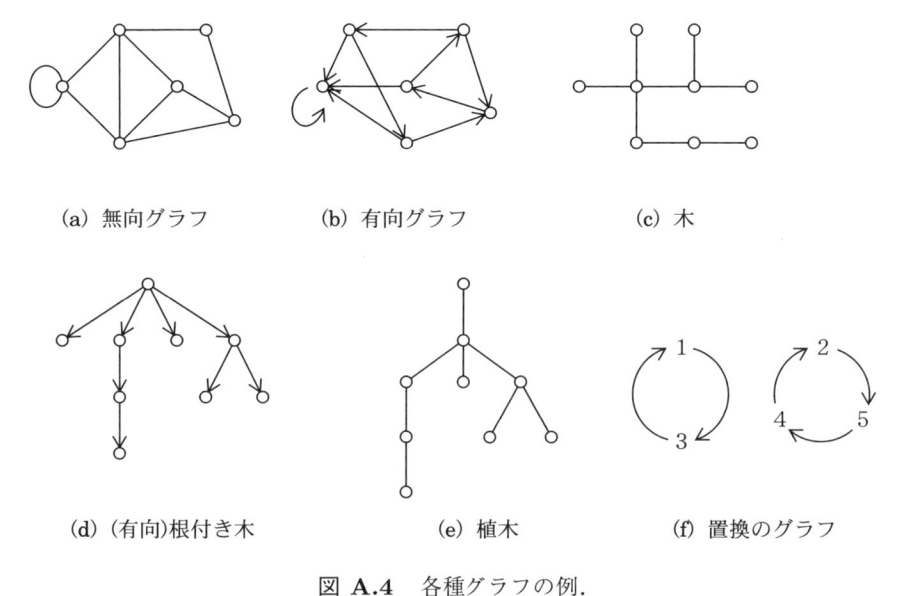

(d) (有向)根付き木　　(e) 植木　　(f) 置換のグラフ

図 **A.4**　各種グラフの例.

2. トップが空でないならば 3. に進み，空ならば 6. に進め．
　3. 〈トップ〉に隣接し，かつ印の付いていない頂点 v があれば 4. に進み，なければ 5. に進め．
　4. 頂点 v を訪れ，印を付け，トップに書き込み，3. にもどれ．
　5. 〈トップ〉を消去し，2. にもどれ．
6. 終わり．

スタックによる処理方式は，その内容から，"first in last out" または "last in first out" 方式とも呼ばれている．

参考文献

[1] 成嶋弘・小高明夫著,『ブール代数とその応用』(の第 1 章：論理と集合および第 2 章：代数系と順序系), 東海大学出版会 (1983〜 第 4 刷：1995).

[2] リプシュッツ著, 成嶋弘監訳,『離散数学』, マグロウヒルブック (1984), オーム社 (1995).

[3] 成嶋弘,『マイクロコンピュータハンドブック』(渡邊茂・正田英介・矢田光治編) の V 応用技法編・1 章 数理技法 (pp.823 〜 833), オーム社 (1985).

索引

● 数字・記号

1 階差分 (first difference)　　*110*
1 階差分演算子 (first difference operator)　　*111*
1 対 1 (one-to-one)　　*246*
2 項関係 (binary relation)　　*243*
2 項係数 (binomial coefficient)　　*34*
2 項係数の反転公式 (inversion formula of binomial coefficients)　　*119*
2 項定理 (binomial theorem)　　*34*

k 階差分 (k-th difference)　　*111*
k 階差分演算子 (k-th difference operator)　　*111*

Mathematica　　*15*

NP 完全問題 (NP complete problem)　　*9*
n 次の置換　　*141*
n 次の置換の長さ k の輪　　*144*

Ω の置換　　*141*

● ア行

アーベル群 (Abelian group)　　*143*
一意性 (uniqueness)　　*241*
一般円順列 (generalized circular permutation)　　*42*
一般順列 (generalized permutation)　　*40*
一般の加法定理 (general addition theorem)　　*72*
上への関数 (onto-mapping)　　*246*
植木 (plant)　　*248*
腕輪の問題 (problem of a bracelet)　　*164, 171*
円順列 (circular permutation)　　*30*
オイラー関数 (Euler function)　　*77*

重み (weight)　　*168*

●カ行

外延的定義 (extensional definition)　　*241*
階乗 (factorial)　　*27*
回路 (circuit)　　*248*
可換群 (commutative group)　　*143*
攪乱列 (derangement)　　*11, 74*
下降階乗 (lower factorial)　　*27*
可算集合 (enumerable set, countable set)　　*7*
数え上げ関数 (enumerative function)　　*10*
数え上げ関数のスカラー倍 (scalar multiple of a enumerative function)　　*107*
数え上げ関数のたたみ込み (convolution of enumerative functions)　　*109*
数え上げ関数の累積和 (accumulated sum of a enumerative function)　　*109*
数え上げ関数の和 (sum of enumerative functions)　　*107*
カタラン数 (Catalan numbers)　　*49*
合併集合 (union set)　　*242*
ガロア対応 (Galois correspondence)　　*5*
関数 (function)　　*245*
完全二分平面植木 (completely bifurcating plane plant)　　*52, 248*
木 (tree)　　*248*
基数　　*37*
基数 (cardinal number, cardinality)　　*6*
軌道 (orbit)　　*145*
逆関数 (inverse fuction)　　*246*
逆元 (inverse element)　　*142*
逆像 (inverse image)　　*246*
共通部分 (intersection)　　*242*
空集合 (empty set)　　*242*
組合せ (combination)　　*31*
組合せ論的証明 (combinatorial proof)　　*15, 33*
組合せ論的相互法則 (combinatorial reciprocity theorem)　　*64*
クラス (class)　　*82*
グラフ (graph)　　*247*
群 (group)　　*142*

形式 n 回微分 (formal n-th differential)　　*122*
形式 n 次導関数 (formal n-th derivative)　　*122*
形式積分 (formal integral)　　*114*
形式導関数 (formal derivative)　　*113*
源氏香の遊び (genjikou game)　　*89*
弧 (arc)　　*247*
格子路 (lattice path)　　*46*
合成関数 (composite of functions)　　*246*
後退差分 (backward difference)　　*111*
後退差分演算子 (backward difference)　　*111*
恒等写像 (identity mapping)　　*246*
コーシー-フロベニウスの定理 (Cauchy-Frobenius' theorem)　　*146*
個数関数 (cardinal function)　　*10*
小道 (trail)　　*248*

● サ行

サイクル　　*144*
サイクル (cycle)　　*88, 248*
サイクル表現 (cycle representation)　　*248*
三角形分割 (triangulation)　　*22, 51*
指数 (index)　　*82*
指数型重複特性式 (exponential characteristic representation of repetitions)　　*65*
指数型母関数 (exponential generating function)　　*66*
写像 (mapping)　　*245*
写像の相等性 (equality of mappings)　　*245*
集合の差 (set difference)　　*242*
集合の順序付き分割 (ordered partition of a set)　　*83*
集合の積 (set product)　　*242*
集合の相等性 (equality of sets)　　*242*
集合の直積 (Cartesian product)　　*242*
集合の分割 (partition of a set)　　*82*
集合の和 (set sum)　　*242*
樹形図 (tree diagram)　　*18*
じゅず (数珠) 順列 (necklace permutation)　　*31*
巡回群 (cyclic group)　　*162*

巡回置換 (cyclic permutation)　　*144, 145*
巡回置換指数 (cycle index)　　*166*
巡回置換表現 (cyclic permutation representation)　　*145*
順序関係 (ordering relation)　　*245*
準同型条件 (homomorphy condition)　　*147*
順列 (permutation)　　*26*
上昇階乗 (upper factorial)　　*38*
乗法群 (multiplicative group)　　*143*
ジョルダンの階乗記号 (Jordan's factorial notation)　　*86*
シルベスターの公式 (Sylvester's formula)　　*73*
真部分集合 (proper subset)　　*242*
真理値表 (truth table)　　*240*
推移律 (transitive law)　　*245*
図式 (diagram of a mapping)　　*151*
スタック (stack)　　*248*
ずらし (shift)　　*111*
ずらし演算子 (shift operator)　　*111*
すれちがい順列 (derangement)　　*11, 74*
整数の分割 (partition of an integer)　　*90*
成分 (component)　　*90*
積 (product)　　*144*
積の法則 (rule of product)　　*23*
漸化式を解く (solve a recurrence relation)　　*124*
全射 (surjection)　　*246*
全称記号 (universal quantifier)　　*239*
前進差分 (forward difference)　　*110*
選択 (choice)　　*31*
全単射 (bijection)　　*246*
全単射的証明 (bijective proof)　　*15, 33*
像 (image)　　*246*
素数定理 (prime number theorem)　　*14*
組成 (composition)　　*98*
存在記号 (existential quantifier)　　*239*

● タ行

第 1 種スターリング数 (Stirling number of the second kind)　　87
第 2 種スターリング数 (Stirling number of the first kind)　　82
対角線論法 (diagonal argument)　　7
対称群 (symmetric group)　　144
対称律 (symmetric law)　　245
タイプ λ の分割 (partition of type λ)　　82
多項係数 (multinomial coefficient)　　40
多項定理 (multinomial theorem)　　41
多重集合 (multiset)　　25, 37
多重集合の基数 (cardinality of a multiset)　　37
単位元 (unit element, identity)　　142
単射 (injection)　　246
値域 (range)　　245
置換 (permutation)　　27
置換群 (permutation group)　　144
置換のグラフ　　144
置換のグラフ (graph of a permutation)　　88, 248
置換のサイクル　　144
置換のサイクル表現　　144
置換の巡回置換表現　　144
置換の輪　　144
置換の輪表現　　144
頂点 (vertix)　　247
重複組合せ (combination with repetitions)　　37
重複順列 (permutation with repetitions)　　28
重複選択 (choice with repetitions)　　37
重複特性 (repetition character)　　60, 65
重複特性式 (characteristic representation of repetitions)　　60
直積群 (direct product group)　　153
対合 (involution)　　168
通常母関数 (ordinary generating function)　　60
定義域 (domain)　　245
定数係数の 1 階線形差分方程式 (first order linear difference equationwith constant coefficients)　　126
定数係数の 1 階線形漸化式 (first order linear recurrence relation with constant coefficients)

　　　　126

定数係数の 2 階線形差分方程式 (second order linear difference equation with constant coefficients)　*129*

定数係数の 2 階線形漸化式 (second order linear recurrence relation with constant coefficients)　*129*

定数係数の k 階線形差分方程式 (k-th order linear difference equation with constant coefficients)　*133*

定数係数の k 階線形漸化式 (k-th order linear recurrence relation with constant coefficients)　*133*

デデキント無限集合 (Dedekind infinite set)　*7*

デデキント有限集合 (Dedekind finite set)　*7*

ド・ブリュイジンの定理　*172*

同値関係 (equivalence relation)　*245*

同値類 (equivalence class)　*82*

同等である (equivalent)　*101–103*

特性解 (characteristic solution)　*125*

特性写像 (characteristic mapping)　*32*

特性方程式 (characteristic equation)　*125*

● ナ行

内点 (internal node)　*18*

内包的定義 (comprehensive definition)　*241*

長さ k の輪　*144*

根 (root)　*18*

根付き木 (rooted tree)　*248*

ネックレス順列 (necklace permutation)　*31*

濃度 (potency, power)　*6*

ノード (node)　*18*

● ハ行

葉 (leaf)　*18, 248*

場合分けの木 (tree diagram)　*18*

場合分けの森 (forest diagram)　*19*

パスカルの三角形 (Pascal's triangle)　*44*

パターン (pattern of a mapping)　*151*

ハッセ図 (Hasse diagram)　*4*

鳩の巣原理 (pigeonhole principle)　*8*
半群 (semi group)　*142*
反射律 (reflexive law)　*245*
反対称律　*245*
表示式 (indicator)　*168*
ヒルベルトの第 10 問題 (Hilbert tenth problem)　*8*
フィボナッチ数列 (Fibonacci sequence of numbers)　*13*
フェラーズ図形 (Ferrers diagram)　*92*
フェルマの小定理 (Fermat's small theorem)　*165, 171*
深さ優先の探索 (depth first search)　*49, 248*
符号なし第 1 種スターリング数 (signless Stirling number of the first kind)　*88*
部分 (part)　*90*
部分群 (subgroup)　*143*
部分集合 (subset)　*242*
普遍集合 (universal set)　*242*
ふるい分けの公式 (sieve formula)　*73*
ブロック (block)　*82*
分割グラフ (partition graph)　*92*
平衡括弧式 (balanced parentheses expression)　*54*
平面植木 (plane plant)　*49, 248*
閉路 (cycle)　*248*
べき集合 (power set)　*242*
ベル数 (Bell number)　*82*
辺 (edge)　*247*
ベン図 (Venn diagram)　*69, 242*
包含と排除の原理 (principle of inclusion and exclusion)　*11, 71*
包含と排除の法則 (principle of inclusion and exclusion)　*71*
包除原理 (principle of inclusion and exclusion)　*71*
ポーリャ-レッドフィールドの定理 (Pólya-Redfield's theorem)　*169*
補集合 (set complement)　*242*
歩道 (walk)　*247*

●マ行

道 (path)　*248*
無限集合 (infinite set)　*7*

無向グラフ (undirected graph)　*247*
命題 (proposition)　*238*
命題関数 (propositional function)　*238*
命題の相等性 (equality of propositions)　*240*

● ヤ行
有限集合 (finite set)　*7*
有向グラフ (directed graph, digraph)　*247*
要素 (element)　*241*

● ラ行
領域 (domain)　*239*
両立する (compatible)　*104*
連続体 (continuum)　*7*
連続体仮説 (continuum hypothesis)　*8*

● ワ行
輪 (cycle)　*88, 248*
和因子 (sum factor)　*90*
輪指標 (cycle index)　*166*
和積定理 (principle of inclusion and exclusion)　*71*
和の法則 (rule of sum)　*23*
輪表現 (cycle representation)　*248*

公式の索引

- (1.1) [対象と属性の関係]　*4*
- (1.2) [鳩の巣原理]　*8*
- (2.1) [順列の公式 1]　*27*
- (2.2) [順列の公式 2]　*28*
- (2.3) [順列の公式 3]　*28*
- (2.4) [重複順列の公式]　*29*
- (2.5) [円順列の公式]　*30, 163*
- (2.6) [じゅず順列の公式]　*31*
- (2.7) [組合せの公式 1]　*32*
- (2.8) [組合せの公式 2]　*33*
- (2.9) [組合せの公式 3]　*33*
- (2.10) [2 項定理]　*34*
- (2.11) [重複組合せの公式 1]　*38, 156*
- (2.12) [重複組合せの公式 2]　*39*
- (2.13) [重複組合せの公式 3]　*39*
- (2.14) [一般順列の公式]　*41*
- (2.15) [多項定理]　*41*
- (2.16) [カタラン数の漸化式]　*54*
- (2.17) [凸多角形の三角形分割数の漸化式]　*56*
- (2.18) [下降階乗 $(2n)_n$ の公式]　*56*
- (2.19) [重複特性式]　*60*
- (2.20) [組合せ数の通常母関数]　*60*
- (2.21) [重複組合せ数の通常母関数]　*61*
- (2.22) [組合せ論的相互法則]　*64*
- (2.23) [指数型重複特性式]　*65*
- (2.24) [重複順列数の指数型母関数]　*66*
- (2.25) [全射数の指数型母関数]　*67*
- (2.26) [全射数の公式]　*67*

(2.27) [包含と排除の原理 1]　　68
(2.28) [包含と排除の原理 2]　　70
(2.29) [包含と排除の原理の一般形]　　71
(2.30) [一般の加法定理]　　71
(2.31) [ふるい分けの公式, シルベスターの公式]　　73
(2.32) [すれちがい順列数の公式]　　75
(2.33) [すれちがい順列数の漸化式]　　75
(2.34) [オイラー関数の公式]　　77
(2.35) [タイプ λ の分割数の公式]　　83, 150
(2.36) [第 2 種のスターリング数の公式 1]　　83
(2.37) [ベル数の公式 1]　　83
(2.38) [第 2 種のスターリング数の公式 2]　　83
(2.39) [第 2 種のスターリング数の漸化式 1]　　84
(2.40) [第 2 種のスターリング数の漸化式 2]　　84
(2.41) [ベル数の漸化式]　　85
(2.42) [第 2 種のスターリング数の指数的母関数]　　85
(2.43) [ベル数の指数的母関数]　　86, 173
(2.44) [写像数と下降階乗数の関係式]　　86
(2.45) [第 1 種スターリング数の定義式]　　87
(2.46) [上昇階乗と写像数の関係式]　　89, 167
(2.47) [符号なし第 2 種スターリング数の漸化式]　　89
(2.48) [n-k 分割の関係式]　　92
(2.49) [数の分割の公式 1]　　94
(2.50) [数の分割の公式 2]　　94
(2.51) [n-k 分割の漸化式 1]　　94
(2.52) [n-k 分割の漸化式 2]　　94
(2.53) [数の分割数の通常母関数 1]　　95
(2.54) [数の分割数の通常母関数 2]　　96
(2.55) [相異なる和因子からなる分割の個数の通常母関数]　　96
(2.56) [奇数和因子からなる分割の個数の通常母関数]　　96
(2.57) [n-k 組成数の公式]　　99
(2.58) [数え上げ関数のたたみ込みの定義式]　　109
(2.59) [1 階差分 (前進差分) の通常母関数]　　111

(2.60) [後退差分の通常母関数]　*111*

(2.61) [ずらしの通常母関数]　*111*

(2.62) [形式導関数の定義式]　*113*

(2.63) [形式積分の定義式 1]　*114*

(2.64) [形式積分の定義式 2]　*115*

(2.65) [ずらしの指数型母関数]　*115*

(2.66) [1 階差分 (前進差分) の指数型母関数]　*115*

(2.67) [後退差分の指数型母関数]　*115*

(2.68) [拡張された 2 項定理]　*117*

(2.69) [拡張された 2 項係数のたたみ込みの公式 1]　*117*

(2.70) [拡張された 2 項係数のたたみ込みの公式 2]　*118*

(2.71) [2 項係数の反転公式]　*119*

(2.72) [写像数と全射数の関係式]　*119*

(2.73) [関数値の差分公式]　*120*

(2.74) [関数値の反転差分公式]　*120*

(2.75) [写像数の差分表現]　*121*

(2.76) [全射数の差分表現]　*122*

(2.77) [形式べき級数の係数と形式 n 回微分の関係式]　*122*

(2.78) [定数係数の 1 階線形漸化式 (差分方程式)]　*126*

(2.79) [定数係数の 1 階線形漸化式の通常母関数]　*127*

(2.80) [定数係数の 2 階線形漸化式 (差分方程式)]　*129*

(2.81) [定数係数の 2 階線形漸化式の通常母関数]　*129*

(2.82) [フィボナッチ数の 2 項係数による表現]　*132*

(2.83) [定数係数 k 階線形漸化式 (差分方程式)]　*133*

(2.84) [すれちがい順列数の指数型母関数]　*134, 168*

(2.85) [カタラン数の通常母関数]　*135*

(3.1) [軌道の大きさ 1]　*145*

(3.2) [コーシー-フロベニウスの定理 1]　*146*

(3.5) [軌道の大きさ 2]　*148*

(3.6) [コーシー-フロベニウスの定理 2]　*148*

(3.10) [写像パターンの個数]　*152*

(3.11) [不動写像の個数]　*152*

(3.14) [対称群の輪指標]　*166*

(3.15) [対称群の輪指標の漸化式]　　*166*
(3.16) [対称群の輪指標の母関数]　　*166*
(3.17) [ポーリャ-レッドフィールドの定理]　　*169*
(3.18) [巡回群の輪指標]　　*170*
(3.19) [ド・ブリュイジンの定理]　　*172*
(3.20) [ベル数の輪指標表現]　　*173*

|JCOPY| 〈(社)出版者著作権管理機構委託出版物〉

本書の無断複写は著作権法上での例外を除き禁じられています.複写される場合は,そのつど事前に,(社)出版者著作権管理機構(電話03-3513-6969,FAX03-3513-6979, e-mail: info@jcopy.or.jp)の許諾を得てください.また,本書を代行業者等の第三者に依頼してスキャニング等の行為によりデジタル化することは,個人の家庭内の利用であっても,一切認められておりません.

成嶋 弘 (なるしま・ひろし)

略歴
1943年　横浜市に生まれる．
1967年　早稲田大学理工学部数学科を卒業．
1969年　東京教育大学大学院応用数理学専攻を修了．
1977年　理学博士(早稲田大学)
　　　　東海大学理学部情報数理学科教授,
　　　　東海大学福岡短期大学学長等を経て,
現在　　東海大学名誉教授．

主な著書・訳書に
『ブール代数とその応用』(共著：東海大学出版会)
リプシュッツ『離散数学』(共訳：オーム社)
スタンレイ『数え上げ組合せ論I』(共訳：日本評論社)
フェイ編『数学教育とコンピュータ』(共訳：東海大学出版会)

かぞえあげくみあわせろんにゅうもん
数え上げ組合せ論入門 [改訂版]　　　日評数学選書

1996年7月20日　第1版第1刷発行
2003年5月20日　改訂版第1刷発行
2018年4月30日　改訂版第2刷発行

著　者　　　　成　嶋　　弘
発行者　　　　串　崎　　浩
発行所　　株式会社　日　本　評　論　社
　　　　〒170-8474 東京都豊島区南大塚3-12-4
　　　　電話　(03) 3987-8621 [販売]
　　　　　　　(03) 3987-8599 [編集]
印　刷　　　　三美印刷株式会社
製　本　　　　牧製本印刷株式会社
装　釘　　　　山　崎　　登

ⓒ Hiroshi Narushima 2003　　　Printed in Japan
ISBN 978-4-535-60138-3